U0378332

清华

开发者书库

51单片机C语言学习之道

语法、函数、Keil工具及项目实战

（第2版）

孙鹏 蒋洪波◎编著

清华大学出版社

北京

内 容 简 介

本书从最简单的编程实例入手，由浅入深、循序渐进地讲述了51单片机C语言编程方法、硬件结构及应用，可以帮助读者快速掌握51单片机。

本书共分三篇：入门篇、应用篇、综合篇。入门篇主要讲解单片机和C51的基础知识、C语言常用仿真和调试软件的使用方法；应用篇讲解了C51函数的用法、定时计数器和中断的用法，分章节讲解一些常用器件的驱动，如数码管、LCD、键盘、串行口、温度传感器、时钟芯片等；综合篇则结合实例，介绍了一些实际应用中的单片机系统软硬件设计方法。

本书特点是体系完善、由浅入深、实例丰富，可以帮助单片机爱好者快速上手；大量实例具有代表性，可以使读者通过学习举一反三，快速提高设计水平。书中大部分内容来自科研和教学实践，大量C程序代码都经过配套单片机学习板调试通过，可以直接应用于工程项目中。

本书既可作为单片机爱好者和工科电类相关专业大学生的学习用书，也可作为51单片机初学者和51单片机项目开发人员的参考书。

图书在版编目（CIP）数据

51单片机C语言学习之道：语法、函数、Keil工具及项目实战/孙鹏，蒋洪波编著. —2版. —北京：清华大学出版社，2022.1（2022.8重印）
（清华开发者书库）
ISBN 978-7-302-59190-0

Ⅰ. ①5… Ⅱ. ①孙… ②蒋… Ⅲ. ①单片微型计算机－C语言－程序设计 Ⅳ. ①TP368.1 ②TP312.8

中国版本图书馆 CIP 数据核字（2021）第 187078 号

责任编辑：曾　珊
封面设计：李召霞
责任校对：刘玉霞
责任印制：曹婉颖

出版发行：清华大学出版社
　　　网　　　址：http://www.tup.com.cn, http://www.wqbook.com
　　　地　　　址：北京清华大学学研大厦 A 座　　邮　　编：100084
　　　社 总 机：010-83470000　　　　　　　　邮　　购：010-62786544
　　　投稿与读者服务：010-62776969, c-service@tup.tsinghua.edu.cn
　　　质量反馈：010-62772015, zhiliang@tup.tsinghua.edu.cn
　　　课件下载：http://www.tup.com.cn, 010-83470236
印 刷 者：北京富博印刷有限公司
装 订 者：北京市密云县京文制本装订厂
经　　销：全国新华书店
开　　本：186mm×240mm　　印　　张：21.75　　　　字　　数：489 千字
版　　次：2018 年 2 月第 1 版　　2022 年 1 月第 2 版　　印　　次：2022 年 8 月第 2 次印刷
印　　数：1501～2700
定　　价：88.00 元

产品编号：089874-01

前言

PREFACE

单片机是芯片级的微型计算机系统,具有性价比高、功耗低、易于开发等优点,可以嵌入各种应用系统中,以实现智能化控制。近 20 年来,随着嵌入式 C 语言的推广普及,片载 Flash 程序存储器及其在系统内编程(In-System Programming,ISP)和在应用中编程(In-Application Programming,IAP)技术的广泛采用,使得单片机越来越受到广大电子工程师的欢迎。

C 语言是一种编译型程序设计语言,它兼顾了多种高级语言的特点,并具备汇编语言的功能。用 C 语言来编写程序会大大缩短开发周期,可以明显增加程序的可读性,便于改进和扩充。采用 C 语言进行单片机程序设计是单片机开发与应用的必然趋势。本书侧重于实际应用,从单片机的基础知识入手,按照由浅入深、循序渐进的方式,让读者能够快速掌握单片机 C51 的编程方法。

传统的单片机教程都是开篇即介绍大量的单片机软件和硬件知识,这些知识点信息量大、不容易记忆,增加了读者入门的难度。而本书则结合单片机学习板,对于每个知识点都以一边学习、一边编程和调试的方式,让读者在边学边做中增加对单片机的学习兴趣,以降低入门难度,使读者快速上手。

本书内容丰富、实用性强、图文并茂,各章内容相对独立,脉络清晰,既方便初学者自学,又方便项目开发人员查阅资料。本书还提供了大量在学习板上已调试通过的程序,软件编排上注意由浅入深,减少重复性,信息量大,内容覆盖面广,程序完善,讲解翔实,特别有利于初学者深入理解 C 语言的编程思路。基于 C 语言的可移植性,这些程序可以直接应用到工程项目的开发中,缩短开发周期。

本书配套资源包括本书全部源程序代码和大量单片机软件开发所需的资料。同时,作者还可提供配套单片机学习板,可帮助读者边学边练,提高单片机开发实践能力,达到使读者快速掌握单片机的目的。

本书内容共分 3 篇,分别为入门篇、应用篇、综合篇,各篇内容安排如下。

入门篇主要讲解单片机和 C51 的基础知识、C 语言调试和仿真软件的使用方法、C51 函数的用法。读者对第 1 章单片机的有关基础知识可以进行简单了解;第 2 章可以从 2.4 节的"点亮一个发光二极管"开始,学习仿真和调试软件的使用方法,在遇到问题时再回头查询软件具体用法,通过实例快速掌握软件。

应用篇讲解了 C 函数的用法、定时计数器和中断的用法,并分章节讲解了一些常用器件的驱动,如数码管、LCD、键盘、串行口、温度传感器、时钟芯片等。这些元器件是构成常用单片机系统的器件,掌握好这些器件的用法,对单片机系统设计很有必要。同时,这里也提供了大量经过实际调试通过的程序,基于 C 语言的可移植性,51 单片机项目开发人员可以直接把其中的一些子程序用于自己的项目中,缩短开发周期。

综合篇主要列举了几个基于单片机的系统软硬件设计方法。这些实例综合了前面各章的知识,具有一定代表性。深入学习这些知识,对于单片机爱好者从事单片机开发会很有帮助。

本书由孙鹏、蒋洪波编著,同时为编写工作提供帮助的老师还有宋一兵、冯新宇、管殿柱、王献红、李文秋、张忠林、赵景波、曹立文、郭方方、初航等,在此一并感谢。

在本书的编写过程中参考了大量的 51 单片机原理及应用的相关著作,在此向这些作者表示感谢!

由于编著者知识水平和经验有限,书中难免存在疏漏之处,敬请广大读者给予批评指正。

感谢您选择了本书,希望我们的努力对您的工作和学习有所帮助,也希望您把对本书的意见和建议告诉我们。

作　者

2021 年 8 月

学习建议
SUGGESTIONS

第 1 章

本章主要介绍单片机的硬件和软件基本知识,内容包括什么是单片机、数制和数制转换的方法、51 单片机的引脚功能、单片机的 C51 基础。其中重点是单片机硬件的引脚功能和软件基础,这两部分内容是灵活运用单片机,并进行系统设计的基础。如果读者有一定的单片机基础,建议您跳过这一章,也可以在学习后面各章节知识,或进行单片机系统设计时,把本章知识作为参考资料。

第 2 章

本章主要介绍单片机开发常用软件 Keil、Proteus、Notepad 的用法,通过发光二极管、流水灯这些简单控制任务的实现,使读者在边学边练的过程中,掌握软件的用法,熟悉 C51 程序的基本编写方法。

本章重点是在具体程序设计中如何使用单片机调试和仿真软件,因此建议读者在学习时可以先从 2.4 节的实例开始,在编译、调试程序的过程中,用到软件知识时,边查阅边学习软件用法,对软件的用法理解才会更深入。

第 3 章

本章内容是对 C51 知识点的完整总结,指导读者如何通过 C 语言编程,控制学习板上的流水灯,学习如何灵活运用 C 语言中的运算符、控制语句、数组、指针、预处理。本章内容较多,知识点分散,读者全面掌握有一定难度,但是读者可以通过实例学习,加深对各知识点的理解,在后续章节的学习中再和具体应用有效结合。

第 4 章

本章主要讲解定时器/计数器和中断的结构及工作原理、软件设计方法,这些知识在一些常规的单片机系统(如数码管、键盘等驱动)都要用到,而且经常同时采用,可以说是单片机软件设计的基础,因此读者务必认真学习本章内容。

本章学习中,需要重点掌握定时器/计数器和中断的结构及工作原理、特殊功能寄存器的设置、软件设计方法,这也是本章学习的难点。为了尽快掌握本章重点和难点,读者可结合本章软件实例多做练习,也可按照自己的思路设计软件,加深理解。

第 5 章

本章主要讲解数码管的静态和动态工作原理及软件编程驱动方法。数码管显示器是单片机系统常用的输出器件,为了能顺利开展系统设计,建议读者认真学习本章内容。

本章的学习重点是数码管的软件编程驱动方法;难点是动态显示,针对这部分内容,建议读者先从最简单的程序(如静态显示、两位动态显示)开始调试,再逐步掌握较复杂程序的编程调试。

第 6 章

本章针对机械触点式按键,主要讲解独立式键盘和矩阵式键盘的工作原理及软件编程实现。按键数量较少时,每个单片机引脚驱动一个按键,就构成独立式键盘;按键数量较多时,用较少的端口,以扫描的方式读取多个按键状态,就构成矩阵式键盘。键盘是单片机系统常用的输入器件,建议读者认真学习本章内容。

本章重点是两种键盘的软件编程驱动方法,难点是矩阵式键盘的驱动,针对这部分内容,读者应该首先认真学习和理解键盘的工作原理,在此基础上读懂本书提供的程序,也可以进一步按照自己的思路将部分软件重新设计,达到活学活用的目的。

第 7 章

本章主要介绍常用的 A/D 或 D/A 转换芯片以及 A/D 和 D/A 转换的软件编程方法。

本章重点是 A/D 和 D/A 转换的软件编程方法。针对需要进行单片机模拟系统设计的场合,读者可以参考本章内容。

第 8 章

本章主要讲解串行口的结构、工作原理和方式设置,以及串行口的硬件和软件设计。通过单片机内部的串行通信口与外部设备进行数据交换,是单片机与外部最常用的通信方式。功能完善一些的智能系统常需要多台仪器协调工作,往往需要解决通信问题,所以读者有必要认真掌握本章内容。

本章重点是串行口的硬件和软件设计,难点是串行口的方式选择和设置,针对这部分内容,读者可以对本章提供的程序认真分析,结合学习板边学边练,也可按照自己的思路重新设计软件,加深对知识点的理解。

第 9 章

本章主要讲解字符型、图形液晶显示器 LCD1602 和 LCD12864 的工作原理及程序设计方法。普通的 LED 数码管只能用来显示数字和简单的字符,如果要显示英文、汉字、图像等相对复杂的内容,必须使用液晶显示器。液晶显示器具有体积小、重量轻、功耗低等优点,因此在单片机系统中的应用非常广泛,读者需要认真学习本章内容。

本章重点是液晶显示器的软件编程方法,读者在学习时需要认真阅读、理解本章源程序,一些固定的用法可以直接用于有关软件设计中。

第 10 章

本章主要讲解 EEPROM、时钟芯片、温度传感器、红外检测、点阵显示器、蓝牙等,以及组成单片机系统典型器件的工作原理及软件设计方法。这些器件都是单片机系统设计中常用的,具有一定的代表性。通过学习本章知识,读者可以掌握这些常用器件的驱动方法,为单片机应用系统开发提供参考。

本章重点是常用芯片的软件驱动方法。

第 11 章

本章综合运用前面学习的知识,进行一些功能相对完善的单片机系统设计,如电子琴、计分器、报警器、交通灯的设计。这些系统功能相对独立,贴近生产生活实际,掌握这些系统的设计方法,可以为读者积累单片机系统设计的经验,读者也可以把本章学习到的系统进一步改进,应用到一些功能相近的系统设计中。

微课视频清单

视频名称	时长/min	对应位置
视频 1　例 2-6 详解	3	例 2-6
视频 2　例 2-7 详解	2	例 2-7
视频 3　例 3-4 详解	3	例 3-4
视频 4　例 3-5 详解	3	例 3-5
视频 5　例 3-6 详解	3	例 3-6
视频 6　例 3-7 详解	4	例 3-7
视频 7　例 3-8 详解	4	例 3-8
视频 8　例 4-1 详解	7	例 4-1
视频 9　例 4-2 详解	5	例 4-2
视频 10　例 4-3 详解	4	例 4-3
视频 11　例 4-4 详解	6	例 4-4
视频 12　例 5-2 详解	4	例 5-2
视频 13　例 5-4 详解	6	例 5-4
视频 14　例 6-1 详解	3	例 6-1
视频 15　例 6-2 详解	3	例 6-2
视频 16　例 6-3 详解	4	例 6-3
视频 17　例 6-7 详解	3	例 6-7
视频 18　例 8-1 详解	3	例 8-1
视频 19　例 8-2 详解	6	例 8-2
视频 20　例 9-1 详解	3	例 9-1
视频 21　例 9-2 详解	4	例 9-2

目录
CONTENTS

入 门 篇

应 用 篇

综　合　篇

入 门 篇

　　本篇主要针对初学者介绍单片机的基础知识以及单片机调试和仿真软件的使用方法。

　　对于初学者来说，本篇十分重要。首先，通过学习第 1 章，对单片机和单片机的学习方法有一个总体的了解；其次，单片机的软件设计离不开程序的仿真和调试，所以第 2 章介绍了单片机常用调试和仿真软件的用法，在这一章里读者将通过简单的实例——点亮一个发光二极管、流水灯的控制，在边学边练中掌握软件的用法。

　　本篇不仅可供初学者入门阅读，也可供有一定基础的单片机开发者作为设计资料使用。其中第 2 章的内容可供读者查阅单片机开发常用软件的用法。

第 1 章

基 础 知 识

本章有助于单片机初学者对单片机的了解，内容涉及单片机的硬件和软件基本知识，读者在阅读中可能会遇到较多专业词汇，这些内容在后面的章节中会逐步展开。

1.1　什么是单片机

单片机属于一种特殊的计算机，把一台计算机的许多功能集成到了一块芯片里，包括计算机的微处理器、存储器和各种输入、输出接口芯片。同时它又只是为控制目的而应用的，我们可以通过学习掌握单片机的编程语言，实现和它的对话，通过编写不同的程序，让它能够按照人们的想法从各个引脚上发出不同的高、低电平信号，完成不同的输入、输出控制要求，代替人完成各种智能控制任务。

在单片机更专业的定义中，认为它是一种集成电路芯片，是采用超大规模集成电路技术把具有数据处理能力的中央处理器 CPU、随机存取存储器 RAM、只读存储器 ROM、多种 I/O 口和中断系统、定时器/计数器等功能集成到一块硅片上构成的一个小而完善的微型计算机系统，在工业控制领域有广泛应用。其中涉及许多专业术语，初学者不易懂，但可以从阅读本书开始，由浅入深地进入单片机的世界，逐步掌握这些专业术语，体会智能控制的乐趣。

本书主要讲解目前国内外广泛应用的 51 内核单片机，即常说的 51 单片机，由于它应用广泛，所以硬件、软件资料也相当丰富，使用它可以降低系统设计的难度。世界上不同国家有较多生产 51 单片机的厂商。51 单片机的原理，与其他内核的单片机原理基本相同，掌握了 51 单片机的设计方法，其他内核单片机也都不难掌握了。

1.2　如何学好单片机

对于单片机的初学者来说，学习的方法和途径非常重要。如果按照传统教材的教学模式，先介绍硬件结构，再介绍指令、软件编程，最后介绍单片机接口技术、应用实例，把难懂的硬件结构原理和枯燥的汇编指令放在最前面学，会使读者在还没入门时就对单片机失去兴趣。如果这时再开始纯软件编程的学习,初学者很难把这些和实际联系起来。所以,传统的教材使初学者感到单片机原理难懂、指令难记、程序难编,不利于单片机的快速入门,对于初学者来说门槛较高。

但并不是只有全部掌握硬件结构、编程指令后才能入门单片机技术。如果读者已经能解决一些比较简单的实际问题,其实就已经开始入门了,达到这个程度所需要掌握的相关理论知识并不多。为了使初学者能快速入门,本书的编写遵循边理论、边实践,采用以提高学习兴趣为目的的编写思路。首先通过简单的实例,使读者快速掌握一些简单问题的处理方法,初步了解单片机的整个开发过程,再次采用边学边练的方法,随着学习的深入逐步积累硬件知识,在练习中熟悉大量指令和编程技巧,逐步掌握单片机系统的开发方法。最后,本书采用C语言进行程序设计,相对于汇编语言,它降低了读者对硬件结构了解程度的要求。

1.3 单片机中的数制和数制转换

1.3.1 单片机的数制

数制是指数的制式,是人们利用符号记数的一种科学方法。单片机常用的数制有十进制、二进制、八进制和十六进制。

1. 十进制

十进制是大家最熟悉的记数制,有 $0\sim9$ 十个数码。十进制数的末尾加英文字母 D,字母 D 也可以省略不写。将数制中数码的个数定义为基数,故十进制数的基数为 10。任何一个十进制数都可以展开成幂级数形式。例如:
$$21.45D = 2 \times 10^1 + 1 \times 10^0 + 4 \times 10^{-1} + 5 \times 10^{-2}$$
其中,以 10 为底的指数称为权,10 是它的基数。

2. 二进制

数字电路中只有两种电平特性,即高电平和低电平,这两个状态只需要用"0"和"1"两个数字区分就可以了,所以数字电路中使用二进制计数。二进制是计算机采用的计数制,它有 0、1 两个数码,任何二进制数都由这两个数码组成。因为它只有 0 和 1 两个数码,采用晶体管的导通和截止、脉冲的高电平和低电平等都很容易表示它。此外,二进制数运算简单,便于用电子电路实现。二进制数用末尾加一个英文字母 B 表示。二进制数的基数为 2,它遵守"逢 2 进 1"的进位计数原则。二进制数也可以展开成幂级数,例如:
$$1011.1B = 1 \times 2^3 + 1 \times 2^1 + 1 \times 2^0 + 1 \times 2^{-1}$$
其中,以 2 为底的指数称为权,2 为基数。

3. 十六进制

十六进制有 $0、1\sim9$、A、B、C、D、E、F 共 16 个数码,任何一个十六进制数都是由其中的一些或全部数码构成的。十六进制数的末尾加英文字母 H。十六进制数的基数为 16,进位计数为逢 16 进 1。十六进制数可以展开成幂级数形式,例如:

$$7F.D1H = 7 \times 16^1 + F \times 16^0 + D \times 16^{-1} + 1 \times 16^{-2}$$

在 C 语言编程时要把十六进制数写成前面带前缀"0x",如 0xa,表示十进制数 10。采用十六进制数可以大大减轻阅读和书写二进制数时的负担。例如:

1100011B = 63H
11000011010011010B = C35AH

三种常用数制的对照关系如表 1-1 所示。

表 1-1 三种常用数制对照关系

二进制	十进制	十六进制	二进制	十进制	十六进制	二进制	十进制	十六进制
0000	0	0	0110	6	6	1100	12	C
0001	1	1	0111	7	7	1101	13	D
0010	2	2	1000	8	8	1110	14	E
0011	3	3	1001	9	9	1111	15	F
0100	4	4	1010	10	A			
0101	5	5	1011	11	B			

1.3.2 不同数制之间的转换

三种常用数制之间的转换方法如下。

1. 二进制和十进制之间的转换

1) 二进制转换成十进制

采用按权相加法,把要转换的数按权展开后相加即可。例如:

$$1010.011B = 1 \times 2^3 + 1 \times 2^1 + 1 \times 2^{-2} + 1 \times 2^{-3}$$

2) 十进制转换成二进制

转换分成整数和小数的转换,整数的转换采用除 2 取余法,小数的转换采用乘 2 取整法。除 2 取余法用 2 连续去除要转换的十进制数,直到商小于 2 为止,然后把各次余数按最后得到的为最高位、最先得到的为最低位,依次排列起来所得到的数便是所求的二进制数。

【例 1-1】 把 215D 转换成二进制数。

转换结果:215=11010111B。

乘 2 取整法是用 2 连续去乘要转换的十进制小数,直到所得积的小数部分为 0 或满足所需精度为止,然后把各次整数按先得到的为最高位、最后得到的为最低位,依次排列起来所对应的数便是所求的二进制小数。

【例 1-2】 把十进制小数 0.6879 转换为二进制小数。

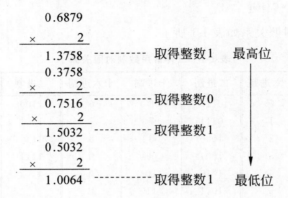

得到转换结果为 $0.6879D \approx 0.1011B$。

如果十进制数同时有整数和小数部分,其转换成二进制数时,要对整数和小数部分分别转换,再合并起来。例如,把上述两例的结果合并起来有:

$$215.6879D \approx 11010111.1011B$$

2. 十六进制和十进制之间的转换

1) 十六进制转换成十进制

采用按权相加法,即把十六进制数按权展开后相加。例如:

$$8C.ABH = 8 \times 16^1 + C \times 16^0 + A \times 16^{-1} + B \times 16^{-2}$$

2) 十进制转换成十六进制

对于整数和小数分别采用除 16 取余法、乘 16 取整法。除 16 取余法是用 16 连续去除要转换的十进制整数,直到商小于 16 为止,然后把各次余数按逆序排列起来所得的数,便是所求的十六进制数。

【例 1-3】 将 3901 转换成十六进制数。

$$
\begin{array}{r|l}
16 & 3901 \\
\cline{2-2}
16 & 243 \\
\cline{2-2}
 & 15
\end{array}
\begin{array}{l}
\text{------------ 余13写作D} \quad \text{最低位}\\
\text{----------- 余3}\\
\text{----------- 余15写作F} \quad \text{最高位}
\end{array}
$$

转换结果为 3901D=F3DH。

乘 16 取整法把要转换的十进制小数连续乘以 16,直到所得乘积的小数部分为 0 或达到所需精度为止,然后把各次乘积的整数按得到的顺序排列起来,便是所求的小数。

【例1-4】　将0.76171875转换成十六进制数。

$$
\begin{array}{r}
0.76171875 \\
\times\qquad 16 \\
\hline
12.18750000 \\
0.18750000 \\
\times\qquad 16 \\
\hline
3.00000000
\end{array}
$$

------- 取整12写作C

------- 取整3

转换结果为0.76171875＝0.C3H。

3．十六进制和二进制之间的转换

1）二进制转换成十六进制

采用四位合一位法，即从二进制数的小数点开始，或左或右每四位一组，不足四位以0补足，然后分别把每组用十六进制数码表示，并按顺序相连。

【例1-5】　把1101001000011110.001001011110B转换成十六进制数。

```
1101 0010 0001 1110 . 0010 0101 1110 B
  D    2    1    E      2    5    E
```

转换结果为1101001000011110.001001011110B＝D21E.25EH。

由本例结果可见，十六进制数比二进制数更容易书写、更方便记忆。

2）十六进制转换成二进制

采用一位分四位法，即把十六进制数的每位分别用四位二进制数码表示。

【例1-6】　把十六进制数3D0.8AFH转换成二进制数。

```
 3    D    0  .  8    A    F
 |    |    |     |    |    |
0011 1101 0000  1000 1010 1111
```

转换结果为3D0.8AFH＝11 1101 0000.1000 1010 1111B。

在单片机的编程中，经常要用到二进制到十六进制的转换，特别是8位二进制到十六进制的转换。这里采用的51单片机是8位的，编程时一般把8位二进制数，即一个字节作为一个整体处理，在对字节中的某个位置位或清0时，就对这个位送出了高电平或低电平。而一般在写程序时，不写出二进制数，因为它不方便记忆，而是要用相等的十六进制数表示，所以要进行这两种数制的转换，熟记16以内的数制转换规律将对提高编程效率大有帮助。另一种比较快速的转换方法就是熟记四位二进制数各位上的权值，例如二进制数1101B，它从高到低各位上的权值为8、4、2、1，它的这几位上哪位有1，就把它相应位上的权值相加，计算过程为：8＋4＋1＝13，同样可以快速实现数制的转换。

1.4　二进制的逻辑运算

为了使计算机具有逻辑判断能力，就需要逻辑数据，并能对它们进行逻辑运算，得出一个逻辑式的判断结果。每个逻辑变量或逻辑运算的结果产生逻辑值，该逻辑值只能取"真"

或"假"两个值。判断成立时为"真";判断不成立时为"假"。在计算机内常用"0"和"1"表示这两个逻辑值,"0"表示假,"1"表示真。因此,在逻辑电路中,输入和输出只有两种状态,即高电平"1"和低电平"0"。

常用的逻辑运算有如下几种。

1. 与

与运算有两个输入量,一个输出量,它的特点是"**有0出0,全1出1**"。单片机C语言中与运算符为"&",运算规则为:0&0=0,0&1=1&0=0,1&1=1。运算符"&"表示按位与运算,意思是变量按二进制位数对应关系逐位相与。

例如:(1010 1111)&(1010 0000)=1010 0000。

2. 或

或运算有两个输入量,一个输出量,它的特点是"**有1为1,全0出0**"。单片机C语言中的或运算符为"|",运算规则为:0|0=0,0|1=1|0=1,1|1=1。运算符"|"表示按位或运算,意思是变量按二进制位数对应关系逐位相或。

例如:(1010 1111)|(1010 0000)=1010 1111。

3. 非

非运算实现"求反"功能的运算。单片机C语言中的非运算符为"!",运算规则为:!0=1,!1=0。运算符"~"表示按位取反运算,如~0101 0000=1010 1111,而"!"运算只是对一位取反的运算。

4. 同或

同或逻辑运算符为"⊙",运算规则为:0⊙0=1,1⊙0=0,0⊙1=0,1⊙1=1。在C语言中没有规定符号。

5. 异或

异或逻辑运算符为"⊕",运算规则为:0⊕0=0,1⊕0=1,0⊕1=1,1⊕1=0。在单片机C语言中按位异或运算符为"^"。

若在一个逻辑表达式中出现多种逻辑运算,可用括号指定运算的次序。

1.5 单片机中的常用编码

由于单片机只能识别二进制数,因此它用到的所有数字、字母和符号也必须事先进行二进制编码,以便单片机对它们识别、存储、处理、传送。所需编码的数字、字母、符号越多,二进制数字的位数也就越长。单片机中常用的编码主要有两种。

1. BCD 码

BCD 码是一种具有十进制权的二进制编码。BCD 码种类较多,现以 8421 码为例进行介绍。8421 码是 BCD 码的一种,因组成它的四位二进制数码的权为 8、4、2、1 而得名。它采用四位二进制数来代表一位十进制数码,BCD 码与十进制代码的对应关系如表 1-2 所示。

表 1-2　BCD 码与十进制代码的对应关系

十进制数	8421 码	十进制数	8421 码
0	0000	8	1000
1	0001	9	1001
2	0010	10	0001 0000
3	0011	11	0001 0001
4	0100	12	0001 0010
5	0101	13	0001 0011
6	0110	14	0001 0100
7	0111	15	0001 0101

由表 1-2 可见，用 BCD 码表示十进制数时，10 以上的十进制数至少需要 8 位二进制数字（两位 8421 码字）来表示。BCD 码以二进制形式出现，是逢 10 进位的，但它不是一个真正的二进制数，因为二进制数是逢二进位的。

当两个 BCD 码的数相加时，按逢十进一的原则相加。计算机在两个相邻 BCD 码之间按逢 16 进位运算，所以计算机进行 BCD 加法时，必须对结果进行修正，实现逢十进一。计算机进行十进制修正的原则是：若和的低四位大于 9 或低四位向高四位发生进位，低四位加 6 修正；若高四位大于 9 或高四位的最高位发生进位，则高四位加 6 修正。

BCD 减法时同样要修正，原则是：若低四位大于 9 或低四位向高四位有借位，则低四位减 6 修正；若高四位大于 9 或高四位最高位有借位，则高四位减 6 修正。对于单片机的某些外围器件，内部存储的数据就是 BCD 编码的，在程序上对于这类编码的运算处理，要注意按上述规则进行修正。

2．ASCII 码（字符编码）

单片机有时要处理大量数字、字母和符号，这就需要对这些数字、字母、符号进行二进制编码。这些被编码的信息统称为字符，故这些数字、字母、符号的二进制编码又称为字符编码。

通常 ASCII 码由 7 位二进制数码构成，共 128 个字符编码。这些字符分为两类：一类是图形字符，共 96 个；另一类是控制字符，共 32 个。图形字符又包括十进制字符 10 个，大小写英文字母 52 个，其他字符 34 个。数字 0～9 的 ASCII 码为 30H～39H，大写字母的 ASCII 码为 41H～5AH。这些字符是可显示的，在单片机的系统中，通常数字、字母、符号需要送 LCD 显示时，就要先转换成字符编码，否则显示的字符会出现乱码。控制字符包括回车符、换行符、退格符、设备控制符等，这类字符没有特定形状，编码可以存储、传送和起到控制作用。

在各类八位计算机中，信息通常以一个字节八个位为单位存储。使用的 ASCII 码共有 7 个位，作为一个字节多出一位。多出的一位是最高位，常用作奇偶校验，也称为奇偶校验位，该位可用来检验信息传送过程是否出错。

1.6 单片机的引脚功能

单片机要实现控制功能,就要外接一些输入和输出设备,如按钮、指示灯、数码管、继电器等。想让灯或数码管按照人的想法显示,人的指令可以通过按键输入,人的想法可以通过对单片机的编程实现,灯或数码管的显示通过单片机引脚上发出的高、低电平来控制。所以,无论完成多么简单的控制功能,这些输入和输出设备都要接到单片机的引脚上。先来了解一下51单片机的引脚功能,这可以让我们知道单片机都可以驱动哪些外设,在后面学到单片机的某些功能时,再深入掌握它的用法。51系列单片机 AT89S51 双列直插封装形式的引脚如图1-1所示。

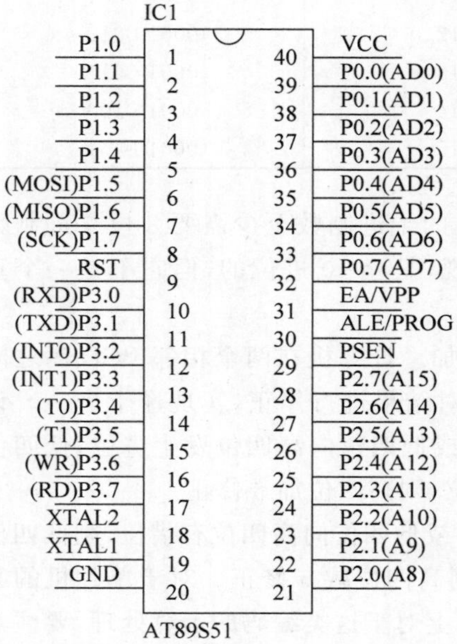

图1-1 AT89S51单片机引脚图

如果读者手里有一个这样双列直插的芯片,就可以看到芯片上有一个半圆形的小坑,小坑左面第一个引脚就是引脚1,然后按逆时针方向排列各个引脚从1到40。这里封装形式指的是单片机的外形,除了双列直插的封装还有其他形式,无论是何种封装形式,同一型号的芯片引脚数量和功能是不变的,只是引脚的排列规律和位置发生了变化。

由图1-1可见,AT89S51单片机引脚中数量最多的是 I/O 口,包括 P0、P1、P2、P3 共4组8位,每个口都可独立控制,例如 P2.0 引脚为高或低电平,不影响 P2 口其他7个引脚的状态。以下依次了解这些引脚及其用法。

(1) P0 口(P0.0~P0.7)——双向8位三态 I/O 口,直接输出为高阻状态,因此使用时必须外接上拉电阻,才能正常输出高、低电平。上拉电阻是该引脚和电源正极之间所接的电阻,一般取值为 10kΩ 左右。该口8个引脚输出时要接上拉电阻,同时还要接输出设备。在单片机对外驱动其他芯片时,它提供的地址线共16根,数据线共8根,16根地址线占两个8位 I/O,其中低8位地址线由 P0 口提供,同时它也作为8位数据口,P0 口既作为地址口又作为数据口的这种用法叫作地址/数据复用。

(2) P1 口(P1.0~P1.7)——内带上拉电阻,所以它的输出没有高阻状态。该口在作为输入使用前,要先向该口写入1,然后单片机才能正确读出输入信号,也就是不能直接输入,所以它又叫作准双向口。对52单片机 P1.0 引脚的第二功能为 T2 定时器/计数器的外部输入,P1.1 引脚的第二功能为 T2EX,即 T2 的外部控制端。

(3) P2 口(P2.0~P2.7)——准双向8位 I/O 口,内带上拉电阻,与 P1 口相似。在单片机外驱其他芯片时,P2 口作为高8位地址线。

（4）P3口（P3.0～P3.7）——准双向8位I/O口，内带上拉电阻。当作普通I/O使用时与P1口相似。但它的每个引脚又可独立定义为第二功能。P3口各引脚的第二功能说明如表1-3所示。P3口的第一功能和第二功能，对于每个引脚某一时刻只能用到一个。例如，如果单片机系统中用到了外部中断0，那么P3.2口就不能作为普通I/O口用了，可以用来驱动外设I/O引脚的数量就少了一个。P3口用到的第二功能越多，它可作为普通I/O引脚的数量就越少，可直接用P3口驱动的外设就越少。

表 1-3　P3口各引脚的第二功能说明

标号	引脚	第二功能	说　　　明
P3.0	10	RXD	串行输入口
P3.1	11	TXD	串行输出口
P3.2	12	$\overline{\text{INT0}}$	外部中断0
P3.3	13	$\overline{\text{INT1}}$	外部中断1
P3.4	14	T0	定时器/计数器0外部输入端
P3.5	15	T1	定时器/计数器1外部输入端
P3.6	16	$\overline{\text{WR}}$	外部数据存储器写脉冲
P3.7	17	$\overline{\text{RD}}$	外部数据存储器读脉冲

其他引脚还有电源、时钟、编程控制引脚，功能和用法如下。

（5）VCC（40脚）、GND（20脚）——单片机电源引脚。不同型号单片机供电电压有一定区别，在使用时一定要查看单片机的资料正确连接。

（6）XTAL1（19脚）、XTAL2（18脚）——外接时钟引脚。XTAL1和XTAL2分别为单片机片内时钟电路输入端、输出端。如果没有时钟电路来产生时钟驱动单片机，那单片机就不能执行程序，单片机可以看成在时钟驱动下的时序逻辑电路。如果没有时钟，单片机就不能工作，也不能定时和进行与时间有关的操作。单片机的时钟电路是用来配合外部晶体实现振荡的电路，这样可以为单片机提供运行时钟，如果运行时钟为零或超出单片机的工作频率，都会导致单片机不工作。51单片机时钟电路工作方式有两种：一种是片内时钟振荡方式，需要在这两个引脚外接石英晶体和振荡电容；另一种是外部时钟方式，即将XTAL1接地，外部时钟信号从XTAL2脚输入。

（7）RST（9脚）——单片机的复位引脚。复位可以使单片机从头开始执行程序，程序在单片机程序存储器中是从0H单元开始顺序存放的，复位后程序计数器的值被清0，程序将从程序存储器的0H单元读取指令码。只要给复位引脚输入持续两个机器周期以上的高电平时，就可以使51单片机成功复位。复位可以是按钮复位、上电复位或复位电路复位。

（8）$\overline{\text{PSEN}}$（29脚）——外部程序存储器允许输出控制端。当单片机外挂程序存储器时，该引脚为低电平时，单片机就可以从外部ROM读数据了。单片机外接程序存储器的目的是增加程序存储器的数量，当程序比较大，而片内程序存储器的容量不够用时，才外挂程序存储器。但现在使用的单片机内部ROM的容量一般都足够大了，一般不需要再外挂程序存储器了。

(9) ALE/$\overline{\text{PROG}}$(30脚)——在单片机外驱其他芯片时,用ALE引脚信号的由正到负的跳变沿,可以把P0口输出的低8位地址送锁存器锁存起来,实现P0口地址、数据的分离。在单片机对外挂芯片读/写访问时,ALE引脚信号是根据控制需要自动产生的,不需要人为控制该引脚上的电平。当系统没有进行扩展时,ALE会以1/6振荡周期的固定频率输出,因此可以作为外部时钟或作为外部定时脉冲使用。$\overline{\text{PROG}}$为编程脉冲的输入端,通过编程脉冲的输入,可以控制编好的程序写入程序存储器。实际上,许多单片机的程序写入已经不需要通过该引脚了,并且一般单片机内部数据存储器RAM的容量也足够大了,基本不需要外扩RAM了,所以这个引脚的用处不大。

(10) $\overline{\text{EA}}$/VPP(31脚)——$\overline{\text{EA}}$用于控制读取单片机片内或片外的程序存储器,当它接高电平时,单片机读程序先读片内程序存储器,如果程序太大,片外扩展了程序存储器时,片内读完会自动跳转到片外。当它接低电平时,读取程序时直接到片外的程序存储器读。例如8031单片机没有ROM,程序一定在片外ROM,此时它的$\overline{\text{EA}}$引脚要直接接地。如果用到8751单片机时,向片内EPROM写入程序时,要通过该引脚输入21V的烧写电压。现在的单片机内部都有ROM,所以该引脚要始终接高电平。

在以后章节的单片机学习中都要用到单片机的学习板,学习板以STC89C52单片机为核心,并且有多种单片机的常用外围芯片通过电路板和单片机相连,可以进行各种不同的程序调试,为单片机的软件开发学习提供了很好的硬件环境。也可以用USB实现学习板的供电、编程、仿真、通信多种功能,另外还提供了单片机的ISP接口。学习板之所以采用STC89Cxx系列单片机,是因为它支持ISP在线编程功能,并且STC的在线编程方式是通过串口,只需要一个串口通信电路,即可在单片机不需要插拔的情况下,在线下载程序。它的在线编程方式要比AT系列单片机的并口编程方式更加简单。

ISP在线编程是单片机可以直接安装在电路板上,下载程序时不需要拔下单片机下载,也不需要专门的编程器,就可以直接将准备调试的程序下载到单片机运行。ISP功能可以通过非常简单廉价的下载线直接在电路板上给单片机下载程序或者擦除程序,可以在线调试,免去插拔的麻烦。而以前的89C51在编程时必须拔下来,并用专门的编程器烧写程序,很不方便,现在绝大多数单片机都有ISP或者JTAG功能了。

1.7 单片机的C51基础

1.7.1 C语言的突出优点

C语言是现有程序设计语言中规模较小的语言。小的语言体系往往能设计出较好的程序。C语言的关键字很少,一共只有32个关键字,9种控制语句,压缩了一切不必要的成分。C语言的书写形式比较自由,表达方法简洁,使用一些简单的方法就可以构造相当复杂的数据类型和程序结构。

据统计,不同型号单片机上的 C 语言编译程序中,80%的代码是公共的,也就是说,在一种单片机上使用的 C 语言程序,可以不加修改或稍加修改,即可方便地移植到另一种结构类型的单片机上,即 C 语言的可移植性好。而汇编语言却完全依赖于单片机的硬件,功能完全相同的程序,采用不同型号的单片机时,程序要完全重写,可移植性差。

C 语言具有丰富的数据结构类型,可以根据需要采用多种数据类型来实现复杂的数据结构运算。它还具有多种运算符,灵活使用各种运算符可以实现其他高级语言难以实现的运算,极大地增强了程序处理能力和灵活性。对于中断服务程序的现场保护和恢复、中断向量表的填写等问题,都由 C 编译器直接处理。

利用 C 语言提供的多种运算符,可以组成各种表达式,还可采用多种方法来获得表达式的值,从而使用户在程序设计中具有更大的灵活性。C 语言的语法规则不太严格,程序设计的自由度比较大,程序的书写格式自由灵活。程序主要用小写字母来编写,而小写字母是比较容易阅读的,这些充分体现了 C 语言灵活、方便和实用的特点。

C 语言以函数作为程序设计的基本单位。C 语言对于输入和输出的处理也是通过函数调用来实现的。各种 C 语言编译器都会提供一个函数库,其中包含有许多标准函数,此外,C 语言具有自定义函数的功能,用户可以根据自己的需要编制满足某种特殊需要的自定义函数。实际上,C 语言程序就是由许多个函数组成的,一个函数即相当于一个程序模块,因此 C 语言可以很容易地进行结构化程序设计。

C 语言可以直接访问单片机的物理地址,可以直接访问片内或片外存储器,还可以进行各种位操作。C 语言可提供专门针对单片机的数据存储类型,自动为变量合理地分配地址。

汇编语言程序目标代码的效率是最高的,但是统计表明,用 C 语言编写的程序生成代码的效率仅比用汇编语言编写的程序低 10%~20%。目前流行的 51 单片机 C 编译器——Keil C51,它产生的程序代码,质量上与汇编语言不相上下。

1.7.2 语言程序的基本结构

C 语言程序是由若干个函数单元组成的,每个函数都是完成某个特殊任务的子程序段。组成一个程序的若干个函数可以保存在一个源程序文件中,也可以保存在几个源程序文件中,最后再将它们连接在一起。

一个 C 语言源程序至少包括一个函数(主函数),且只有一个名为“main()”的函数,也可能包含其他函数,因此,函数是 C 语言程序的基本单位。函数后面一定有一对大括号“{…}”,在大括号里面写程序。C 语言程序总是从 main() 主函数开始执行的,而不管书写程序时把它放在了什么地方。主函数通过直接书写语句和调用其他功能子函数来实现有关功能。这些功能子函数可以是由 C 语言本身提供给我们的库函数,也可以是用户自己编写的函数。

所以,使用 C 语言开发产品,可以大量使用库函数,从而减少用户自己编写程序的工作量,这样产品开发的速度和质量是汇编语言绝对不能相比的。Keil C51 内部有上百个库函数可供我们使用,调用 Keil C51 的库函数时只需要包含具有该函数说明的相应的头文件即可。

1.7.3 数据类型

数据是具有一定格式的数字或数值,它是计算机操作的对象。不管使用何种语言、何种算法设计程序,都要对数据进行处理,最终在计算机中运行的只有数据流。

数据的格式通常称作数据类型。按照数据类型对数据进行的排列、组合、架构则称为数据结构。

C51 的数据类型如图 1-2 所示。

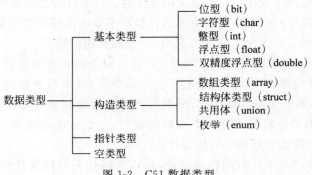

图 1-2   C51 数据类型

Keil C51 编译器支持的基本数据类型有:位型(只占一个二进制的数据位)、无符号字符型(占 1 字节,即 8 位)、有符号字符型(占 1 字节,但最高位是符号位,实际的数据位数是 7 位)、无符号整型(占 2 字节)、有符号整型(占 2 字节,最高位是符号位)、无符号长整型(占 4 字节)、有符号长整型(占 4 字节,最高位是符号位)、浮点型(占 4 字节,用于存放带小数点的数)、双精度浮点型(占 8 字节,用于存放带小数点的数)。

在 C51 语言中,数据有常量和变量之分,常量是指在程序运行过程中其值不能改变的量,变量是指在运行过程中值可以改变的量。变量的数据大小是有限制的,变量在单片机的内存中要占据空间,变量大小不同所占据的空间也不同。所以在设定一个变量之前,要提前从单片机内存中分配给这个变量合适大小的空间,这就是通过设定数据类型来实现的,这也就解释了为什么单片机 C 语言中要定义那么多的数据类型。

C 语言的图书中有 short int,long int,signed short int 等数据类型,在单片机 C 语言中默认的规则如下:short int 即为 int,long int 即为 long,前面若无 unsigned 符号则一律认为是 signed 型。

除了上述 C51 数据类型外,还有针对 8051 系列单片机内的特殊功能寄存器而设置的 sfr 和 sfr16 类型的数据和为操作特殊寄存器中的特定位而设置的 sbit 类型的数据。C51 中常用的数据类型如表 1-4 所示。

表 1-4　C51 中常用的数据类型

数 据 类 型	关 键 字	所占位数	所占字节数	取 值 范 围
无符号字符型	unsigned char	8	1	0～255
有符号字符型	char	8	1	－128～+127
无符号整型	unsigned int	16	2	0～65535
有符号整型	int	16	2	－32768～+32767
无符号长整型	unsigned long	32	4	0～4294967295
有符号长整型	long	32	4	－2147483648～+2147483647
单精度实型	float	32	4	$3.4e-38～3.4e+38$
双精度实型	double	64	8	$1.7e-308～1.7e+308$
位类型	bit	1		0～1
特殊功能寄存器	sfr	8	1	
特殊功能寄存器	sfr16	16	2	
特殊功能位	sbit	1		0～1
一般指针		24	3	存储空间 0～65535

在 51 单片机中,除了程序计数器 PC 和 4 组通用寄存器组之外,其他所有的寄存器均称为特殊功能寄存器(SFR)。它们分散在单片机内 RAM 区的高 128B 中,地址为 80H～0FFH。为了能访问这些特殊功能寄存器,Keil C51 编译器扩充了关键字 sfr 和 sfr16。在程序中要用到这些特殊功能寄存器时,必须要在程序的最前面对这些名称进行声明,声明的过程就是将这个寄存器在内存中的地址编号赋给这个名称,这些编译器就可以知道这些名称所对应的寄存器了。实际上这些寄存器的声明已经包含在 51 单片机的特殊功能寄存器声明头文件"reg51.h"中了,如果在程序中引用了这个头文件,就相当于将这个头文件中的全部内容放到引用头文件的位置处,就不用再对这个寄存器声明了。

对特殊功能寄存器的声明方法如下:

- sfr 特殊功能寄存器名＝地址常数,如 sfr P0＝0x80。
- sfr16 特殊功能寄存器名＝地址常数,如 sfr16 T2＝0xcc。

对特殊功能寄存器中的某一位声明方法如下:

- sbit 位变量名＝位地址,如 sbit OV＝0XD2。
- sbit 位变量名＝特殊功能寄存器名^位位置,如 sbit OV＝PSW^2。
- sbit 位变量名＝字节地址^位位置,如 sbit OV＝0xD0^2。

其中:

sfr——特殊功能寄存器的数据声明,声明一个 8 位的寄存器。

sfr16——16 位特殊功能寄存器的数据声明。

sbit——特殊功能位声明,也就是声明某一个特殊功能寄存器中的某一位。

例如,sfr P0＝0x80。其中,P0 是单片机 I/O 口控制寄存器,它在单片机内存中的地址为 0x80。经过声明以后,当在程序中需要对 P0 口操作时,直接写出 P0 这个名称就可以了,编译器会自动将 P0 这个名称和该寄存器对应上,对单片机内地址 0x80 的寄存器操作,这里 P0 仅仅是这个寄存器的名称和代号。

例如,sbit OV=PSW^2。其中,PSW^2 表示寄存器 PSW 的倒数第三位,声明后如果程序要对这位置 1 或清 0 时,在程序里直接对 OV 这个位名称操作就可以了。

1.7.4　C51 中的运算符

在 C51 语言中有十分丰富的运算符。运算符是完成某种特定运算的符号,包括算术运算符、关系运算符、逻辑运算符、赋值运算符等。

1. 算术运算符

C51 中的算术运算符如下。

- ＋:加法运算符,或者正值符号。
- －:减法运算符,或者负值符号。
- ＊:乘法运算符。
- /:除法运算符。
- ％:模(求余)运算符。

用算术运算符和括号将运算连接起来的式子称为算术表达式,其中的运算对象包括常量、变量、函数、数组、结构等。算术运算符的优先级规定为先乘除模,后加减,括号最优先,即在算术运算符中,乘、除、模运算符的优先级相同,并高于加减运算符。在表达式中若出现括号,则括号中的内容优先级最高。算术运算符的结合性规定为自左至右方向,又称为左结合性,即当一个运算对象两侧的算术运算符优先级别相同时,运算对象先与左面的运算符结合。

如果一个运算符两侧的数据类型不同,则必须通过数据类型转换将数据转换成同种类型。转换的方式有两种,其中一种是自动(默认)类型转换,即在程序编译时由 C 编译自动进行数据类型转换。例如,char、int 变量同时存在时,必定将 char 转换成 int 类型。当 float 与 double 类型共存,在运算时一律先转换成 double 类型,以提高运算精度。

一般来说,当运算对象的数据类型不相同时,先将较低的数据类型转换成较高的数据类型,运算的结果为较高的数据类型。另一种数据类型的转换方式为强制类型转换,需要使用强制类型转换运算符。基本形式为:

(类型名)(表达式);

2. 赋值运算符

在 C51 语言中,赋值运算符有两类,一类是基本赋值运算符"＝",另一类是基本赋值运算符派生出来的复合赋值运算符,包括:＋＝、－＝、＊＝、/＝、％＝、>>＝、<<＝、＆＝、^＝、|＝。

赋值运算符将运算符右侧操作数的值赋给左侧操作数或变量。复合赋值运算符则首先对变量进行某种运算之后再将运算结果赋给该变量。利用赋值运算符将一个变量与一个表达式连接起来的式子称为赋值表达式。

3. 关系运算符

C51 的关系运算符有 6 种：<（小于）、>（大于）、<=（小于或等于）、>=（大于或等于）、==（等于）、!=（不等于）。前 4 种关系运算符的优先级相同，后 2 种也相同；前 4 种优先级高于后 2 种。关系运算符的优先级低于算术运算符，高于赋值运算符。

关系运算符的结合性为左结合。用关系运算符将两个表达式（算术表达式、关系表达式、逻辑表达式、字符表达式等）连接起来的式子称为关系表达式。由于关系运算符总是双目运算符，其作用在运算对象上产生的结果为一个逻辑值（即真或假）。C 语言以 1 代表真，以 0 代表假。

4. 逻辑运算符

C51 的逻辑运算符有以下 3 种。

- &&：逻辑与（AND）。
- ‖：逻辑或（OR）。
- !：逻辑非（NOT）。

逻辑与（&&）和逻辑或（‖）是双目运算符，要求有两个运算对象；而逻辑非（!）是单目运算符，只要一个运算对象。

C51 逻辑运算符与算术运算符、关系运算符、赋值运算符之间优先级的次序为：逻辑非（!）运算符优先级最高。关系运算符的优先级低于算术运算符，但高于逻辑与（&&）和逻辑或（‖）运算符；优先级最低的是赋值运算符。

逻辑表达式的结合性为自左向右。用逻辑运算符将关系表达式或逻辑量连接起来的式子称为逻辑表达式。逻辑表达式的值应该是一个逻辑量"真"或"假"。逻辑表达式的值与关系表达式的值相同，以 0 代表假，以 1 代表真。

系统给出的逻辑运算结果不是 1 就是 0，不能是其他值。这与后面讲到的位逻辑运算是截然不同的，应该注意区别逻辑运算和位逻辑运算这两个不同的概念。

在由多个逻辑运算符构成的逻辑表达式中，并不是所有的逻辑运算符都被执行，只是在必须执行下一个逻辑运算符后才能求出表达式的值时，才执行该运算符。由逻辑运算符的结合性为从左向右，所以对于逻辑与运算符来说，只有左边的值不为假，才继续执行右边的运算。对于逻辑或运算符来说，只有左边的值为假，才继续进行右边的运算。

5. 位运算符

C51 有如下位操作运算符。

- &：按位与。
- |：按位或。
- ^：按位异或。
- ~：按位取反。
- <<：位左移。
- >>：位右移。

除了按位取反运算符（~）以外，以上位操作运算符都是两目运算符，即要求运算符两侧各有一个运算对象。位运算对象只能是整型或字符型数，不能为实型数据。

按位与运算符(&)的运算规则是参加运算的两个运算对象,若两者相应的位都为 1,则该位结果值为 1,否则为 0。

按位或运算符(｜)的运算规则是参加运算的两个运算对象,若两者相应的位中只要有一个为 1,则该位结果为 1。

按位异或运算符(^)的运算规则是参加运算的两个运算对象,若两者相应的位值相同,则结果为 0;若两者相应的位相异,则结果为 1。

按位取反运算符(～)是一个单目运算符,用来对一个二进制数按位进行取反,即 0 变 1,1 变 0。该运算符的优先级比别的运算符都高。

位左移(<<)和位右移(>>)运算符用来将一个数各二进制位全部左移或右移若干位。移位后,空白位补 0,而溢出的位舍弃。

对于二进制数来说,左移 1 位相当于对该数乘 2,而右移 1 位相当于该数除 2,利用这一性质我们可以用移位来做快速乘除法。

使用 C51 中的运算符需要注意以下几点:

(1)"/"用在整数除法中时,10/3＝3。当进行小数除法运算时,需要写成 10/3.0,它的结果是 3.333333,若写成 10/3 它只能得到整数而得不到小数。

(2)"％"求余运算也用在整数中,如 10％3＝1,即 10 当中含有整数倍的 3 去掉后剩下的数即为余数。

(3)"＝＝"表示测试相等,即判断等号两边的数是否相等。

(4)"！＝"判断等号两边的数是否不相等。

6. 逗号运算符

逗号运算符用于将几个表达式串在一起。格式如下:

> 表达式 1,表达式 2,…,表达式 n

运算顺序为从左到右,整个逗号表达式的值是最右边表达式的值。例如,代码 x＝(y＝3,z＝5,y＋2)的结果为:z＝5,y＝3,x＝y＋2＝5。

7. 条件运算符

C 语言中的条件运算符为"?:",可以将三个表达式连成一个条件表达式。其一般形式如下:

> 逻辑表达式?表达式 1: 表达式 2

首先计算逻辑表达式,当其值为真(非 0)时,将表达式 1 的值作为整个表达式的值;当逻辑表达式为假(0)时,将表达式 2 的值作为整个表达式的值。

例如,当 $a＝8,b＝5$ 时,求 a、b 中的最大值。

计算程序如下:

> max = (a > b)?a:b

因为 $a＞b$ 为真,所以应取表达式 1 即 a 的值,结果 max＝8。

8. 强制转换运算符

当参与运算的数据类型不同时,则先转换成同一数据类型,再进行运算。数据类型的转换方式有两种:一种是自动类型转换;另一种是强制转换。在程序运算中一定要注意数据类型的转换。

自动类型转换是在对程序进行编译时由编译器自动处理的。自动类型转换的基本规则是转后计算精度不降低。所以当 char、int、unsigned、long、double 类型的数据同时存在时,其转换高低关系为 char→int→unsigned→long→double。例如,当 char 型数据与 int 型数据共存时,则先将 char 型转换为 int 型再计算。

强制转换是通过强制类型转换运算符"()"进行的,其作用是将一个表达式转换为所需类型。格式如下:

```
(类型名)(表达式)
```

例如:

```
(int)a;              //将 a 强制转换为整型
(int)(3.58);         //将实型变量 3.58 强制转换为整型,结果为 3,即只取整
```

1.7.5 C51 中的函数

在 C51 语言中,函数是一种基本模块,C51 语言的程序就是由一个主函数和若干个子函数构成的。主函数是程序的起点,根据不同需要调用不同的子模块函数,子函数则是完成一定任务的功能模块。

一个 C51 程序大体上是一个函数定义的集合,在这个集合中有且仅有一个 main() 主函数。主函数是程序的入口,主函数中的所有语句执行完毕,则程序执行结束。

在 C51 中,函数定义由类型、函数名、参数表和函数体四部分组合而成。函数名是一个标志符,标志符是区分大小的,最长为 255 个字符。参数表是用圆括号括起来的若干参数,项与项之间用逗号隔开。函数体是用大括号括起来的若干 C51 语句,语句与语句之间用分号隔开,最后一个一般是 return,该语句在主程序中一般省略不写。每一个函数都返回一个值,该值由 return 语句中的表达式指定(省略时为零)。函数的类型就是返回值的类型,函数类型(除整型外)均需在函数名前加以指定。函数返回值一律通过寄存器,二者的关系如表 1-5 所示。

表 1-5 函数返回值与寄存器的关系

返回值类型	寄存器	说　　明
bit	标志位	由具体标志位返回
char/unsigned char(1_byte)	R7	单字节由 R7 返回
int/unsigned int(2_byte)	R6～R7	双字节由 R6、R7 返回,最高位在 R6
float	R4～R7	32 位 IEEE 格式
通用指针	R1～R3	存储类型在 R3,高位 R2,低位 R1

C51 函数的一般格式如下：

```
类型    函数名(参数表)
{
    参数说明；
    数据说明部分；
    执行语句部分；
}
```

一个函数在程序中以 3 种形式出现：函数定义、函数调用和函数说明。函数定义相当于汇编语言的子程序。函数调用相当于调用子程序的 LCALL 语句，在 C51 中，更普遍地规定函数调用可以出现在表达式中。函数定义和函数调用不分先后，但若调用在定义之前，那么在调用前必须先进行函数说明。函数说明是一个没有函数体的函数定义，而函数调用则要求有函数名和实参表。

C51 中函数分为两大类：一类是库函数；另一类是用户自定义的函数。库函数是 C51 在库文件中已定义的函数，其函数说明在相关的头文件中。对于这类函数，用户在编程时只要用 include 预处理指令将头文件包含在用户文件中，直接调用即可。用户函数是用户自己定义、自己调用的一类函数。

习题

(1) 如何进行二进制、十进制、十六进制数的转换？

(2) 单片机的并口 P0、P1、P2、P3 在结构上有什么区别？

(3) C51 的不同数据类型有什么区别？如何应用？

(4) C51 中有几类运算符？如何应用这些运算符？

(5) 构成 C51 的各个函数之间是什么关系？程序运行时，如何执行各个函数？

本章小结

本章内容使初学者初步了解单片机，主要介绍了什么是单片机，单片机的学习方法，单片机中常用的二、十、十六进制数和数制转换方法，单片机的编码方法，51 单片机的常用引脚功能，C51 语言的优点、结构、数据类型、运算符和函数。

本章内容看似简单，但对于没有单片机学习基础的初学者则是必需的，初学者只有通读本章内容，才能对 51 系列单片机及编程语言有一个总体的了解，再进一步地通过边学边练，以掌握后续章节的知识。

第 2 章

常用工具软件

51 单片机的开发环境包括软件和硬件两部分,软件开发环境主要是用于 51 单片机的代码编写、编译、调试和生成对应的执行文件,德国 Keil 公司提供的 Keil μVision 5 是目前应用最为广泛的 51 单片机软件开发环境,本章详细介绍如何利用该软件进行 51 单片机的软件开发。另外,英国 Labcenter 公司推出的 Proteus 软件是一款非常好的单片机开发平台,可以在没有单片机实际硬件的条件下,利用 PC 进行虚拟仿真实现单片机系统的软、硬件协同设计。它可以实现在开发者没有单片机硬件资源的情况下,将单片机程序下载到虚拟的单片机内,结合电路原理图,观察程序运行的输入和输出效果,进一步对程序进行设计和改进。在成功进行虚拟仿真并获得期望结果的条件下,再制作实际硬件进行在线调试,可以获得事半功倍的效果。

本章还要介绍的一款软件是 Notepad,它是一个免费代码编辑器,在编辑较大的程序时,使用它可以帮助读者提高效率,大大节省时间。

本章前三节分别介绍上述三种软件的使用方法,建议读者在学习时对这部分内容不必深究,可以从"点亮一个发光二极管"的实例开始,先用 Notepad 编写源程序,再将写好的源程序加入 Keil μVision 5 的项目中,并编译通过;最后将编译成功的程序下载到 Proteus 软件的虚拟单片机中,观察输入和输出的现象是否符合预期,如不符合再重新修改程序,并进行调试,直到程序满足要求。

当然,如果读者的程序不大,也可以完全不用 Notepad 编写源程序,而是直接在 Keil μVision 5 中编写,Notepad 软件针对较大型的程序编写,会大大提高效率。如果读者有一块单片机开发板,也可不用 Proteus 软件虚拟仿真,可以将 Keil μVision 5 编译通过的程序直接下载到开发板,观察实验现象。Proteus 软件主要用于没有硬件调试的情况下,用软件代替硬件进行虚拟仿真,同时虚拟仿真在某些情况下是不能完全代替硬件仿真的,所以如果有条件,还是要尽量选择硬件仿真。

本章最后通过发光二极管、流水灯这些简单控制任务的实现,使读者不仅可以掌握上述三种软件的用法,还可以熟悉单片机程序的调试过程,以及 C51 程序的基本编写方法。

2.1 Keil 软件

2.1.1 Keil μVision 5 的工作界面

Keil μVision 5 运行在 Windows 操作系统上,其内部集成了 Keil C51 编译器,集项目管理、编译工具、代码编写工具、代码调试以及仿真于一体,提供了一个简单易用的开发平台。C51 编译器是将用户编写的 51 单片机 C 语言,"翻译"为"机器语言"的程序。

Keil μVision 5 的窗口如图 2-1 所示。它由标题栏、菜单栏、快捷工具栏、项目管理窗口、输出窗口、状态栏、代码和文本编辑窗口组成,提供了丰富的工具,常用的菜单命令都可以在快捷工具栏中找到对应的快捷启动按钮。

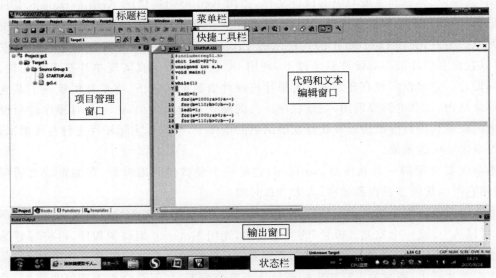

图 2-1　Keil μVision 5 的窗口

Keil μVision 5 在 Debug 模式下还提供了包括寄存器窗口、串行窗口等在内的多种观察窗口,这些窗口使用户在调试过程中随时掌握代码所实现的功能。

2.1.2 Keil μVision 5 的菜单栏

Keil μVision 5 的菜单包括 11 个选项,提供了文本操作、项目管理、开发工具配置、仿真等功能。常用的菜单功能如下。

1. File(文件)菜单

Keil μVision 5 的 File 菜单主要提供相关文件操作功能,如图 2-2 所示。

打开 File 菜单后,选项功能从上到下为:新建一个文本文件,需要通过保存才能成为对应的.h 或者.c 文件;打开一个已经存在的文件;关闭一个当前打开的文件;保存当前文件；把当前文件另存为另外一个文件；保存当前已打开的所有文件；打开元器件的数据库；许可证管理，用于安装破解信息输入；设置打印机；打印当前文件；预览打印效果；打开最近使用的文件；退出。

2. Edit(编辑)菜单

Keil μVision 5 的 Edit 菜单主要提供文本编辑和操作相关功能，打开 Edit 菜单，如图 2-3 所示。选项功能从上到下为：撤销上一次的操作；恢复上一次的操作；剪贴选定的内容到剪贴板；复制选定的内容到剪贴板；把剪贴板中的内容粘贴到指定位置；向后导航；向前导航；在光标当前行插入/移除书签标记；跳转到下一个书签标记处；跳转到前一个书签标记处；清除所有的书签标记；在当前编辑的文件中查找特定的内容；用当前内容替换特定的内容；在几个文件中查找特定的内容；增量查找；用于对代码中的函数标记(大括号等)进行配对；一些高级的操作命令，包括查找、配对大括号等；对 Keil μVision 5 集成开发环境进行配置，在其中可以对缩进、字体大小和颜色、快捷键等基础属性进行配置。

图 2-2 File 菜单

图 2-3 Edit 菜单

Keil μVision 5 还提供了对于文本操作的大量快捷操作键，如表 2-1 所示。使用它们可以大大提高代码编辑的效率。

表 2-1 Keil μVision 5 的文本操作快捷键

快捷键	功 能 描 述	快捷键	功 能 描 述
Home	把光标移动到当前行起始处	Ctrl+Right	光标移动到后一个词的开始处
End	把光标移动到当前行结束处	Ctrl+A	选定本文件的全部内容
Ctrl+Home	把光标移动到当前文件的开始处	F3	继续向后搜索下一个
Ctrl+End	把光标移动到当前文件的结尾处	Shift+F3	继续向前搜索下一个
Ctrl+Left	把光标移动到前一个词的开始处	Ctrl+F3	把光标处的词作为搜索关键词

3．View（视图）菜单

Keil μVision 5 的 View 菜单主要提供界面显示内容的设置相关操作，如图 2-4 所示。选项功能从上到下为：显示或者隐藏状态栏；显示或者隐藏工具栏,包括文件工具栏和编译工具栏这两个子选项；显示或者隐藏项目窗口；显示或者隐藏手册窗口；显示或者隐藏函数窗口；显示或者隐藏模板窗口；显示或者隐藏源文件浏览器窗口；显示或者隐藏编译输出窗口；显示或者隐藏错误目录窗口；显示或者隐藏在多个文件中查找窗口。

4．Project（项目）菜单

Keil μVision 5 的 Project 菜单主要提供工程文件的配置管理以及目标代码的生成管理相关操作功能,如图 2-5 所示。选项功能从上到下为：建立一个新的工程文件；新建一个多项目工作区；打开一个工程文件；保存当前格式中的工程文件；关闭当前工程文件；导出当前项目,可选择将当前项目导出为 μVision 3 格式；项目管理,在其中可以对组件和窗口进行管理,还可以设置各种文件类型的扩展名,在项目窗口中添加新项目,以及设置工作目录环境；从设备数据库中选出一款 51 单片机作为当前目标器件；从当前的工程文件中删除一个文件；更改当前目标的文件组或者文件的工具选项；清除当前目标；编译并且链接当前工程文件；重新编译并且连接当前工程文件；批处理编译并且连接；只编译不连接当前工程文件；停止当前的编译连接；打开最近使用过的几个项目。

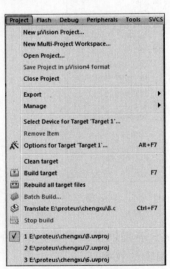

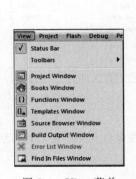

图 2-4　View 菜单　　　　　　　图 2-5　Project 菜单

5．Flash（Flash 存储器）菜单

Keil μVision 5 的 Flash 菜单主要提供对 51 单片机的内部 Flash 进行在线下载和擦除等相关操作功能,如图 2-6 所示,选项功能从上到下为：下载程序到 Flash 存储器中；擦除 Flash 存储器中内容；打开 Flash 存储器的配置工具。

图 2-6　Flash 菜单

6. Debug(调试)菜单

Keil μVision 5 的 Debug 菜单主要提供在软件和硬件仿真环境下的调试相关功能,如图 2-7 所示,选项功能从上到下为:开始或者结束调试模式;复位处理器;开始运行,如果有断点则停止;停止运行;单步运行程序,包括子程序的内容;单步运行程序,遇到子程序则一步跳过;单步运行程序时,跳出当前所进入的子程序,进入该子程序的下一条语句;运行至光标行;显示下一个可以执行的语句;打开断点对话框;在当前行设定或者去除断点;使能或者去掉当前行的断点;设定程序中所有的断点无效;去除程序中所有的断点;操作系统支持,可以选择在当前项目中使用的嵌入式操作系统;执行配置文件;打开内存对话框;停止当前编译的进程;编辑调试程序和调试用 ini 文件。

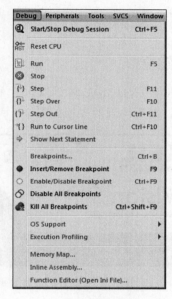

图 2-7　Debug 菜单

注意:断点是 Keil μVision 5 提供的调试功能之一,可以让程序在需要的地方中断,从而方便查看部分程序的执行效果。在调试中设置了断点,程序运行到设置断点位置会自动中断,极大地方便了操作,同时节省了调试时间。

7. Peripherals(串行接口)菜单

Keil μVision 5 的 Peripherals 菜单主要用于在 Debug(调试)模式下,打开其外围接口观察窗。当程序设计相对复杂,特别是用到了 I/O 的驱动、中断、串行口、定时器/计数器的功能时,这个菜单的功能就显得特别有用了。

当选择调试菜单中的 Start/Stop Debug Session 开始调试模式,或按快捷键进入调试状态后,选择菜单栏中的 Peripherals 菜单,如图 2-8 所示。选项功能从上到下为:用于程序调试过程中对中断源的设置;用于程序调试过程中对 P0～P3 口置位或复位;用于程序调试过程中对串行口特殊功能寄存器的设置;用于程序调试过程中对定时器/计数器的设置。

8. Tools(工具)菜单

Keil μVision 5 的此菜单主要用于和第三方软件联合调试,如图 2-9 所示,选项功能从上到下为:从 Gimpel 软件中配置 PC. Lint;在当前编辑的文件中使用 PC. Lint;在项目所包含的 C 文件中使用 PC. Lint;自定义工具菜单;自定义合并工具。

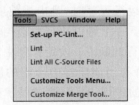

图 2-8　Peripherals 菜单　　　图 2-9　Tools 菜单

2.1.3　Keil 工程的建立

如果计算机上已经安装了 Keil μVision 5,可以双击它的图标进入 Keil 软件。双击后启动软件的屏幕如图 2-10 所示。随后出现的界面如图 2-1 所示。

图 2-10　启动 Keil 软件的屏幕显示

利用 Keil μVision 5 进行单片机的软件开发,首先就要在该软件平台上建立一个工程。这里说的"工程"实际上是一个文件组,它包含了软件开发过程中产生的各种文件,针对每个程序都有一个工程,即与这个程序相关的全部文件。

建立一个新的工程,先要单击 Project 菜单中的 New μVision Project 选项,如图 2-5 所示。此时会自动弹出一个创建新工程对话框,如图 2-11 所示。

首先要输入保存的路径,因为一个工程里通常含有很多文件,为了管理方便,应该将一个工程单独放在一个文件夹下。如图 2-11 中的新建工程放在 gc1 文件夹下,该文件夹原来没有任何文件。再在下面的文件名处输入要保存的新工程名"xj1",然后单击"保存"按钮,就建立了一个新工程。

此时会自动弹出选择单片机型号对话框。可以根据当前使用的单片机选择型号。51单片机内核具有通用性,无论用的是哪款 51 单片机,只要选择 51 系列中的单片机即可。以选择 Atmel 中的 AT89C51 单片机为例,首先单击 Atmel 前面的"+",就会在展开的下拉列

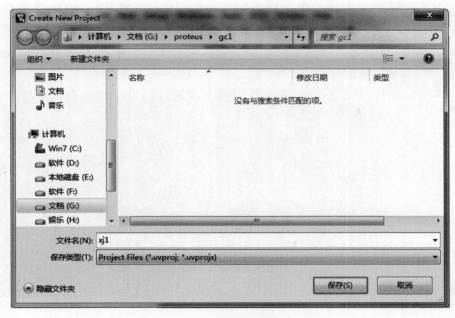

图 2-11　创建新工程对话框

表中显示这一系列的单片机,再在其中选择需要的型号,这里选择 AT89C51,此时对话框如图 2-12 所示,右边描述栏里就会出现该型号单片机的基本说明,最后单击 OK 按钮完成选择。

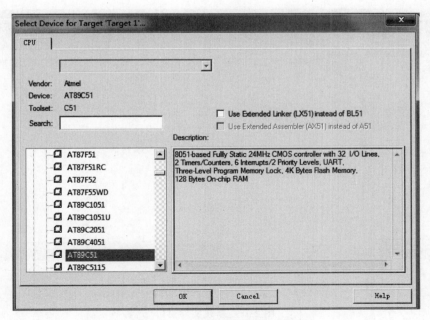

图 2-12　选择单片机型号对话框

完成上一步后,窗口界面如图 2-13 所示。到这步只是新建了一个工程并选择了单片机,但工程中还没有程序文件,下一步要添加文件及代码。

图 2-13　添加单片机型号后的界面

如图 2-2 所示,单击 File 菜单中的 New 子菜单项,或单击对应的快捷图标,会自动弹出新建文件窗口,如图 2-14 所示。

图 2-14　新建文件窗口

此时可以在编辑窗口中输入用户程序,还要使新建的文件和新建的工程之间建立联系。当程序输入完成后,单击"保存"按钮,弹出的界面如图2-15所示。在下面的文件名框中输入想保存的文件名,注意扩展名一定要输入正确。这里是用C语言编写的程序,文件的扩展名是.c;如果输入的是汇编程序,文件的扩展名是.asm。最后单击"保存"按钮。

图2-15　保存文件界面

回到编辑界面,单击项目管理窗口Target1前面的"+",在下面出现的Source Group 1选项上右击,弹出如图2-16所示菜单。然后在其中选择Add Existing Files to Group 'Source Group 1'选项,此时弹出的对话框如图2-17所示。

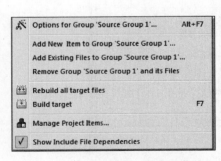

图2-16　将文件添加入工程的菜单

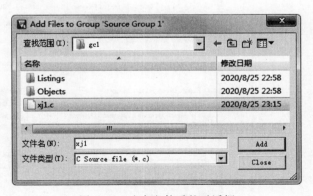

图2-17　选中文件后的对话框

刚才新建的文件名是xj1.c,此时向工程添加文件时,选中xj1.c并单击Add按钮,再单击Close按钮退出添加。然后单击项目管理窗口Source Group 1前面的"+",可以看到刚才添加的文件,此时项目管理窗口如图 2-18 所示。

此时可以看到,Source Group 1 文件夹中多了一个文件 xj1.c。这是工程中只有一个文件的情况,当工程中含有多个文件时,都要按上述方法逐一添加。此时,源文件 xj1.c 就属于此工程了。建立好了一个工程,并且源文件输入完毕后,按下 F7 键或工具栏里的快捷键就可以对文件进行编译。工程中含有的源文件在编译和其他操作过程中,产生的所有文件就都在这个工程目录下了。

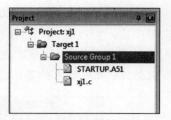

图 2-18 将文件添加入工程后的项目管理窗口

如果程序在 Keil 5 上编译通过,还要进行硬件或 Proteus 软件仿真调试,就需要将程序生成可以下载到单片机的 HEX 程序文件。要实现此功能,可以打开 Project 菜单(见图 2-5)中的 Options for Target 'Target 1'项,在之后出现的界面中选择 Output 选项卡,并勾选 Greate HEX File 复选框,就会在下一次编译时自动生成 HEX 文件。

2.1.4 Keil 程序的调试

在程序编译通过后,程序所实现的功能不一定能满足需求,往往需要通过调试才能实现特定的功能。Keil 软件提供了一个软件模拟仿真器(dScope),它可对应用程序进行软件模拟调试,为 51 单片机的调试带来极大方便。

1. 启动执行菜单

如果源程序代码编译成功,那么运行 dScope 可以对 8051 应用程序进行软件仿真调试,使用 Simulator。为了运行 dScope,在 Project(项目)菜单(见图 2-5)中,选择 Options for Target 'Target 1'选项,再选择其中的 Debug 选项卡,进入如图 2-19 所示页面。

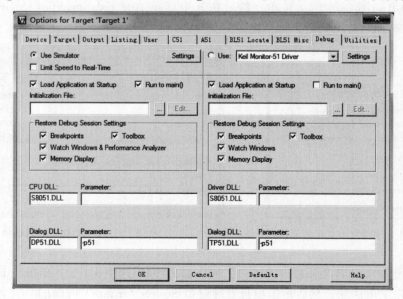

图 2-19 Debug 选项卡页面

在图 2-19 的 Debug 选项卡中选中 Use Simulator 单选按钮,它下方的 Load Application at Startup 复选框用于在 dScope 开始时能够调用自己应用程序的 OMF 文件,因此要选中此复选框。如果不选中此复选框而运行了 dScope,则要手动加载应用程序。

Run to main()选项用于选择在 dScope 开始后是否从 C 源程序的 main()函数开始执行,应选中此复选框。

图 2-19 中右侧的 Use 单选项中的监控软件 Keil Monitor-51 Driver 可以将编译好的代码下载到用户目标硬件系统后,监控硬件目标系统。该监控软件通过 RS-232 串口能够实时实现 Keil 的 dScope 与硬件目标系统相互联系的强大功能。这里由于使用软件仿真,所以不选取。

在编译源程序代码时,对所有出现的警告可以不去理会,但不可以有错误。然后就可以执行 dScope 了。(注:dScope 一词是 Debug 和 Scope 的合成词。)Keil 执行菜单如图 2-20 所示,图中方框中的按钮就是启动 dScope 的快捷按钮。

图 2-20 Keil 执行菜单

进入调试状态后,与编辑状态时的界面相比有明显变化,Debug 菜单项中原来不能使用的命令现在可以使用了,工具栏会多出一个用于运行和调试的工具条,如图 2-21 所示。Debug 菜单上的大部分命令都可在此找到对应的快捷按钮,从左至右依次是"复位""运行""暂停""单步""过程单步""单步执行到函数外""运行到光标所在行""下一状态""命令窗口""反汇编窗口""标志窗口""寄存器窗口""观察窗口"等命令。

图 2-21 Keil dScope 执行菜单工具条

2. 调试步骤与事项

调试能检查程序中不容易发现的错误,与编写程序的过程相比,通过调试排除错误更加重要。因为从编程到程序能正常运行,其中是离不开调试的,应该熟练掌握调试的使用要领,这对于缩短开发周期十分必要。

程序调试中必须明确的两个重要概念是:单步执行与全速运行。全速运行是指一行程序执行完以后紧接着执行下一行程序,中间不停止。这样程序执行速度很快,并可以看到该段程序执行的总体效果,即最终结果是正确还是错误。如果程序有错,则难以确定错误出现在哪些程序行。单步执行是每次执行一行程序,执行完该行程序即停止,等待命令执行下一行程序。此时可以观察该行程序执行完以后,所得到的结果是否与写该行程序希望得到的结果相同,借此可以找到程序中的问题。在程序调试中,这两种运行方式都要用到。

在调试状态下,选择 Debug 菜单(见图 2-7)中的 Step 选项,或按下快捷键 F11、快捷按钮 ，可以单步执行程序。选择 Debug 菜单中的 Step Over 选项或按相应的快捷按钮 、快捷键 F10 可以以过程单步的形式执行命令。所谓过程单步,是指将汇编语言中的子程序或高级语言中的函数作为一个语句来全速执行。

通过单步执行程序,可以找出问题所在。但仅靠单步执行来查错有时是困难的,或虽能查出错误但效率很低,为此必须借助其他方法。例如,在次数很多的循环子程序中,单步执行方法就不再适合,这时候应该使用"单步执行到函数外"(快捷按钮 ⏏️)命令或者"运行到光标所在行"(快捷按钮 🔖)命令来跳出循环子程序。还可以在单步执行到循环子程序时,不再使用单步命令快捷键 F11(快捷按钮 🔄),而采用过程单步命令快捷键 F10(快捷按钮 ⏏️),这样就不会进入循环子程序内部。灵活使用这几种方法,可以大大提高调试效率。

在进入 Keil 的调试环境以后,如果发现程序有错,可以直接对源程序进行修改,但是要使修改后的代码起作用,必须先退出调试环境,重新进行编译,连接后再次进入调试。如果只是测试某些程序行,或仅需要对源程序进行临时修改,那么以上过程有些麻烦,而可以采用 Keil 软件提供的在线汇编的方法。将光标定位于需要修改的程序行上,选择 Debug→Inline Assembly 菜单选项,会弹出如图 2-22 所示的对话框。在 Enter New Instruction 文本框内直接输入需要修改的程序语句,输入完以后按下 Enter 键,光标将自动指向下一条语句,可以继续修改。如果不再需要修改,可以单击右上角的"关闭"按钮来关闭对话框。

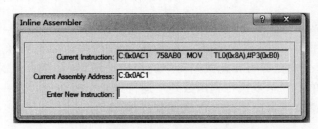

图 2-22　Keil 在线汇编对话框

程序调试时,一些程序行必须满足一定的条件才能执行:如变量达到某个值、按键按下、串口接收到数据、有中断产生等。这些条件往往是异步发生或难以预先设定的。这类问题通过使用单步执行的方法很难调试,这时就需要用到程序调试中的另一种非常重要的方法——断点设置。

断点设置的方法有多种,常用的是在某一程序行设置断点。设置好断点后可以全速运行程序,一旦执行到该程序行即停止,这时可以在此观察有关变量值,以确定问题所在。在程序行设置或删除断点的方法是:将光标定位于需要设置断点的程序行,在行号前面的位置单击鼠标,或单击快捷按钮 ⬤ ,如果出现一个红色圆点即完成了断点的设置。要删除断点时,只需要用鼠标单击设置断点时生成的红色圆点,或再次单击快捷按钮 ⬤ ,即可删除光标所在行的断点。单击按钮 ⬤ 可以设置光标所在行断点,再次单击 ⬤ 可以暂停光标所在行断点。单击按钮 ⬤ 可以暂停所有断点;单击按钮 ⬤ 可以清除所有的断点设置。

3. 调试窗口介绍

Keil 软件在调试程序时提供了多个窗口,主要包括命令窗口(Command Window)、反汇编窗口（Disassembly Window）、寄存器窗口（Registers Window）、观察窗口（Watch Window）、存储器窗口（Memory Window）等。进入调试模式后，可以通过菜单 View 下的相应命令打开或关闭这些窗口。

1）寄存器窗口

寄存器页面会显示当前模式状态下单片机寄存器的值，如图 2-23 所示。

寄存器窗口包括当前工作寄存器组和系统寄存器。系统寄存器有一些是实际存在的寄存器，如 A、B、DPTR、SP、PSW 等，有一些是实际并不存在或虽然存在却不能对其操作的寄存器，如 PC、States 等。当程序执行到对某寄存器的操作时，该寄存器会以反色（蓝底白字）显示，单击它然后按下 F2 键，即可修改其值。

2）存储器窗口

存储器窗口如图 2-24 所示。它可以显示系统中各种内存的值，通过在 Address 文本框内输入"字母：数字"组合即可显示相应的内存值，其中的字母可以是 C、D、I、X，分别代表代码

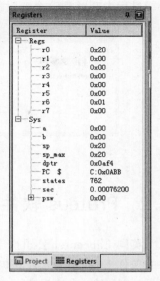

图 2-23 Keil 软件的
寄存器窗口

存储空间、直接寻址的片内存储空间、间接寻址的片内存储空间和扩展的外部 RAM 空间，数字代表想要查看的地址。如输入"D：5"，即可观察到从地址 0x05 开始的片内 RAM 的单元值；输入"C：0"即可显示从 0 开始的 ROM 单元中的值，即查看程序的二进制代码。

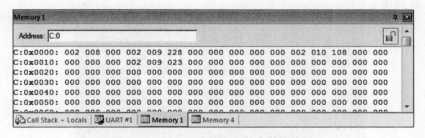

图 2-24 Keil 调试状态下的存储器窗口

该窗口的显示值可以以各种形式显示，如十进制、十六进制、字符型等，改变显示方式的方法是右击，在弹出的快捷菜单中进行选择。

3）观察窗口

寄存器窗口仅可以观察到工作寄存器和有限的寄存器，如 A、B、DPTR 等的值，如果需要观察其他寄存器的值，或者在进行 C 语言编程时直接观察变量，就要借助观察窗口了。如果想要观察程序中的某个临时变量 i 在单步执行时的变化情况，就可以在观察窗口中双击添加变量名，然后输入变量名 i，这样在程序运行时就会看到变量 i 的即时值。如图 2-25 所示，在观察窗口 1 中输入的变量名为 led，可以在窗口中观察到它的数据类型，同时在程序

运行过程中观察到这个变量值的变化。

Watch 1		
Name	Value	Type
● led	0	bit
<Enter expression>		

图 2-25　观察窗口 1

2.2　Proteus 软件

英国 Labcenter 公司推出的 Proteus 软件采用虚拟仿真技术,可以在没有单片机实际硬件的条件下,利用个人计算机实现单片机软件和硬件同步仿真,仿真结果可以直接应用于真实设计,从而极大地提高了单片机系统的设计效率,也使得单片机的学习或开发过程变得更直观、更简单。Proteus 提供了丰富的元器件库,针对各种单片机系统,可以在基于原理图的虚拟模型上进行编程和仿真调试,用户能够直观看到软件运行后的输入和输出效果。

2.2.1　Proteus 8 集成环境

如果计算机上已经安装了 Proteus 8 软件,可以双击它的图标进入该软件,双击后启动软件后的界面如图 2-26 所示。

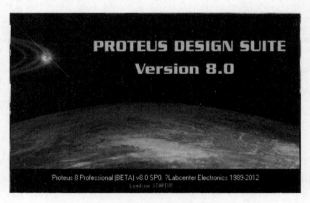

图 2-26　启动 Proteus 8 的屏幕显示

在随后出现的页面上方,单击如图 2-27 所示快捷工具栏中原理图设计快捷键(见图中框内标识),进入集成开发环境 ISIS 中。

集成开发环境 ISIS 如图 2-28 所示,它由下拉菜单、预览窗口、原理图编辑窗口、快捷工具栏、元器件列表窗口、元器件方向选择、仿真按钮组成。

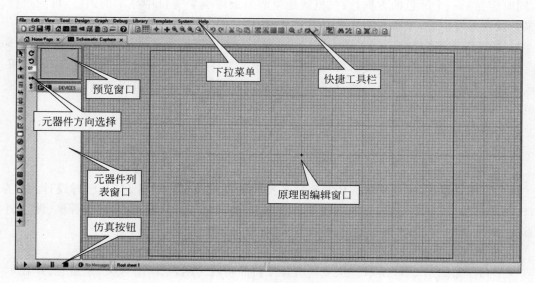

图 2-27 快捷工具栏

图 2-28 ISIS 环境界面

1．下拉菜单

下拉菜单的子菜单如下。

File 菜单：包括常用的文件功能，如创建一个新设计、打开已有设计、保存设计、导入/导出文件、打印设计文档等命令。

Edit 菜单：包括撤销/恢复操作、查找与编辑、剪切、复制、粘贴元器件、设置多个对象的层叠关系等命令。

View 菜单：包括是否显示网络、设置网络间距、缩放原理图、显示与隐藏各种工具栏等命令。

Tools 菜单：包括实时标注、实时捕捉、自动布线等命令。

Design 菜单：包括编辑设计属性、编辑图纸属性、进行设计注释等命令。

Graph 菜单：包括编辑图形、添加 Trace、仿真图形、一致性分析等命令。

Debug 菜单：包括启动调试、进行仿真、单步执行、重新排布弹出窗口等命令。

Library 菜单：包括添加、创建元器件/图标、调用库管理器等命令。

Template 菜单：包括设置图形格式、文本格式、设计颜色、节点形状等命令。

System 菜单：包括设置环境变量、工作路径、图纸尺寸大小、字体、快捷键等命令。

Help 菜单：包括查看版权信息、帮助文件、例程等。

2.预览窗口

该窗口可显示元件的预览图和原理图的缩略图。一是在元器件列表窗口选中某个元器件时,显示该元器件的预览图;二是当光标落在原理图编辑窗口时,显示整张原理图的缩略图,同时会显示一个绿色的方框,方框里就是当前原理图编辑窗口中显示的内容,可通过使用鼠标改变方框位置,来改变原理图的显示范围。

3.原理图编辑窗口

该窗口用来绘制电路原理图,可以在其中放置元器件和连线。在这里没有滚动条,如果想改变该窗口的显示范围,可以通过鼠标在预览窗口中进行选择,也可以通过快捷键改变显示范围,或对显示区域缩放。

4.快捷工具栏

快捷工具栏主要包括以下工具按钮。

1)文件工具按钮

该工具按钮如图 2-29 所示。从左到右各按钮的功能为新建设计、打开已有设计、保存设计、关闭项目、打开主页、打开原理图编辑窗口、创建网络表、3D 视图、制板查看器、设计浏览器、生成元件列表、源代码查看、帮助文件。

2)视图工具按钮

该工具按钮如图 2-30 所示。从左到右各按钮的功能为刷新、网络开关、原点、选择显示中心、放大、缩小、全图显示、区域缩放。对原理图编辑窗口的显示区域进行控制时用到的所有快捷键都在这里。

图 2-29　文件工具按钮 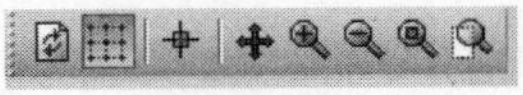　　　　　　　图 2-30　视图工具按钮

3)编辑工具按钮

该工具按钮如图 2-31 所示。从左到右各按钮的功能为撤销、重做、剪切、复制、粘贴、复制选中对象、移动选中对象、旋转选中对象、删除选中对象、从元器件库中选择元器件、制作器件、封装工具、释放元件。

4)设计工具按钮

该工具按钮如图 2-32 所示。从左到右各按钮的功能为自动布线、查找、属性分配工具、新建图纸、删除图纸、退到上层图纸、生成电器规则检查报告。

图 2-31　编辑工具按钮 　　　　　　　图 2-32　设计工具按钮

5)方式选择按钮

该工具按钮如图 2-33 所示。从左到右各按钮功能为:选择即时编辑元器件、选择放置

元器件、放置节点、放置网络标号、放置文本、绘制总线、放置子电路图。

6）配件模型按钮

该工具按钮如图 2-34 所示。从左到右各按钮的功能为端点方式（包括 VCC、地、输入、输出等）；器件引脚方式，用于绘制各种引脚；仿真图表；活动弹出模式；信号发生器；探测模式；虚拟仪表。

图 2-33　方式选择按钮

图 2-34　配件模型按钮

7）图形绘制按钮

该工具按钮如图 2-35 所示。从左到右各按钮的功能为绘制直线、绘制方框、绘制圆、绘制圆弧、绘制多边形、编辑文本、绘制符号、绘制原点。

8）元器件方向选择按钮

该工具按钮如图 2-36 所示。从左到右各按钮的功能为向右旋转 90°、向左旋转 90°、设置旋转角度、水平翻转、垂直翻转。

图 2-35　图形绘制按钮

图 2-36　元器件方向选择按钮

9）仿真工具栏按钮

该工具按钮如图 2-37 所示。从左到右各按钮的功能为全速运行、单步运行、暂停、停止。

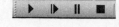

图 2-37　仿真工具栏按钮

2.2.2　绘制原理图及仿真

绘制原理图之前，首先应该根据所画内容的多少，来选择原理图纸张的大小。可以通过下拉菜单 System 中的 Set Sheet Size 选项进行选择，此处选择纸张大小可以从 A0 到 A4。其次，需要根据原理图的内容选取元器件，Proteus ISIS 库中提供了大量元器件原理图符号，可以通过搜索功能先查找需要的元器件。

例如，要绘制如图 2-38 所示的原理图，其中需要的元器件有单片机、发光二极管、电阻。

选择元器件的过程为：单击元器件列表窗口上边的按钮 P，弹出如图 2-39 所示的元器件选择窗口，在该窗口左上方的 Keywords 栏内输入 89C51，窗口中间的 Results 栏将显示元器件库中所有 89C51 单片机芯片，选择其中的 AT89C51，窗口右上方的 AT89C51 Preview 栏将显示 AT89C51 图形符号，单击 OK 按钮后，AT89C51 将出现在器件列表窗口。还需要照此方法找出电阻和发光二极管。如果原理图中某个元器件的名称不清楚，可以关注右上方的元器件图形符号，在库中依次寻找。如果选择的元器件显示 No Simulator Model，说明该元器件没有仿真模型，将不能进行虚拟仿真。如果原理图中的元器件库中没有需要的元器件时，则需要自己创建。

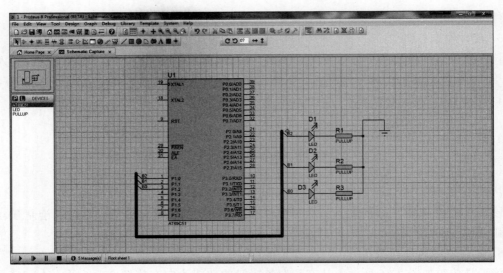

图 2-38   绘制原理图示例

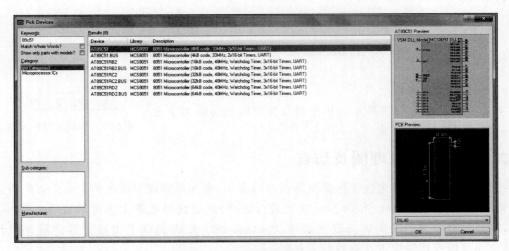

图 2-39   元器件选择窗口

下一步将元器件放入原理图:先用鼠标从元器件选择窗口选中需要的元器件,预览窗口将出现该元器件的图标。将鼠标放到编辑窗口,单击后出现选中的元器件随光标一起移动,拖动光标将元器件放置在窗口中。放置图中的地线端时,从配件模型按钮栏中选择端点方式按钮,再选择其中的接地端,它的符号也会在预览窗口中显示,在编辑窗口双击鼠标可将它放在编辑窗口中。

在原理图中布置好元器件的位置之后,下一步开始对元器件连线。先将光标放到第一个元器件的连接点,此时该点上将出现一个红色的点,单击后将出现一个从连接点画出的线(可随着光标移动);再将光标移动到另一个元器件的连接点并单击,这两个连接点之间的线就连接好了。如果元器件连线较多，直接连接较乱时，可以采用总线加标号的画法。图 2-38 中，3 个发光二极管分别接到单片机的 P1.0、P1.1、P1.2，因为这 3 个口距离发光二极管较远，直接一对一地连线显得太杂乱，所以采用了总线加标号的画法。

总线的画法为：首先在原理图的空白区域中右击，在弹出的快捷菜单中选择 Place（放置）选项，再在下一级菜单中选择 Bus（总线）选项，或者以单击方式选择按钮中的绘制总线按钮，进入总线绘制模式。在总线的起始点处单击，移动光标在需要弯折的位置单击，最后在终点处双击完成总线的绘制。如图 2-38 所示，总线和组成总线的每根分电路线之间都采用 45°偏转方向绘制。绘制方法为：在需要偏转处，按住 Ctrl 键，画出的线就会按需要偏转，单击画好线后再松开 Ctrl 键即完成绘制。总线中包含有多根导线，导线之间的连接关系实际上是用标号来区分的，同一根总线中两端标号相同的导线是同一根导线。在图 2-38 中，单片机引脚 P1.2 和发光二极管 D3 的标号都是 D0，表示它们之间短接了。标号的标记方法为：以单击方式选择按钮中的放置网络标号按钮，或右击，在弹出的快捷菜单中选择放置网络标号，进入放置标号状态。单击导线上要放置标号的位置，在弹出的对话框中的字符串的位置输入标号名，再单击 OK 按钮退出，刚才输入的标号名就会出现在导线上。用此方法将总线两端所有的导线标号都标记完毕。

当原理图绘制完毕，就可以给单片机添加应用程序，从而开始虚拟仿真调试了。单击原理图中的单片机，弹出如图 2-40 所示的元器件编辑窗口。在该窗口的 Program File 栏单击文件夹浏览按钮，找到在 Keil 软件中编辑生成的 Hex 文件，再单击 OK 按钮完成添加文件。同时注意，在该窗口中的 Clock Frequency 文本框中频率要选择 12MHz，再单击 OK 按钮退出。此时单击仿真工具栏的全速运行按钮即可进行虚拟仿真。例如，导入单片机的程序是使三个发光二极管轮流点亮，此时就可以看到 3 个发光二极管和单片机的 3 个驱动口有小点变色显示，这表示二极管在交替发光。

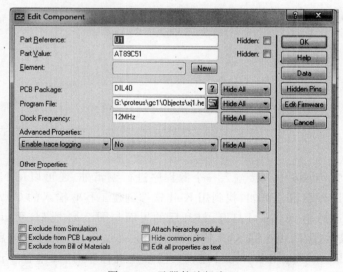

图 2-40　元器件编辑窗口

2.3　Notepad 软件

Notepad(记事本)是代码编辑器或 Windows 中的小程序,用于文本编辑。Notepad 只能处理纯文本文件,但是由于多种格式源代码都是纯文本的,所以它也就成为使用最多的源代码编辑器。与 Word 相比,虽然 Notepad 功能单一,只具备最基本的编辑功能,但它具有体积小巧、启动快、占用内存低、容易使用等优点。Notepad 可以保存无格式文件,可以把它编辑的文件保存为任意格式。

同样可以把 Notepad 作为单片机 C 语言程序的源代码编辑器,操作过程为:打开 Notepad 界面,在编辑窗口中输入一段单片机 C 语言程序,输入完成后单击"保存"按钮,此时选择文件的保存类型为"C 程序源文件",则保存成功的源文件将自动针对不同数据类型,进行不同颜色的标记,同时对不同的函数段也进行不同的标记,这使程序编辑的过程变得特别直观,也更容易发现输入错误。

如图 2-41 所示是将 Notepad 中输入的一段控制发光二极管闪动的程序保存为 C 程序后的显示效果。其中文件保存的类型是 C 源程序文件,保存文件名为 xj2.c,源程序分别用棕色、红色、蓝色等颜色对不同的数据类型和不同的指令进行了标记,对函数的起始范围也进行了清晰的标注,看起来特别直观,这也是在程序编辑时推荐使用 Notepad 的原因。

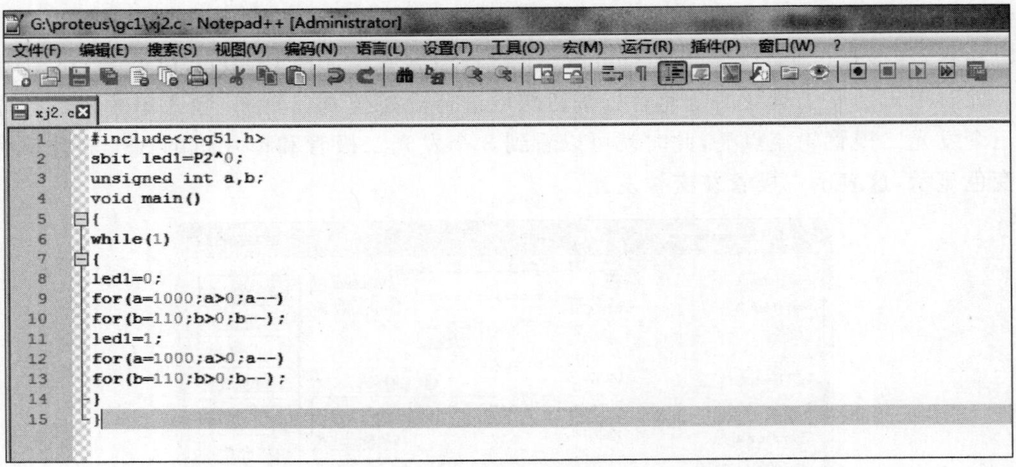

```
G:\proteus\gc1\xj2.c - Notepad++ [Administrator]
文件(F)  编辑(E)  搜索(S)  视图(V)  编码(N)  语言(L)  设置(T)  工具(O)  宏(M)  运行(R)  插件(P)  窗口(W)  ?

 xj2.c
  1    #include<reg51.h>
  2    sbit led1=P2^0;
  3    unsigned int a,b;
  4    void main()
  5    {
  6      while(1)
  7      {
  8      led1=0;
  9      for(a=1000;a>0;a--)
 10      for(b=110;b>0;b--);
 11      led1=1;
 12      for(a=1000;a>0;a--)
 13      for(b=110;b>0;b--);
 14      }
 15    }
```

图 2-41　Notepad 编辑界面

除了上面在 Notepad 中直接输入一个源程序进行编辑外,还可以用 Notepad 打开一个已有的 C 源程序进行编辑。例如,找到用 Keil 软件创建工程时输入的 C 源程序,右击,在出现的快捷菜单中选择用 Notepad 打开,打开后的界面与图 2-41 类似,可以在其中编辑修改源程序,修改完成后保存,再返回 Keil 软件对工程文件编译,这个过程可反复进行,直到程序达到理想的效果。另外,用 Notepad 编辑一段单片机程序时,如果程序比较长,有某个自定义的函数忘记了功能而返回到前面进行查找时,可以用鼠标选中这个函数名,此时程序里所有出现此函数名的地方均被自动选中,不用我们再花费时间——查找,这种设计为程序编写提供了极大的方便。

综上所述,用 Notepad 进行源程序编辑时,界面更直观,使程序编辑过程更清晰、明了,特别是对于较大型程序的编辑时,可以大大缩短程序调试时间。因此,在开发单片机的软件时,首先可考虑采用 Notepad 进行程序编辑,编辑完成后在 Keil 软件中建立工程并植入编辑好的 C 源程序,再进行编译和调试。调试既可以在 Keil 软件中进行,也可以在 Proteus 软件中进行,若有条件,可以将程序下载到开发板调试,当调试有问题时再返回到 Keil 软件或 Notepad 中重新编辑。

2.4 点亮一个发光二极管

刚开始学习编程时可以从一个最简单的硬件驱动开始,如点亮一个发光二极管。这样一个小程序的功能实现了,硬件调试通过了,也就意味着通过了单片机 C 语言编程学习的第一步。

我们采用的单片机学习板发光二极管(LED)的硬件接线如图 2-42 所示。图中可见 LED 正端经过上拉电阻接高电平,另一端接单片机的 P2.0 口,当 P2.0 口输出低电平时,LED 将点亮。这是 LED 的硬件接法,学习板上共有 8 个 LED,其他 7 个 LED 的接法同此,不同的是它们分别接到了单片机的 P2.1~P2.7 口。

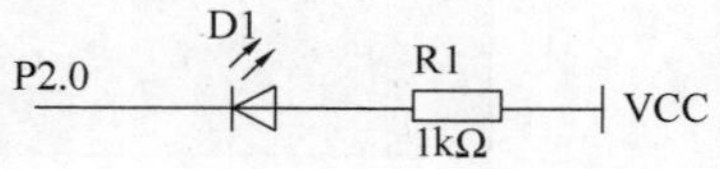

图 2-42 发光二极管的硬件接线图

关于软件编程,可以在 Keil 软件的编辑界面或者 Notepad 软件的编辑界面下,输入如下的 C 语言源程序:

【例 2-1】 点亮 P2.0 口的发光二极管。

```
# include < reg51.h >          //51 系列单片机头文件
sbit led = P2^0;               //声明程序中用到的单片机 P2.0 口
void main()                    //主函数
{
led = 0;                       //点亮 P2.0 口的 LED
}
```

用 Notepad 编辑的源程序,需要在输入完成后保存为 C 源程序类型,再在 Keil 软件中打开。程序在 Keil 软件中编辑或打开,如图 2-43 所示。

输入程序后,先编译工程,以检查程序代码是否有错误。编译过程为:先保存文件,再单击快捷工具栏中的编译图标,或如图 2-5 所示的 Project 菜单中的选项 Build target 和 Rebuild all target files 之一。编译后的结果如图 2-44 所示,可以看到,主要是下面的信息输出窗口有编译过程和结果输出。

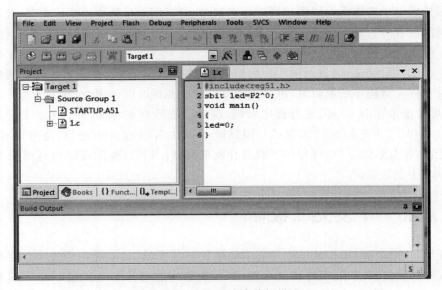

图 2-43　Keil 源程序编辑界面

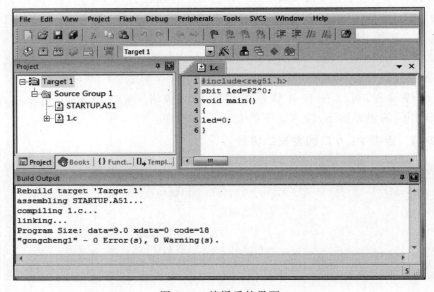

图 2-44　编译后的界面

　　信息输出窗口主要显示的内容有：创建了目标 Target 1,组合文件 STARTUP. A51,编译文件 1. c,连接,程序大小,工程 gongcheng1 编译结果——0 个警告,0 个错误。这是编译成功的提示,如果程序中有错误时,信息输出窗口会显示警告或错误不为零,这时要修改程序编辑窗口中的错误行,直到重新编译成功为止。

例如，如图 2-44 中的第 2 行指令中用了全角分号，此时程序在编译时会出错，错误程序的编译结果如图 2-45 所示。

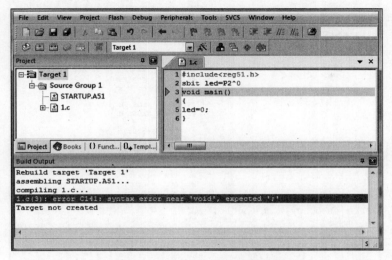

图 2-45　程序出错时的编译界面

如图 2-45 所示，当输入的源程序有错误时，信息输出窗口中会提示有错误行，在该窗口中双击错误行，编译窗口中就会有箭头停在错误行附近。程序在编译时，一般只能找到错误的大致位置。因为软件在编译时，由于一处错误，可能造成该行和后面的行都不能编译，所以错误定位也只能是大概的定位。根据这个位置，再修改、编译程序，直到没有错误。

输入源程序时容易出现的错误是，标点应该是英文状态下的半角，如果按全角输入就会出错（如上例中的分号），这种错误不容易察觉，所以应该特别注意。

以下逐步分析源程序的含义：

1. ♯include＜reg51.h＞

在程序的最开始首先引用头文件 reg51.h，这就相当于把这个头文件的全部内容放到引用的位置，省去了将头文件内容重复编写的工作量。

当语句中的头文件用"＜＞"括起来时，编译器查找头文件时先到软件安装文件夹处搜索，如果没有找到会报错。头文件也可用双引号代替"＜＞"，此时编译器先到当前工程所在文件夹处搜索头文件，如果没有再到软件安装文件夹处搜索。此外，也可以把光标放到该头文件名上，右击，在弹出的快捷菜单上选择 Open document＜reg51.h＞选项，打开头文件，如图 2-46 所示，打开后的头文件会出现在编辑窗口上。

该头文件定义了单片机内部所有的特殊功能寄存器，例如其中含有 sfr TL0 = 0x8A 这个语句，表示把单片机内部地址 0x8A 的寄存器起名为 TL0，再对地址 0x8A 的寄存器操作，直接操作 TL0 即可，即在程序中只写 TL0 不用写具体地址。直接用方便记忆的寄存器名代替不方便记忆的地址，使写出的程序也更容易理解、记忆了。该文件对于位的定义，例如文件中的 sbit RXD = P3^0，表示将 P3 口的最低位命名为 RXD，以后要用到该位时，同样

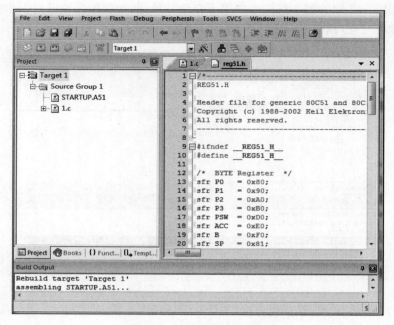

图 2-46 打开的头文件窗口

只写 RXD 就可以了。

　　该语句的后面还有以"//"开头的部分,斜杠后面的是注释语句。此种注释方法只能注释一行,再写下一行注释时,需要再写"//"。另一种注释的方法为/* …… */,斜杠和星号结合使用,可以注释多行。所有的注释在编译时都不参与编译,编译器在编译时,碰到前面的斜杠时,就忽略后面的文字。注释是为了读程序方便,特别是对于大程序,有了注释程序的功能,程序就会更好理解了。

　　2. sbit led = P2^0;

　　该指令的功能是将 P2 口的最低位定义为 led。如图 2-42 所示,发光二极管(LED)接到单片机的 P2 口,要控制 LED 的亮灭就要控制 P2 口该位输出的电平。用到单片机硬件接口的某个位之前,C51 一般先要声明这个位。单片机的头文件中只定义了 P0 到 P3 的 I/O口,编译器并不知道 LED 具体接在哪个位上,经过这条语句的声明之后,程序里需要控制二极管状态时,只需要控制 LED 状态即可。这条指令容易出错的地方是 I/O 口的大小写,头文件中定义的 P2 是大写的,这个名称必须和源程序指令里的名称对应,否则就会编译出错。

　　3. void main()

　　它表示一个主函数的开始。单片机的程序总是从一个 main() 函数开始执行。其中,main()前面的 void 表示不返回值;main()后面跟着一个空的括号,表示主函数不带参数。该语句也可以写为 void main(void),或者写为 main()。后面的学习中还会遇到有返回值、带参数的函数,通过比较更容易理解它们的含义。在语句的后面一定是两个大括号,主函数的所有代码和指令都写在这两个大括号之中,其他函数也都是如此,并且每条语句后面都加上分号。

4. led = 0;

它是主函数中唯一的一条指令,功能是使声明中定义的 led 输出为 0。led 在前面的指令中声明它为 P2 口的最低位,所以该指令的功能是使 P2 口最低位输出为 0,即输出低电平。如图 2-42 所示,发光二极管正极通过 1kΩ 的电阻接电源正极,负极接单片机的 P2.0 口。二极管通过电流为 5mA 左右即可发光,当电流过大会烧坏二极管,这里正极接的电阻的作用就是限流,所以又叫限流电阻。当单片机的 P2.0 口输出低电平时,电流经发光二极管形成通路,二极管被点亮。

如果以上程序编译通过,下一步就可以硬件或软件调试了。硬件调试首先要将程序生成可以下载到单片机实验板的代码,下载到实验板上通过现象再查看程序执行的效果。硬件调试的过程如下:

如图 2-5 所示,选择 Project 菜单中的 Options for Target 'Target 1' 选项,弹出如图 2-47 所示界面。

在界面中单击 Output,然后勾选 Create HEX File 复选框,这时程序再编译时就会自动产生 HEX 文件,即可以直接下载到单片机中的程序文件。如果界面中同时勾选了 Browse Information 复选框,在大程序中某调用函数的地方右击可以选择直接打开被调用的函数,这就为调试大程序提供了方便。

选择生成 HEX 文件后,单击图 2-47 中的 OK 按钮退出,此时如果再编译程序时,在信息输出窗口中会增加一行 creating hex file from 'gongcheng1',此时生成的 HEX 文件名和工程名同名。然后将 HEX 文件下载到实验板上(下载方法参见配套光盘资料),此时可见如图 2-48 所示,实验板上一个发光二极管被点亮。

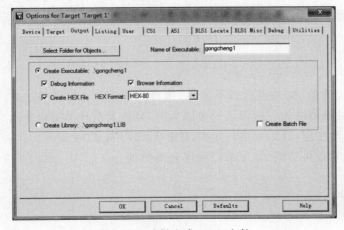

图 2-47 选择生成 HEX 文件

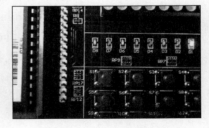

图 2-48 实验板效果图

上例的方法是只操作了单片机中的一个位,叫作位操作法。如果要同时让多个发光二极管点亮,位操作就比较麻烦,此时可以按字节操作。

【例 2-2】 同时点亮多个数码管。

```
# include < reg51.h >
void main()
{
P2 = 0x55;              //P2 口二极管间隔点亮
}
```

这个程序中没有声明语句,直接把十六进制数 0x55 送给了 P2 口输出,0x55 展开成二进制数就是 0101 0101B,对应状态为 1 的位二极管灭,状态为 0 的位二极管点亮,所以指令 P2 = 0x55 的功能就是让接在 P2 口的 LED 间隔点亮。

程序调试时,可以在原来的工程中新建一个文件,例如,保存文件名为 2.c,在项目管理窗口中添加这个文件,同时要注意原来的文件 1.c 一定要删除,因为一个工程中只能有一个主函数,否则不能正常编译。程序编译下载后,看到的实验效果如图 2-49 所示。

图 2-49　实验效果图

2.4.1　原地踏步指令的应用

通过以上程序,我们希望单片机在点亮发光二极管后就停止工作,但实际上单片机只要上电,晶振就要振荡,指令就要在规定的时间内执行,而主函数只有一条指令,这条指令执行完,程序再执行什么工作状态却不确定,这不是我们希望的。解决办法是:在点亮二极管的指令后插入一条能让程序停在这里不动的指令,即死循环指令、原地踏步,它可以在 C51 中用指令 while(1)实现。while()是编程中常用的指令,它的格式如下:

```
while(表达式)
{内部语句,可以为空}
```

指令在执行时,先要判断表达式的值,如果表达式不为零,执行内部语句;如果表达式为零,跳过 while 语句,执行 while 后面的语句。内部语句可以为空,是指大括号里可以什么都不写,所以大括号可以省略,但这时注意 while()后一定要加分号,即可写成"while(1);"。如果 while()只有一条语句时,大括号也可省略,如下两段程序是等价的。

```
while(1)
P1 = 0xAA;
```

和

```
while(1)
{
P1 = 0xAA;
}
```

所以,如果我们想让程序在某个位置停住不动时,只需让 while() 语句判断表达式的值不为零,程序就会一直停在 while() 语句中,反复循环执行,不管该语句中是否有内部语句。例 2-2 的程序可以改写成如下程序。

【例 2-3】 **实现带原地踏步指令的点亮发光二极管程序。**

```
# include < reg51. h>
void main()
{
P2 = 0x55;
while(1);            //原地踏步指令
}
```

2.4.2 延时程序设计

单片机的延时程序十分常用,例如定时更新显示和发出控制信号,控制发光二极管的闪烁。因为它很常用,所以一般要把延时写成一个子程序,在主程序里需要延时的地方就调用。延时常用 while() 和 for() 函数实现。

for 语句的格式如下:

```
for(表达式 1;表达式 2; 表达式 3)
    {内部语句,可以为空}
```

该语句执行过程为:

① 求解表达式 1;

② 求解表达式 2,它的值若不为 0(为真),执行内部语句,再执行表达式 3;值若为 0(为假),跳出该 for 语句,执行它后面的语句;

③ 求解表达式 3;

④ 重复执行第②步,直到表达式 2 的值为假,跳出。

for 语句的具体用法举例如下:

```
unsigned char i;
for(i = 2;i > 0;i -- );
```

以上程序段,第一句定义了一个无符号字符型变量 i。第二句的表达式 1,定义 i 的初值为 2;表达式 2 的意义是,当 i>0 成立时,执行内部语句,此时内部语句为空,直接去执行表达式 3;表达式 3 的意义是,对 i 自减 1,第一次执行时 i=1,返回执行表达式 2,此时表达式

2 仍成立;再执行表达式 3,i 的值再减一,得到 i=0;返回执行表达式 2 时,表达式 2 不成立,跳出 for 语句。所以,执行 for 语句时,表达式 1 执行一次,其他都是在表达式 2 和表达式 3 之间反复执行,直到表达式 2 不成立时,跳出 for 语句。也就是表达式 1 一般控制循环次数,表达式 2 控制跳出循环的条件。因为在单片机里每条指令执行都需要一定的时间,所以这种有限次的循环就可以实现延时的功能。

上述的 for 语句,表达式构成的循环只执行了 2 次,延时时间有限;要想延长延时时间,需要给 i 赋一个大的初值,例如:

```
unsigned char i;
for(i = 200;i > 0;i -- );
```

循环被执行 200 次,延时时间变长了。但要注意,这里定义的 i 是无符号字符数,它的取值范围为 0~255,所以给 i 赋值不能超过 255;要想给它赋一个更大的值,必须先修改它的定义,如把它定义为整型数。要想实现更长时间的延时,还可以通过循环嵌套,即多重循环,例如:

```
unsigned char i,j;
for(i = 200;i > 0;i -- )
  for(j = 0;j < 100;j++);
```

第一个 for 语句没有分号,表示第二个 for 语句是它的内部语句;当 i 从初值 200 开始每减一个 1 时,第二个 for 语句就被执行 100 次;第二个 for 语句中 j 是从初值 0 开始,每执行一次循环,j 的值就加 1,直到 j 等于 99;而第一个 for 语句要循环执行 200 次。所以,这段程序执行完成时,共执行了 200×100 次 for 语句,延时时间大大增加了。

延时程序延时时间的长短和时钟信号的频率有关,时钟信号的频率由外部振荡电路的晶振频率决定,如果外接晶振的频率是 12MHz,则外部振荡电路送给单片机时钟信号的频率也是 12MHz,此时,单片机的工作频率就是 12MHz。以下是与工作频率相关的几个重要概念。

振荡周期:为单片机提供时钟脉冲信号的振荡源的周期。例如,单片机外接晶振频率是 12MHz 时,则振荡周期就是 $1/12MHz=(1/12)\mu s$。

机器周期:51 系列单片机的一个机器周期由 12 个振荡周期组成。如果一个单片机的晶振频率是 12MHz,那么它的振荡周期就是 $(1/12)\mu s$,其机器周期就是 $12×(1/12)\mu s=1\mu s$;如果单片机的外接晶振频率为 11.0592MHz 时,其机器周期就是 $12×(1/11.0592)\mu s=1.085\mu s$。

指令周期:单片机执行一条指令的时间。一般来说,单片机执行一个简单指令需要一个机器周期,执行复杂指令需要两个机器周期。因为一个机器周期非常短,一般只有 1~2μs,所以单片机工作速度非常快。

当时钟频率不同时,产生的机器周期的长短也不同:当时钟频率为 24MHz 时,一个机

器周期为 $12 \times (1/24)\mu s = 0.5\mu s$；当时钟频率为 2MHz 时，一个机器周期为 $12 \times (1/2)\mu s = 12\mu s$。所以，同样的延时程序，时钟频率越低，延时时间就越长。

用 C 语言编写的延时程序，精确的延时时间不容易计算出来，只能计算出大概的延时时间。如果要实现精度较高的延时，可以采用单片机内部的定时器。

C51 编写的延时程序，延时时间也可以通过软件调试得到。

【例 2-4】　用延时程序实现发光二极管间隔 1s 亮灭闪动的程序。

```
# include < reg51.h>
sbit led1 = P2^0;
unsigned int a,b;
void main()
{
    while(1)
    {
        led1 = 0;                          //LED 点亮
        for(a = 1000;a > 0;a -- )          //延时程序
        for(b = 110;b > 0;b -- );
        led1 = 1;
        for(a = 1000;a > 0;a -- )
        for(b = 110;b > 0;b -- );
    }
}
```

以上程序中，用两个 for 语句循环嵌套实现延时。主程序中先用了一个 while(1)实现大循环，循环体内部先点亮发光二极管，延时后再熄灭，再经过相同的延时，返回点亮发光二极管，这是一个不断重复的过程。两个 for 语句循环嵌套形成的延时时间到底有多长，可以在 Keil μVision 5 软件调试环境下得到。

在如图 2-7 所示的 Debug 菜单中选择 Start/Stop Debug Session，或快捷工具栏上的按钮进入调试界面，如图 2-50 所示。

在如图 2-50 所示的界面中可见 Registers 窗口中有一项是 sec，它后面的数据代表程序从第一条指令到执行完箭头所在指令的前一个指令所花费的时间，单位是 s(秒)。利用 sec 的值就可以知道延时程序的延时时间，可按照下面的方法。

要从调试软件上得到程序运行时间，要先让软件的时钟设置和实际硬件相符。学习板上晶振频率为 11.0592MHz，软件使用之前也要设置为相同的频率。此时要选择如图 2-5 所示的 Project 菜单中的 Options for Target 'Target 1'选项，弹出如图 2-51 所示对话框。在其中选择 Target 标签，再修改 Xtal(MHz)后面方框中的数据为 11.0592，最后单击 OK 按钮完成设置。

设置断点时，在图 2-50 中指令编号 10 和 12 的位置前面的灰色区域单击，就会出现一个红色圆点，即为断点，如图 2-52 所示。断点的设置在程序调试时特别有用。如果我们想知道一段较长的程序段执行后的效果，单步执行要花费太多的时间，设置断点将会大大提高

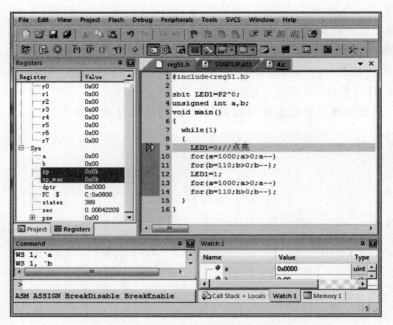

图 2-50　Keil μVision 4 软件调试界面

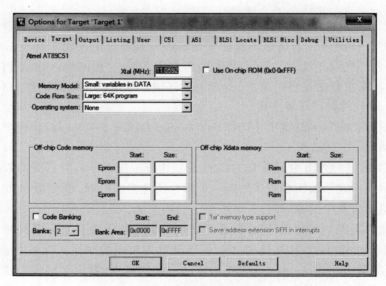

图 2-51　设置仿真晶振频率

效率。

　　断点的作用是让调试状态下全速运行的程序能够停到断点所在的位置。第一个断点让程序在执行完 LED 点亮后,停在延时程序的开始位置,这时可以记下此时 sec 的值;第二个

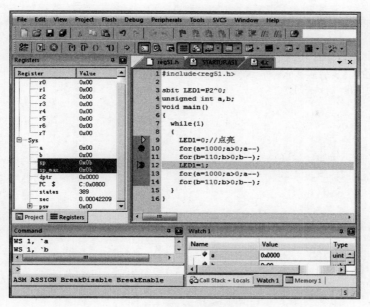

图 2-52　断点的设置

断点让程序在执行完延时程序后停下来,再记下此时的 sec 值;两个 sec 值相减即为延时时间。断点设置完后,先按下复位按钮,让程序从头开始执行,再按下全速运行按钮。经过实际运行可知,程序执行到第一个断点的时间是 0.00042318s,执行到第二个断点的时间是 0.96831272s,两个时间的差即延时时间,0.96831272−0.00042318=0.96788954(s),约为 1s。如果想精确延时到 1s 时,可以调整 a 和 b 的赋值,实现更精确的延时。

如果采用 Proteus 进行仿真调试,观察实验效果时,可以打开该软件,在原理图中放置单片机和一个发光二极管,并将二极管接到单片机的 P2.0 口。如 2.2 节介绍的内容,将例 2.4 源程序编译生成的单片机 Hex 文件添加到原理图中的单片机上,单击"仿真全速运行"按钮,即可看到发光二极管间隔 1s 亮灭闪动。其中,原理图要根据程序的功能进行调整。

2.5　流水灯的控制

单片机的流水灯控制,就是使接在单片机某个并口上的发光二极管按一定规则循环点亮,形成流水追逐效果。这里采用的单片机学习板,发光二极管都接在 P2 口上,按照一定的规律在 P2 口上送出电平信号,这些二极管就会按这种规律点亮。

2.5.1　延时子程序的应用

【例 2-5】　让 8 个 LED 某一时刻只有 1 个点亮,从最右边(最低位)开始,每隔 1s 循环左移一位。

```
# include < reg51.h >
void delay()
{
  unsigned int a,b;
  for(a=1000;a>0;a--)
  for(b=110;b>0;b--);
}
void main()
{
 while(1)
 {
  P2 = 0xfe;
  delay();
  P2 = 0xfd;
  delay();
  P2 = 0xfb;
  delay();
  P2 = 0xf7;
  delay();
  P2 = 0xef;
  delay();
  P2 = 0xdf;
  delay();
  P2 = 0xbf;
  delay();
  P2 = 0x7f;
  delay();
 }
}
```

　　程序中反复给 P2 口赋值,例如"P2=0xfe",把这个值展开成二进制数就是 11111110B,这个状态是只有 P2 口最低位的灯亮;调用 1s 延时后再让 P2 赋值为 0xfd,即只有 P2 的倒数第二个灯亮,循环直到最高位的灯亮;最后 while(1)指令再控制程序从头开始执行,形成一个发光二极管循环左移点亮的效果。

　　在这个程序中,延时程序要反复用到,可以把它写成一个不带参数的子函数,其中,void delay()就是定义的延时子函数,它的写法为:

```
void delay()
{
  unsigned int a,b;
  for(a=1000;a>0;a--)
  for(b=110;b>0;b--);
}
```

其中,void 表示此函数执行后不返回任何值;delay 是子函数名,可以为任意名,但不能和 C51 中的关键词相同。delay 后面是一个括号,里面没有参数,因此这个函数又叫作无参数函数。后面的大括号里是这个子函数要执行的内部语句。子函数既可以写在主函数之前，也可以写在子函数之后，本例是写在之前的情况。如果写在之后，必须要在主函数之前声明，对本例的声明格式为：

```
void delay();
```

这是声明无参数函数的写法。声明子函数的目的是让编译器知道有一个子函数存在，方便编译器给它分配存储空间。如果要声明有参数函数，需要在括号里写上参数类型，但不需写参数名，各项之间用逗号分开，最后一定要加分号。例如：

```
void delay(int,int);
```

如果控制流水灯点亮时间不等，按上述方法就至少要编写两个延时子程序了，使用起来不方便。实际上，这种情况可以用带参数的子函数解决，子函数可以这样写：

```
void delay(unsigned int x)
{
  uint i,j;
  for(i=x;i>0;i--)              //延时约为xms
   for(j=110;j>0;j--);
}
```

其中，delay后面括号里的unsigned int x就是子函数所带的参数，叫作函数的形参。调用子函数时，它要用一个具体数据代替，叫作实参。形参被实参代替后，子函数内部所有和形参名相同的变量都将被实参代替。

如果灯被点亮的规律是：点亮的时间长短有不同，第一个状态灯点亮1s，第二个状态灯亮2s，第三个状态灯亮又是1s，就可以通过调用带参数的子函数void delay(unsigned int x)实现。在需要延时1s的位置写指令delay(1000)，在需要延时2s的位置写指令delay(2000)，实现点亮时间长短不同的功能。

2.5.2　移位指令的应用

【例2-6】　用右移运算指令实现流水灯从高位到低位依次点亮，并循环。

例2-6详解

```
# include < reg51.h>
unsigned int a;
void delay()
{
 unsigned int i,j;
 for(i=1000;i>0;i--)
```

```
    for(j=110;j>0;j--);
}
void main()
{
  while(1)                    //无限次循环
  {
   P2 = 0xff;                 //P2 口的所有灯熄灭
   delay();
   for(a=8;a>0;a--)           //循环 8 次
     {
        P2 = P2 >> 1;         //右移指令,将 P2 口的值右移一位,高位补 0
        delay();
     }
  }
}
```

该程序的功能是：先让 P2 口接的所有灯都灭,延时 1s 后让最高位的灯亮,再延时 1s 让最高位和次高位的灯亮。这样每经过 1s,亮的灯增加一个,直到 8s 后所有灯被点亮,再返回灯都灭的状态,重复上述过程。

这个流水灯控制的例子主要用到了右移指令"P2＝P2 >> 1",它的功能是：P2 口数据右移一位,移出的低位丢弃,高位补 0。左移和右移指令功能如下：

(1) 左移。C51 中操作符为"<<",每执行一次左移指令,被操作的数将最高位移入单片机 PSW 寄存器的 CY 位,CY 位中原来的数丢弃,最低位补 0,其他位依次向左移动一位,如图 2-53 所示。

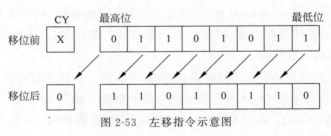

图 2-53 左移指令示意图

(2) 右移。C51 中操作符为">>",每执行一次右移指令,被操作的数将最低位移入单片机 PSW 寄存器的 CY 位,CY 位中原来的数丢弃,最高位补 0,其他位依次向右移动一位,如图 2-54 所示。

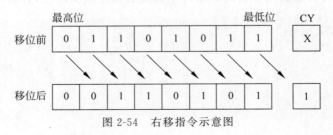

图 2-54 右移指令示意图

PSW（Program Status Word）为程序状态字标志寄存器，是一个 8 位寄存器，位于单片机片内的特殊功能寄存器区，字节地址为 D0H，用来存放运算结果的一些特征，如有无进位、借位等，使用汇编编程时，PSW 寄存器很有用，但在利用 C 语言编程时，编译器会自动控制该寄存器，很少人为操作它，大家只需做简单了解即可。其每位的具体含义如图 2-55 所示。

	D7	D6	D5	D4	D3	D2	D1	D0	
PSW	CY	AC	F0	RS1	RS0	OV	—	P	D0H

图 2-55　PSW 寄存器各位的含义

- CY：进位标志位，它表示运算是否有进位（或借位）。如果操作结果在最高位有进位（加法）或者借位（减法），则该位为 1，否则为 0。
- AC：辅助进位标志，又称半进位标志，它指两个 8 位数运算低四位是否有半进位，即低四位相加（或相减）是否进位（或借位），如有则 AC 为 1，否则为 0。
- F0：由用户使用的一个状态标志位，可用软件来使它置 1 或清 0，也可由软件来测试它，以控制程序的流向。
- RS1、RS0：4 组工作寄存器区选择控制位，在汇编语言中，这两位用来选择 4 组工作寄存器区中的哪一组为当前工作寄存区。
- OV：溢出标志位，反映带符号数的运算结果是否有溢出。有溢出时，此位为 1，否则为 0。
- P：奇偶标志位，反映累加器 ACC 内容的奇偶性，如果 ACC 中的运算结果有偶数个 1（如 11001100B，其中有 4 个 1），则 P 为 0，否则 P 为 1。

本例中将 P2 口的初值设为 0xff，即二进制数 1111 1111B。当执行一次右移后，结果为 P2＝0111 1111B；再执行一次，结果为 P2＝0011 1111B；直到右移 8 次后，结果为 P2＝0000 0000B。此时 while() 函数内部语句被执行完一次，再返回第一条内部语句 P2＝0xff 执行，即开始 8 个灯都灭的状态。

这里右移指令是 for 循环的内部语句，从循环的表达式可见，循环内部语句要执行 8 次，每执行一次循环，P2 口的值被右移一位并延时 1s，再执行循环内部语句。这样我们看到的程序输出的效果就是：每增加 1s，点亮的灯增加一个，直到第 8s，所有灯都点亮，循环结束。

如果把程序中右移指令改成左移指令"P2＝P2 << 1"，就可以实现流水灯从低位开始依次点亮的效果。通过这个例子，我们学习了移位指令的用法，它在流水灯的控制方面是很有用的。

2.5.3　循环移位指令的应用

C51 库中自带的循环移位指令格式为：

```
unsigned char _crol_(unsigned char c, unsigned char b)
```

其中,_crol_()是函数名,函数名前面的 unsigned char 表示这个函数是有返回值的。有返回值的意思是:执行完这个函数后,可以得出一个新值,这个值就是循环移位后的结果,函数再将这个新值返回给调用它的语句。这条指令的功能是:将字符 c 循环左移 b 位。循环左移的作用是,当循环左移执行移动一位时,依次将字符 c 的各位向高位移动一位,并且将移出的最高位移到最低位中。这个函数包含在 intrins.h 头文件中,如果在程序中用到这个函数时,必须在程序的开头包含这个头文件,因为头文件中有该函数的具体说明,这样在编写的程序中才可以用到这个函数。

循环左移和右移指令的功能如下:

(1) 循环左移。最高位移入最低位,其他位依次向左移一位,如图 2-56 所示。

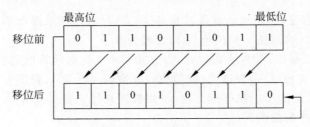

图 2-56 循环左移示意图

(2) 循环右移。最低位移入最高位,其他位依次向右移一位,如图 2-57 所示。

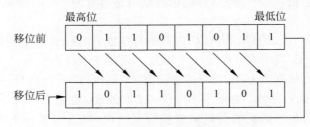

图 2-57 循环右移示意图

例 2-7 详解

【例 2-7】 用_crol_()函数实现让一个发光二极管从最右边开始向左循环移位点亮。

```
#include<reg51.h>
#include<intrins.h>          //包含函数_crol_()声明的头文件
void delay(unsigned int x)    //带参数的延时子程序
    {
    unsigned int a,b;
    for(a=x;a>0;a--)
     for(b=110;b>0;b--);
    }
void main()
{
P2=0xfe;                      //P2口只赋一次初值,让最低位的灯亮
delay(500);
```

```
while(1)
    {
    P2 = _crol_(P2,1);              //P2 口的二进制位循环左移一位后再赋给 P2
    delay(500);
    }
}
```

本例中,语句"P2＝_crol_(P2,1);"执行时,先执行等号右边的表达式,即将 P2 口的二进制值循环左移一位,再将结果赋给等号左边的 P2。程序中 P2 赋的初值为 0xfe,二进制值为 1111 1110B,执行循环左移一位后,它的值变为 1111 1101B,再赋给 P2,等待 0.5s 后,再移位和赋值。这样程序实现的功能为:先是 P2 口最低位的灯亮,然后每隔 0.5s 点亮的灯向左移一位,直到最高位的灯被点亮,再隔 0.5s,最低位的灯再亮,循环上述过程。

本章属于 C51 编程的入门知识,主要通过点亮一个发光二极管、流水灯的控制,学习了 Keil 软件中工程的建立、程序的编译、程序的调试、Proteus 及 Notepad 软件的用法、一些常用函数的应用。这一章可以帮助我们熟悉单片机软件编程中一些常用软件和基本函数的用法,厘清 C51 编程的思路,学好这一章才能为后面各章的知识的学习打下一个好的基础。

习题

(1) 如何建立一个 Keil 工程文件并进行 C 程序的编译?

(2) 在程序编译通过后,如何以单步和全速运行方式调试程序?

(3) 如何采用 Proteus 软件进行仿真调试?

(4) 简述 for 循环的用法。

(5) 用 for 语句编写一个延时 1min 的子程序。

(6) 简述移位指令"<<"和">>"的用法和作用。

(7) 简述循环移位指令"_crol_"和"_cror_"的用法和作用。

本章小结

本章详细介绍了如何利用 Keil μVision 5 软件进行 51 单片机的软件开发,以及 Proteus 和 Notepad 软件的使用方法,读者可以在 Notepad 软件或 Keil μVision 5 软件平台上编写程序,用 Keil μVision 5 软件对应用程序编译、生成可执行文件,最后用 Keil μVision 5 软件或 Proteus 软件调试应用程序,也可将可执行文件下载到开发板中进行硬件调试。

本章首先介绍了 3 个常用单片机应用软件的使用方法,通过点亮发光二极管的实例,详细说明了如何应用这些软件解决实际问题,并通过流水灯的控制实例说明了一些常用函数的使用方法。读者可以把学习重点放在实例上,针对实例边学习边操作,遇到问题再查阅软件用法,这样可以加深对本章知识点的理解。

应 用 篇

通过对入门篇的学习,读者已经对单片机及程序设计有了一个总体的了解,掌握了一些单片机系统设计的基础知识。在应用篇里,读者将进一步学习单片机 C 语言的运算符、语句、数组、指针的应用,单片机内部中断和定时器的用法,以及一些常用外设芯片和器件的驱动方法。

单片机的中断和定时器用法与硬件关系密切,比较抽象,不好理解,但它们在一些功能相对复杂的系统设计中又是必不可少的。例如:系统需要驱动多位数码管,同时又要读取多个按键状态时,主程序应该循环驱动数码管,在定时中断中读取按键的状态;如果把按键的处理也放在主程序中,就会影响数码管的显示效果。所以,本篇将这一部分知识单列一章,在介绍单片机硬件资源的基础上,也列举了大量实例,读者可以通过实例掌握定时器和中断的用法。

本篇介绍的常用器件有数码管、键盘、A/D 和 D/A 转换器、串口通信、液晶显示器、IIC 接口芯片、时钟芯片、红外、LED 点阵等。这些器件比较常规,在一般的单片机系统中都要用到,所以掌握好这些器件的用法,对于单片机系统设计是十分必要的。实际的常用器件种类较多,本篇内容有限,只介绍了一些有代表性的器件,但读者在使用时可以触类旁通,利用本篇知识指导单片机系统设计过程。

本篇所涉及的内容,都提供了完整的源程序,并且程序都附有详细说明。读者可以通过调试软件对这些程序进行仿真和调试,理解编程思路,也可以把本篇内容作为参考资料,用于单片机系统设计中。基于 C 语言的可读性和可移植性,其中的许多子函数都是可以直接应用的,可以缩短程序调试周期。

第 3 章

单片机 C 语言开发基础

1.7 节已经介绍了 C 语言的结构、数据类型、运算符、函数,本章将主要通过 C 语言编程控制学习板上的流水灯,学习如何灵活运用 C 语言中的运算符、控制语句、数组、指针、预处理。本章内容可以说是对 C51 知识点的一个完整总结,内容较多,初学者全面掌握有一定难度。初学者对其中一些知识点可做简单了解,在后续章节的学习中再结合具体应用,以加深理解。

3.1 运算符的应用

C 语言中的运算符主要包括算术运算符、关系运算符、逻辑运算符、赋值运算符等。以下就是几个应用运算符来编程的实例。

【例 3-1】 用单片机实现乘法 78×18 的运算,并通过 P2 口的发光二极管分时显示结果的高八位和低八位状态。

分析:先设置两个字符型变量 i 和 j,将它们分别赋值为 78 和 18,可以先计算它们相乘的结果为 1404,等于十六进制数 0x057C,在程序中用变量 s 保存它们相乘的这个结果。因为 i 和 j 的值小于 255,所以用字符型变量保存即可;变量 s 的值大于 255 并小于 65535,所以必须保存为整型变量。相乘的十六位结果在八位并口 P2 上显示,只能把它拆成高八位和低八位分别显示,显示时,为区别高八位和低八位,它们中间让发光二极管全灭,并停顿 1s。变量 s 高八位的二进制数是 0000 0101B,因为发光二极管的状态是并口为高时熄灭,所以高八位送显示时,将有最低位、倒数第二位的灯熄灭,其他灯亮;变量 s 低八位的二进制数是 0111 1100B,当高八位送显示时,将有最高位、最低位两位灯亮,其他灯熄灭。我们可以把以下程序下载到学习板,观察显示状态是否正确。

```
# include < reg51.h >
# define uint unsigned int          //宏定义
# define uchar unsigned char
delay()
{
uint m,n;
```

```
        for(m = 1000;m > 0;m -- )
         for(n = 110;n > 0;n -- );
        }
        void main()
        {
        uint s;                    //保存乘法结果
        uchar i,j;                 //保存相乘的因数
        i = 78;
        j = 18;
        s = i * j;
        while(1)
          {
            P2 = s/256;            //取乘积的高八位送 P2 口显示
            delay();
            P2 = 0xff;
            delay();
            P2 = s % 256;          //取乘积的低八位送 P2 口显示
            delay();
          }
        }
```

程序中用指令"P2＝s/256"取变量 s 的高八位送显示,指令右面的算式变量 s 除以 256 后取整,所以 P2 得到的是乘积的高八位。而用指令 P2＝s%256 取变量 s 的低八位送显示, 符号"%"表示取 s 和 256 相除的余数,即变量 s 的低八位。通过这个例子可以练习除法和 取余运算的用法。如果修改程序中 i 和 j 所赋的初值,还可以得到其他情况下乘法运算的 结果。

这个程序里用到了宏定义,宏定义的格式为:

＃define 新名称 原内容

＃define 命令的作用是:用"新名称"代替后面的"原内容",一般用于"原内容"比较长, 又在程序里反复用到的情况。这样如果在程序中出现"原内容",就可以用一个比较简短的 "新名称"代替,使程序的书写更加简化。例如,本例在程序开始已经做了宏定义"＃define uint unsigned int",在此宏定义的后面,所有应该写 unsigned int 的地方,都用 uint 代替了。 同一个程序中,宏定义对一个内容只能定义一次。

【例 3-2】 用 16 个发光二极管显示除法运算结果。

在学习板上除了 P2 口接的 8 个发光二极管以外,P3 口利用串并转换接口芯片 74HC595 也扩展了 8 个发光二极管。发光二极管硬件驱动电路如图 3-1 所示。

其中,芯片 74HC595 是八位串行输入转并行输出移位寄存器。引脚 SER(14)是串行 移位输入引脚,串行数据从低位到高位在该引脚输入;引脚 SRCLK(11)移位时钟输入引 脚,该引脚的上升沿可以使 14 脚的数据输入芯片内,即该引脚的上升沿控制数据串行移入; 引脚 RCLK(12)并行输出时钟端,通常情况下该引脚保持低电平,当串行数据移入完成时,

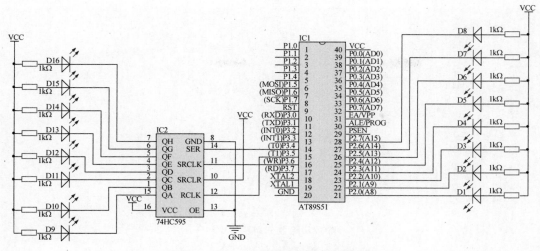

图 3-1　发光二极管硬件驱动电路图①

该引脚产生一个上升沿，将刚才移入的数据在 QA~QH 端并行输出。由 74HC595 的工作原理可知，仅用这一个芯片就可以只占用单片机的 3 个 I/O 口（即 P3.4~P3.6）来驱动 8 个发光二极管，大大节约了硬件资源。感兴趣的读者可以把例 3-1 中乘法运算的程序修改一下，结果在图 3-1 的 16 位发光二极管上显示出来。

假设本例中除法运算为"10÷6"结果只保留一位小数，结果中整数部分可以在 P2 口的发光二极管上显示，小数部分在 74HC595 扩展的发光二极管上显示。程序如下：

```
#include < reg51.h>
#define uint unsigned int
#define uchar unsigned char
sbit data1 = P3^4;                    //定义 74HC595 中用到的几个口
sbit iclk = P3^6;
sbit oclk = P3^5;
uchar i,j,k,m;
void delay()
{
uint a,b;
for(a = 10;a > 0;a -- )
 for(b = 110;b > 0;b -- );
}
void xianshi(uchar m)                 //74HC595 显示子程序
{
    uchar n;
    n = m;                            //要显示的数存放在 n 里
    oclk = 0;
    iclk = 0;
    for(j = 8;j > 0;j -- )            //要显示的数左移串行输入
```

① 接地符号与软件界面截图保持一致，全书同。

```
        {
            n = n << 1;
            data1 = CY;
            iclk = 1;
            delay();
            iclk = 0;
        }
        oclk = 1;              //移位完成并行输出
        delay();
        oclk = 0;
    }
void main()
{
    i = 10;                    //将被除数和除数分别赋给 i 和 j
    j = 6;
    P2 = i/j;
    k = ((i % j) * 10)/j;      //小数位保存在 k 中
    xianshi(k);                //调用显示子程序
    while(1);
}
```

这个程序主要用到了 74HC595 的显示驱动函数,命名为"xianshi()",它的形参为 m,即要送 D9～D16 显示的数据。在这个子函数里,首先定义了一个无符号字符型变量 n,用来存放要显示的数,然后将 74HC595 的串行输入时钟和并行输出时钟都置为低电平。再开始串行输入:n 左移一位,移出的位移到了 CY 里,再把 CY 的值(第一次移位是显示数据最高位)给 74HC595 串行数据输入端,再将串行输入时钟置高电平,该时钟原来为低电平,因此在该引脚形成了一个上升沿,将串行数据输入端的当前值移入 74HC595,再延时将时钟端置低。串行数据输入的过程要反复移位 8 次,才能将要显示的八位二进制数全部移入,这里用了一个 for 循环,控制移位一共进行 8 次。当跳出循环时移位完成,此时需要将八位二进制数并行输出,输出通过并行输出时钟控制:并行输出时钟原值为低电平,现在置为高电平,形成一个上升沿,这个上升沿控制 74HC595 将刚才移入的数据并行由 QA～QH 输出。输出完成后,再将输出时钟端置为低电平,为下一次显示做准备。

主程序里先将被除数和除数分别赋值给 i 和 j,然后将 i 和 j 相除的结果取整后直接赋值给 P2 口,这是商的整数部分。小数部分的计算方法为:先将 i 和 j 相除后取余数,再扩大10 倍,再用除数除后取整,这样计算得到的小数部分只有小数点后的第一位,再调用 74HC595 的显示子函数,在发光二极管 D9～D16 显示这个小数位。发光二极管熄灭表示1,点亮表示 0,通过观察学习板上发光二极管的亮灭状态,即可知道除数运算的结果。

上述方法在单片机控制小数点的显示时非常有用。也可以把本例中被除数和除数的值变化一下,观察发光二极管的状态有什么变化。另外,读者也可以考虑:如果想显示更多的小数位时,程序应如何编写。

【例 3-3】 用自增、自减运算控制 **P2** 口的流水灯。

如果对变量 i 执行自增运算时写成"i++",执行完 i 的值被加 1；对变量 i 执行自减运算时写成"i--",执行完变量 i 的值被减 1。这两个运算符主要用在 for 循环的表达式里,用来修改循环指针。

```c
# include < reg51.h >
void delay()                    //延时 1s 子程序
{
 unsigned int i,j;
 for(i = 1000;i > 0;i -- )
 for(j = 110;j > 0;j -- );
}
void main()
{
   unsigned char m,n;
   while(1)
 {
for(m = 0;m < 10;m++)           //m 从 0 到 9 自增 1,状态从 P2 输出
   {
    P2 = m;
    delay();
   }
 for(n = 10;n > 0;n -- )        //n 从 10 到 1 自减 1,状态从 P2 输出
   {
    P2 = n;
    delay();
   }
 }
 }
```

这个程序可以实现 P2 口的流水灯按一定规律变化。端口 P2 驱动的发光二极管在端口数据为 1 时,灯灭,在数据为 0 时,灯亮,亮灭规律都是按照二进制数的形式变化。程序中两个 for 循环使 P2 口输出数据按从 0 到 10,再从 10 到 0 的规则循环变化,相应的发光二极管也按这个规律点亮或熄灭。从观察 P2 口灯亮灭状态的变化,就可以知道自增和自减指令的功能了。

3.2 C 语言的语句

一个完整的 C 程序是由若干条 C 语句按一定的方式组合而成的。按 C 语句执行方式的不同,C 程序可分为顺序结构、选择结构和循环结构。

- 顺序结构:指程序按语句的顺序逐条执行。
- 选择结构:指程序根据条件选择相应的执行顺序。
- 循环结构:指程序根据某条件的存在重复执行一段程序,直到这个条件不满足为止。如果这个条件永远存在,就会形成死循环。

一般的 C 程序都是由上述三种结构混合而成的。但要保证 C 程序能够按照预期的意图运行,还要用到以下 5 类语句来对程序进行控制。

1. 控制语句

控制语句完成一定的控制功能,C 语言中有 9 种控制语句。

- if…else:条件语句;
- for:循环语句;
- while:循环语句;
- do…while:循环语句;
- continue:结束本次循环语句;
- break:终止执行循环语句;
- switch:多分支选择语句;
- goto:跳转语句;
- return:从函数返回语句。

2. 函数调用语句

调用已定义过的函数,如延时函数。

3. 表达式语句

由一个表达式和一个分号构成,示例如下:

```
z = x + y;
```

4. 空语句

空语句什么也不做,常用于消耗若干机器周期,延时等待。

5. 复合语句

用"{ }"把一些语句括起来就构成了复合语句。

以下重点学习一些控制语句的编程方法。

3.2.1　if 语句

if 语句用来判定所给条件是否满足,根据判定的结果(真或假)选择执行给出的两种操作之一。if 语句有 3 种基本形式:当表达式成立时,执行表达式后面的语句,不成立跳过该语句;当表达式不成立时,执行 else 后面的语句,当表达式成立时,执行 if 后面的语句;当表达式有多个时,哪个表达式成立,就执行相应表达式后面的语句,都不成立时,就执行最后一个 else 后面的语句。它们的格式如下:

```
(1) if(表达式)
(2) if(表达式)
        语句 1
    else
        语句 2
```

```
(3) if(表达式1)
        语句1
    else
    if(表达式2)
        语句2
    else
    if(表达式3)
        语句3
    …
    else
        语句n
```

【例3-4】 用 **if** 语句控制 **P2** 口一个流水灯从低位到高位循环移位点亮。

例 3-4 详解

```c
# include < reg51.h>
void delay()
{
unsigned int i,j;
for(i = 1000;i > 0;i -- )
 for(j = 110;j > 0;j -- );
}
void main()
{
unsigned char m = 0xfe;        //赋初值最低位的灯亮
while(1)                       //无限循环
  {
    P2 = m;
    delay();
    m = (m << 1)|0x01;         //m的值左移一位并且在最低位填1
    if(m == 0xff)m = 0xfe;     //当点亮的灯移出最高位时,恢复初值0xfe
  }
}
```

主程序中的指令"m＝(m≪1)|0x01;"是让 m 的值左移一位,此时最高位移出到 CY 中,最低位移入零补位。但我们这里想让移入的位是一,所以后面加了一个"|"(位或)运算,让移位后的结果与"0x01"相或,使最低位保持为一。指令"if(m＝＝0xff)m＝0xfe;"的表达式中用到了关系运算符"＝＝"(等于),即当变量 m 和 0xff 相等的条件成立时,执行语句"m＝0xfe"。当变量 m 和 0xff 相等时,是点亮灯的位从最高位移出时,为了让灯接着循环点亮,后面的语句让点亮灯的状态回到初始状态。这里的 if 语句形式属于 3 种中的第一种。

3.2.2 switch…case 多分支选择语句

if 语句比较适合于从两者之间选择。当要实现从多种选择一种时,采用 switch…case 多分支选择语句,可使程序变得更为简洁。一般格式如下:

```
switch(表达式)
{
case 常量表达式 1:        //如果常量表达式 1 满足,则执行语句 1
    语句 1;
break;                    //执行语句 1 后,用此指令跳出 switch 结构
case 常量表达式 2:        //如果常量表达式 2 满足,则执行语句 2
    语句 2;
break;                    //执行语句 2 后,用此指令跳出 switch 结构
…
case 常量表达式 n:
    语句 n;
break;
default:                  //上述表达式都不满足时,执行语句(n+1)
    语句 n+1;
}
```

用到 switch 语句时要注意,常量表达式的值必须是整型或字符型;当满足某个常量表达式,并执行完它后面的语句时,一定不要忘了写 break 语句,否则程序就会出错。

【例 3-5】 用多分支选择语句 switch…case 实现 P2 口流水灯的控制。

例 3-5 详解

```
#include< reg51. h>
#define uchar unsigned char
#define uint unsigned int
void delay()
{
uint i,j;
for(i=1000;i>0;i--)
 for(j=110;j>0;j--);
}
void main()
{
  char m=3;                 //m 赋初值为 3
    while(1)
  {
  switch(m--)              //表达式为 m--,第一次执行为 m 的初值
  {
  case 0:                   //如果表达式的值为 0,执行这句后面的语句
   P2=0x01;
   break;                   //执行完前一条指令,跳出 switch
  case 1:                   //如果表达式的值为 1,执行这句后面的语句
   P2=0x02;
   break;
  case 2:                   //如果表达式的值为 2,执行这句后面的语句
   P2=0x04;
   break;
  default:                  //当表达式的值不等于 0~2,执行这句后面的语句
   P2=0x08;
```

```
    }
    delay();
    if(m < 0)m = 3;              //如果 m 自减 1 后的结果小于零,重新赋为初值 3
  }
}
```

　　本例先定义了一个有符号字符数 m,并赋初值为 3。用"m--"作为 switch 语句的表达式,注意这里第一次执行 switch 语句时,表达式的值为 m 的初值 3。把表达式的值与 case 语句后面的常量表达式比较,看是否相等。因为第一次执行时,表达式的值为 3,不等于 0、1、2,所以执行 default 后面的语句"P2 = 0x08",此时 P2 口倒数第 4 个灯熄灭。延时后,在循环语句 while(1)的控制下,再次进入 switch 语句,这次表达式为 m 的初值减 1,等于 2,则程序跳到 case 后面值为 2 的下一条语句执行"P2 = 0x04",此时 P2 口倒数第 3 个灯熄灭。再进入 switch 时表达式值为 1,转去执行"case 1:"的下一条语句"P2 = 0x02;"。再进入时,表达式值为 0,转去执行"case 0:"后面的语句"P2 = 0x01;"。当 m 的值减为负值时,"if(m < 0)m = 3;"语句控制 m 的值返回初值 3。这样,在 switch 语句的控制下,我们会看到学习板上 P2 口低四位的有一个灯,在从高位到低位循环移位被熄灭。

　　通过这个程序的编写,我们学习了 switch 指令的用法:先把 switch 后面的表达式和 case 后面的常量表达式比较,如果相等,执行此 case 指令下面的一条指令,碰到 break 时,跳出 switch 语句。如果 switch 后面的表达式和 case 后面的常量表达式都不相等,则执行 default 后面的语句。可见,switch 语句根据表达式的值,形成了多分支选择的结构。

3.2.3　do…while 循环语句

　　该循环语句先执行循环体一次,再判断表达式的值。若为真值,则继续执行循环,否则退出循环。一般格式如下:

```
do 循环体语句
    while(表达式);
```

　　do…while 循环语句的执行过程如下:

　　先执行一次指定的循环体语句,然后判断表达式;当表达式的值为非零时,返回到第一步重新执行循环体语句;如此反复,直到表达式的值等于 0 时,循环结束。

　　使用时要注意 while(表达式)后的分号";"不能丢,它表示整个循环语句的结束。

　　【例 3-6】　用 do…while 循环语句实现流水灯 3 次左移循环点亮。

```
# include < reg51.h >
# include < intrins.h >             //包含循环左移指令的头文件
void delay()
{
unsigned int i,j;
for(i = 1000;i > 0;i -- )
```

例 3-6 详解

```
   for(j = 110;j > 0;j -- );
   }
void main()
{
 unsigned char m,n;
 n = 2;
 do                              //do…while语句先执行循环体,再判断循环条件
 {
    P2 = 0xfe;                   //P2口的初始状态,最低位的灯亮
    delay();
  for(m = 7;m > 0;m -- )         //循环左移7次
     {
      P2 = _crol_(P2,1);         //循环左移语句
      delay();
     }
 }while(n -- );                  //n减1不为0时,返回执行循环体
 while(1);                       //n等于0时,跳出循环,原地踏步
}
```

上述程序中,我们控制一个流水灯从最低位开始,间隔1s左移点亮一次,直到最高位,共循环移位3次,最后停在最高位上。这里用变量n控制循环移位次数,n的初值取为2,是因为当do…while第一次执行完循环体时,n取值为2;每执行完一次循环体,n取值减1,直到第3次执行完,n的值减为0,跳出循环。

3.3　C语言的数组

数组是同类型的一组变量,引用这些变量时可用同一个标志符,借助于下标来区分各个变量。数组中的每一个变量称为数组元素。数组由连续的存储区域组成,最低地址对应于数组的第一个元素,最高地址对应于最后一个元素。数组可以是一维的,也可以是多维的。

3.3.1　一维数组

一维数组的表达式如下:

类型说明符　数组名　[常量];

方括号中的常量称为下标。C语言中,下标是从0开始的。示例如下:

int　a[10];　　//定义整型数组a,它有a[0]~a[9]共10个元素,每个元素都是整型变量

一维数组的赋值方法有以下几种。
(1)在数组定义时赋值,示例如下:

int a[10] = {0,1,2,3,4,5,6,7,8,9};

数组元素的下标从 0 开始,赋值后,a[0]=0,a[1]=1,依次类推,直至 a[9]=9。

(2) 对于一个数组也可以部分赋值,示例如下:

```
int b[10] = {0,1,2,3,4,5};
```

这里只对前 6 个元素赋值。对于没有赋值的 b[6]~b[9],默认的初始值为 0。

(3) 如果一个数组的全部元素都已赋值,可以省去方括号中的下标,示例如下:

```
int  a[ ] = {0,1,2,3,4,5,6,7,8,9};
```

数组元素的赋值与普通变量相同,可以把数组元素像普通变量一样使用。

3.3.2　二维数组

C 语言允许使用多维数组,最简单的多维数组是二维数组。其一般表达式形式如下:

```
类型说明符　数组名[下标 1][下标 2];
```

示例如下:

```
unsigned char x[3][4];          //定义无符号字符型二维数组,有 3×4 = 12 个元素
```

二维数组以行列矩阵的形式存储。第一个下标代表行,第二个下标代表列。上一数组中各数组元素的顺序排列如下:

```
x[0][0]、x[0][1]、x[0][2]、x[0][3]
x[1][0]、x[1][1]、x[1][2]、x[1][3]
x[2][0]、x[2][1]、x[2][2]、x[2][3]
```

二维数组的赋值方法可以采用以下两种方式。

(1) 按存储顺序整体赋值,这是一种比较直观的赋值方式,示例如下:

```
int a[3][4] = {0,1,2,3,4,5,6,7,8,9,10,11};
```

如果是全部元素赋值,可以不指定行数,即

```
int a[ ][4] = {0,1,2,3,4,5,6,7,8,9,10,11};
```

(2) 按每行分别赋值。为了更直观地给二维数组赋值,可以按每行分别赋值,这时要用{ }标明,没有说明的部分默认为 0,示例如下:

```
int a[3][4] = { {0,1,2,3},
{4,5,6,7},
{8}  };          //最后 3 个元素,没有赋值的被默认为 0
```

3.3.3 字符数组

用来存放字符型数据的数组称为字符数组。与整型数组一样,字符数组也可以在定义时进行初始化赋值。示例如下:

```
char a[8] = {'B','e','i',' - ','j','x','l','d'};
```

上述语句定义了字符型数组,它有 a[0]~a[7]共 8 个元素,每个元素都是字符型变量。还可以用字符串的形式来对全体字符数组元素进行赋值,示例如下:

```
char str[] = {"Now, Temperature is:"};
```

或者写成更简洁的形式:

```
char str[ ] = "Now, Temperature is:";
```

要特别注意的是:字符串是以'\0'作为结束标志的。所以,当把一个字符串存入数组时,也把结束标志'\0'存入了数组。因此,上面定义的字符数组"str[20]"最后一个元素不是":",而是'\0'。数组必须先定义,才能使用。

3.3.4 数组的应用

流水灯的控制方法有许多种,一种比较常用的方法是:把流水灯的控制代码按顺序存入数组,再依次引用数组元素,并送到发光二极管的接口显示。无论流水灯的控制逻辑多么复杂,用这种方法都可以很容易地通过调用控制代码实现。

例如,定义一个无符号字符型数组如下:

```
unsigned char code Tab[ ] = {0x7f,0xbf,0xdf,0xef,0xf7,0xfb,0xfd,0xfe};
```

上述数组定义中用到了关键字"code",因为数组的各个元素在使用过程中不发生变化,所以可以用这个关键字定义数组元素的存放方式,减小数组数据的存储空间。假设这个数组中的元素是要送给 P2 口的控制代码,程序如果把它们按顺序送给 P2 口,并间隔一定的延时,就可以实现一个流水灯的右移点亮。

【例 3-7】 用数组控制 P2 口一个流水灯间隔 1s 右移点亮。

例 3-7 详解

```
# include< reg51. h>
# define uchar unsigned char
# define uint unsigned int
uchar code tab[] = {0x7f,0xbf,0xdf,0xef,0xf7,0xfb,0xfd,0xfe}; //定义一个数组
uchar i = 0;
void delay()
```

```
{
 uint m,n;
 for(m = 1000;m > 0;m -- )
 for(n = 110;n > 0;n -- );
}
void main()
{
 for(;i < 8;i++)                    //循环给 P2 口送数 8 次
 {
   P2 = tab[i];                     //引用数组元素,并送 P2 口显示
   delay();                         //调用延时 1s 子程序
 }
 while(1);                          //显示结束,程序停在这里
}
```

本例程序中我们可以看到数组元素的用法:在使用数组之前要先定义一个数组,包含数组元素类型、数组名和具体的数组元素,这里定义的数组是无符号字符型的,数组中的元素都是要给 P2 口的控制代码,并且是按顺序存放的。在程序中引用数组时用到语句"P2 = tab[i];",把数组中的第 i 个元素取出,直接赋值给 P2 显示。并且这个语句又是 for 循环内部语句,for 循环控制取数组元素从 tab[0]直到 tab[7]。其中,for 循环中第一个表达式省略,因为程序前面在定义变量 i 时,已经给 i 赋了初值 0。这个程序里,我们可以试着把数组元素改成其他形式,就可以形成不同逻辑的流水灯控制,所以数组的应用在花式流水灯控制上,是一种非常高效的编程控制方法。

另外,通过这个例子我们还可以明确局部变量和全局变量的概念。在函数内部定义的变量称为局部变量,如本例中延时函数内部定义的变量 m、n,就是延时函数的局部变量。局部变量只在该函数内有效。例如,一个函数定义了变量"x"为整型数据,另一个函数则把变量"x"定义为字型数据,两者之间互不影响。全局变量也称为外部变量,它定义在函数的外部,最好在程序的顶部。它的有效范围为从定义开始的位置到源文件结束。例如,本例中在程序最开始定义的语句"uchar i=0;",就定义了一个全局变量 i,从这条语句开始以下的程序中都可以使用此变量。全局变量可以被函数内的任何表达式访问。如果全局变量和某一函数的局部变量同名时,在该函数内,只有局部变量被引用,全局变量被自动"屏蔽"。例如,我们在主函数中用同样的语句再定义一个变量 i 时,此时在主函数中只有主函数定义的内部变量 i 是有效的。

3.3.5　数组作为函数参数

一个数组的名字表示该数组的首地址,所以用数组名作为函数的参数时,被传递的就是数组的首地址,被调用的函数的形式参数必须定义为指针型变量。

用数组名作为函数的参数时,应该在主调函数和被调函数中分别进行数组定义,而不能只在一方定义数组。并且,两个函数中定义的数组类型必须一致。如果不一致,将导致编译出错。实参数组和形参数组的长度可以一致,也可以不一致,编译器不检查形参数组的长

度,只是将实参数组的首地址传递给形参数组。为保证两者长度一致,最好在定义形参数组时,不指定长度,只在数组名后面跟一个空的方括号[ ]。编译时,系统会根据实参数组的长度为形参数组自动分配长度。

例 3-8 详解

【例 3-8】 使用数组作参数控制 **P2** 口八位流水灯点亮。

先定义流水灯控制码数组,再定义流水灯点亮函数,使其形参为数组,数据类型要和实参数组的类型一致。

```
# include < reg51.h>
void delay()
{
 unsigned int i,j;
 for(i = 1000;i > 0;i-- )
 for(j = 110;j > 0;j-- );
}
void xianshi(unsigned char a[])          //定义显示子函数,形参为字符型数组首地址
{
    unsigned char m;
    for(m = 0;m < 8;m++)
      {
        P2 = a[m];                       //取数组的第 m 个元素送 P2 口显示
        delay();
      }
}
void main()
{
    unsigned char code tab[] = {0x7f,0xbf,0xdf,0xef,0xf7,0xfb,0xfd,0xfe};
                                         //定义流水灯控制码
    while(1)
    {
    xianshi(tab);                        //调用显示子函数
    }
}
```

本例中先定义了一个显示子函数,子函数的形参是无符号字符型数组 tab 的首地址,该子函数的功能是顺序地取数组中的元素,送 P2 口显示。在主函数中,先定义一个流水灯控制码数组,该数组类型要和显示子函数形参类型相同,这里都是无符号字符型。数组中的元素是要送到 P2 口的显示代码,顺序把它们送显示,可以实现 P2 口一个灯右移循环点亮。然后在主函数中调用刚才定义的显示函数,这时要注意,调用时函数的实参是刚才定义的控制码数组名。

3.4 C 语言的指针

指针是 C 语言中的一个重要概念,也是 C 语言的一个重要特色。正确而灵活地运用指针,可以有效地表示复杂的数据结构,动态地分配内存,方便地使用字符串,有效地使用数组。利用指针引用数组元素速度更快,占用内存更少。

3.4.1　指针的定义和引用

1. 指针的概念

一个数据的"指针"就是它的地址。通过变量的地址能找到该变量在内存中的存储单元,从而能得到它的值。指针是一种特殊类型的变量。它具有一般变量的三要素:名字、类型和值。指针的命名与一般变量是相同的,它与一般变量的区别在于值和类型上。

1)指针的值

指针存放的是某个变量在内存中的地址值。被定义过的变量都有一个内存地址。如果一个指针存放了某个变量的地址值,就称这个指针指向该变量。由此可见,指针本身具有一个内存地址。另外,它还存放了它所指向的变量的地址值。

2)指针的类型

指针的类型就是该指针所指向的变量的类型。例如,一个指针指向 int 型变量,该指针就是 int 型指针。

3)指针的定义格式

指针变量不同于整型或字符型等其他类型的数据,使用前必须将其定义为"指针类型"。指针定义的一般形式如下:

> 类型说明符　*指针名字

示例:

```
int i;              //定义一个整型变量 i
int * pointer;      //定义整型指针,名字为 pointer
```

可以用取地址运算符"&"使一个指针变量指向一个变量,例如:

```
pointer = &i;       //"&i"表示取 i 的地址,将 i 的地址存放在指针变量 pointer 中
```

在定义指针时要注意两点:

(1)指针名字前的"*"表示该变量为指针变量。

(2)一个指针变量只能指向同一个类型的变量,如整型指针不能指向字符型变量。

2. 指针的初始化

在使用指针前必须进行初始化,一般格式如下:

> 类型说明符　指针变量 = 初始地址值;

示例:

```
unsigned char * p;      //定义无符号字符型指针变量 p
unsigned char m;        //定义无符号字符型数据 m
p = &m;                 //将 m 的地址存在 p 中(指针变量 p 被初始化了)
```

严禁使用未经初始化的指针变量,否则将引起严重后果。

3. 指针数组

指针可以指向某类变量,也可以指向数组。以指针变量为元素的数组称为指针数组。这些指针变量应具有相同的存储类型,并且指向的数据类型也必须相同。

指针数组定义的一般格式如下:

```
类型说明符    *指针数组名[元素个数];
```

示例:

```
int * p[2];           //p[2]是含有 p[0]和 p[1]两个指针的指针数组,指向 int 型数据
```

指针数组的初始化可以在定义时同时进行,示例如下:

```
unsigned char a[ ] = {0,1,2,3};
unsigned char * p[4] = {&a[0],&a[1],&a[2],&a[3]}; //存放的元素必须为地址
```

4. 指向数组的指针

一个变量有地址,一个数组元素也有地址,所以可以用一个指针指向一个数组元素。如果一个指针存放了某数组的第一个元素的地址,就说该指针是指向这一数组的指针。数组的指针即数组的起始地址。示例如下:

```
unsigned char a[ ] = {0,1,2,3};
unsigned char * p;
p = &a[0];           //将数组 a 的首地址存放在指针变量 p 中
```

经上述定义后,指针 p 就是数组 a 的指针。

C 语言规定:数组名代表数组的首地址,也就是第一个元素的地址。例如,下面两个语句等价:

```
p = &a[0];
p = a;
```

C 语言规定:p 指向数组 a 的首地址后,p+1 就指向数组的第二个元素 a[1],p+2 指向 a[2],依次类推,p+i 指向 a[i]。

引用数组元素可以用下标(如 $a_{[3]}$),但使用指针速度更快,且占用内存少。这正是使用指针的优点和 C 语言的精华所在。

对于二维数组,C 语言规定:如果指针 p 指向该二维数组的首地址(可以用 a 表示,也可以用 &a[0][0]表示),那么 p[i]+j 指向的元素就是 a[i][j]。这里 i、j 分别表示二维数组的第 i 行和第 j 列。

3.4.2 指针的应用

【例 3-9】 用指针数组控制 P2 口八位流水灯点亮。

指针数组中元素是变量的地址,在本例中就应该是流水灯控制码的地址。可先定义流水灯的控制码数组为:

```
unsigned char code Tab[ ] = {0xfe,0xfd,0xfb,0xf7,0xef,0xdf,0xbf,0x7f};
```

然后将元素的地址依次存入如下指针数组:

```
unsigned char * p[ ] = {&Tab[0],&Tab[1],&Tab[2],&Tab[3],&Tab[4],&Tab[5],&Tab[6],&Tab[7]};
```

最后利用指针运算符"*"取得各指针所指元素的值,并送入 P2 口显示即可。

程序如下:

```
#include < reg51.h>
#define uchar unsigned char
#define uint unsigned int
void delay()
{
    uint i,j;
    for(i = 0;i < 1000;i++)
    for(j = 0;j < 110;j++);
}
void main()
{
    uchar code tab[] = {0xfe,0xfd,0xfb,0xf7,0xef,0xdf,0xbf,0x7f};
    uchar * p[] = {&tab[0],&tab[1],&tab[2],&tab[3],&tab[4],&tab[5],&tab[6],&tab[7]};
    uchar m = 0;
    for(;m < 8;m++)              //循环控制取数组元素 8 次
      {
        P2 = * p[m];            //将指针数组中第 i 个元素送 P2 口
        delay();
      }
    while(1);                   //取数完毕程序停在这里
}
```

本例采用指针数组来控制 P2 口流水灯,以下再看一个用指向数组的指针来控制流水灯的例子。这里同样要定义流水灯控制码数组,再将数组名(数组的首地址)赋给指针。然后即可通过指针引用数组的元素,从而控制八位流水灯点亮。引用指针时要注意和上例的区别。

【例 3-10】 用指向数组的指针来控制流水灯。

```
#include < reg51.h>
void delay()
{
    unsigned int i,j;
    for(i = 1000;i > 0;i--)
    for(j = 110;j > 0;j--);
}
void main()
{
    unsigned char code Tab[] = {0x7f,0xbf,0xdf,0xef,0xf7,0xfb,0xfd,0xfe};//流水灯控制码数组
    unsigned char * p,m;              //定义无符号字符型指针和控制循环的变量
    p = Tab;                          //指针指向数组首地址
    for(m = 0;m < 8;m++)              //循环显示 8 个状态
    {
        P2 = * (p + m);              //通过指针引用数组元素,送到 P2 显示
        delay();
    }
        while(1);                    //显示完毕,程序停在这里
}
```

我们可以从以上两个例子比较一下两种用法的区别。指针数组需要先将指针数组元素都赋值(初始化)再使用,通过指针取数组元素的方法是"＊p[m]"(其中 m 是数组元素下标)。而指向数组的指针使用前要先定义一个指针,并将数组的首地址给指针,取数组元素的方法是"＊(p+m)"。因此,这两种方法使用时是有一定的区别的,一定要注意区分。

3.4.3　指针作函数参数的应用

函数的参数不仅可以是数据,也可以是指针,它的作用是将一个变量的地址传送到另一个函数中。

【例 3-11】 用指针作函数参数控制 P2 口八位流水灯点亮。

首先,定义一个指针指向存储流水控制码的数组的首地址,然后以这个指针作为实际参数传递给被调函数的形参,因为该形参也是一个指针,该指针也指向流水控制码的数组,所以只要用指针引用数组元素的方法就可以控制 P2 口八位流水灯点亮。

```
#include < reg51.h>
void delay()
{
unsigned int i,j;
for(i = 1000;i > 0;i--)
 for(j = 110;j > 0;j--);
}
void xianshi(unsigned char * p)          //显示子程序,形参为无符号字符型指针
{
```

```
unsigned char i;
while(1)                          //无限循环
  {
  i = 0;
  while( * (p + i)!= '\0')        //当数组中元素未取完时,接着取数送显示
    {
    P2 = * (p + i);              //取数组中第 i + 1 个元素送 P2 口显示
    delay();
    i++;                        //修改循环计数变量
    }
  }
}
void main()
{
unsigned char code tab[ ] = {0xfe,0xfd,0xfb,0xf7,0xef,0xdf,0xbf,0x7f};
                                 //定义显示码数组
unsigned char * pin;
pin = tab;                       //指针指向数组首地址
xianshi(pin);                    //调用显示子程序
}
```

此程序中首先定义了一个显示子程序,它的形参为无符号字符型指针。子程序的功能为:循环取数组中的元素,并送 P2 口显示。如果把指针 p 指向数组的首地址,则 p+i 指向的是数组中的第 i+1 个元素, * (p+i)则表示取数组中第 i+1 个元素的值。程序中"'\0'"表示数组元素的结束标志,数组元素在存储的时候,不仅要存储各个元素值,在最后还要存储结束标志。如果读数组元素时,读到结束标志就表示全部元素已经读完。所以指令行 while(* (p+i)!='\0')的功能是:当读数组元素不是结束标志时,循环继续,即接着取数并送显示。在本例主程序中,首先定义了显示控制码数组,该数组元素按顺序取数时,可以实现一个流水灯向左移位循环点亮。主程序中又定义了和数组同类型的指针 pin,并让该指针指向数组首地址,再调用刚定义的显示子程序时,就可以用指针 pin 作为它的实参。

3.4.4　函数型指针的应用

在 C 语言中,指针变量除了能指向数据对象外,也可以指向函数。一个函数在编译时,分配了一个入口地址,这个入口地址就称为函数的指针。可以用一个指针变量指向函数的入口地址,然后通过该指针变量调用此函数。

定义指向函数的指针变量的一般形式如下:

类型说明符(* 指针变量名)(形参列表)

函数的调用可以通过函数名调用,也可以通过函数指针来调用。要通过函数指针调用函数,只要把函数的名字赋给该指针就可以了。

【例 3-12】　用函数型指针控制 P2 口八位流水灯点亮。

先定义流水灯点亮函数,再定义函数型指针,然后将流水灯点亮函数的名字(入口地址)

赋给函数型指针,就可以通过该函数型指针调用流水灯点亮函数。注意:函数型指针的类型说明符必须和函数的类型说明符一致。

```c
# include < reg51. h >
unsigned char code tab[] = {0xfe,0xfd,0xfb,0xf7,0xef,0xdf,0xbf,0x7f}; //定义显示码数组
void delay()
{
    unsigned int i,j;
    for(i = 1000;i > 0;i -- )
    for(j = 110;j > 0;j -- );
}
void xianshi()                      //定义显示子程序
{
    unsigned char i;
    for(i = 0;i < 8;i++)
    {
     P2 = tab[i];                   //取数组中的第 i + 1 个元素送 P2 口
     delay();
    }
}
void main()
{
    void( * p)(void);               //定义函数型指针 p
    p = xianshi;                    //将函数入口地址赋给指针 p
    while(1)( * p)();               //通过指针 p 调用显示函数,并循环
}
```

本例中定义的显示子程序没有什么特别的地方,就是顺序取数组中的元素,并送 P2 口显示。在主程序中,需要先定义一个函数型指针,因为该指针所指向的函数没有参数和返回值,所以该指针的参数和类型说明符都为空。再用指令"p＝xianshi;"把显示子程序名赋给指针,使指针指向函数入口地址。最后用指令"while(1)(* p)();"循环调用显示子程序,其中,"(* p)();"是循环内部语句,功能是通过指针 p 调用所指向的函数。

3.5　C 语言的编译预处理

编译预处理是 C 语言编译器的一个组成部分。在 C 语言中,通过一些预处理命令可以在很大程度上为 C 语言本身提供许多功能和符号等方面的扩充,增强 C 语言的灵活性和方便性。预处理命令可以在编写程序时加在需要的地方,但它只在程序编译时起作用,并且通常是按行进行处理的,因此又称为**编译控制行**。编译器在对整个程序进行编译之前,先对程序中的编译控制进行预处理,然后在将预处理的结果与整个 C 语言源程序一起进行编译,以产生目标代码。常用的预处理命令有宏定义、文件包含和条件编译。为了与一般 C 语言语句区别,预处理命令以"＃"开头。

1. 宏定义
C 语言允许用一个标志符来表示一个字符串,称为宏。被定义为宏的标志符为宏名。

在编译预处理时,程序中的所有宏名都用宏定义中的字符串代替,这个过程称为**宏代换**。宏定义分为不带参数的宏定义和带参数的宏定义。

（1）不带参数的宏定义的一般形式如下:

```
#define 标志符 字符串
```

这种用法在前面的程序里已经用过了。如:

```
#define uchar unsigned char
```

对于不带参数的宏定义说明如下:

① 宏定义不是 C 语句,不能在行末加分号,如果加了会连分号一起替代。

② 宏名的有效范围为定义命令之后到本源文件结束。通常,#define 命令写在文件开头,在函数之前,作为文件的一部分,在此文件范围内有效。

③ 可以用 #undef 命令终止宏定义的作用域,在该语句之后,原来定义的宏将不起作用。

（2）带参数的宏定义不是进行简单的字符串替换,还要进行参数替换,其一般形式如下:

```
#define 宏名(参数表) 字符串
```

字符串中包含在括号中所指定的参数,示例如下:

```
#define PI 3.1415926
#define S(r) PI * (r) * (r)
main()
{
    float a,area;
    a = 5.6;
    area = S(a);
}
```

经预处理后,程序在编译时如果遇到带参数的宏,则按照指定的字符串从左到右进行置换。关于带参数的宏定义说明如下:

宏定义如果写成 #define S(r) PI * r * r 可能引发歧义。如果参数不是 r 而是 a+b 时,S(a+b)将被替换为 PI * a+b * a+b,这显然与编程的意图不一致。为此,应当在定义时在字符串中的形参外面加上一个括号,即 #define S(r) PI * (r) * (r)。宏名与参数表之间不能有空格,否则将空格以后的字符都作为替代字符串的一部分。

2. 文件包含

文件包含是指一个程序将另一个指定的文件的全部内容包含进来。文件包含的命令一般格式如下:

```
#include <文件名>
```

　　文件包含命令的功能是用指定文件的全部内容替换该预处理行。例如,在每个程序的最开始都要写上一行"#include < reg51. h >",就是在此行用 reg51. h 头文件替换该行,因为在后面的程序中要用到该头文件中定义的内容。在进行较大规模程序设计时,文件包含命令十分有用。为了使用模块化编程,可以将组成 C 语言程序的各个功能函数分散到多个程序文件中,分别由若干人员完成,最后再用 #include 命令将它们嵌入一个总的程序文件中去。需要注意的是:一个文件包含命令只能指定一个被包含文件。如果程序中要包含多个文件,则需要使用多个包含命令。当程序中需要调用 C51 编译器提供的各种库函数时,必须在程序的开头使用 #include 命令将相应的函数说明文件包含进来。

3. 条件编译

　　一般情况下,对 C 语言程序进行编译时,所有的程序都参加编译,但有时希望对其中一部分内容只在满足一定条件时才进行编译,这就是所谓的条件编译。条件编译可以选择不同的编译范围,从而产生不同的代码。C51 编译器的预处理提供的条件编译命令可以分为以下 3 种形式。

　　1) 形式一

```
#ifdef 标志符
    程序段 1
#else
    程序段 2
#end if
```

　　如果指定的标志符已被定义,则程序段 1 参加编译,并产生有效代码,而忽略掉程序段2;否则,程序段 2 参加编译并产生有效代码,而忽略掉程序段 1。

　　2) 形式二

```
#if 常量表达式
    程序段 1
#else
    程序段 2
#end if
```

　　如果常量表达式为"真",那么就编译该语句后的程序段。

　　3) 形式三

```
#ifndef 标志符
    程序段 1
#else
    程序段 2
#end if
```

　　该形式编译命令的格式与第一种命令格式只有第一行不同,它的作用与第一种编译命令的作用刚好相反,即如果标志符还没有被定义,那么就编译该语句后的程序段。

【例 3-13】 用带参数的宏定义完成运算 a * b/(a＋b),将结果送 P2 口显示。

本例可以用带参数的宏定义如下:

```
#define F(a,b) (a) * (b)/((a) + (b))
```

注意:在字符串中的形式参数外面加上一个括号,可以避免编译时的歧义;宏名 F 与带参数的括号之间不应加空格;带参数的宏和函数不同,函数是先求出实参数表达式的值,然后代入形参。而带参数的宏只是进行简单的字符替换。

```
#include<reg51.h>
#define F(a,b) (a) * (b)/((a) + (b))
void main()
{
    int i,j,k;
    i = 34;
    j = 45;
    k = 30;
    P2 = F(i + j,k);
    while(1);
}
```

本例中定义的宏 F 其中的形参 a、b 分别被实参 i＋j、k 代替。将 i、j、k 的值代入,公式的计算结果为 21.743,计算结果自动舍去小数点后的值,送到 P2 口的值为十进制的 21,展成二进制数为 0001 0101B,这个数送 P2 口,我们可以看到:送"1"的位二极管熄灭,送"0"的位二极管点亮。

【例 3-14】 使用条件编译控制 P2 口点亮灯的状态。

通过本例掌握条件编译的使用方法。要求某条件满足时,P2 口低四位灯点亮;若不满足,则高四位灯点亮。

```
#include<reg51.h>
#define max 100
void main()
{
#if max>80            //当 max>80 时,0xf0 送 P2 口
 P2 = 0xf0;
#else
 P2 = 0x0f;           //当 max≤80 时,0x0f 送 P2 口
#endif
}
```

本例根据常量表达式"max>80"的值是否为真来控制编译,因为前面已经用"#define

max 100"定义了宏名 max 来表示 100,所以常量表达式的值为真,执行"P2＝0xf0;",再用
"♯endif"命令结束本次条件编译。使用这种格式,需要事先给定一个条件,使程序在不同
的条件下完成不同的功能。

习题

（1）用 C51 编程实现除法"90÷8"的运算,并通过 P2 口的发光二极管分时显示结果的
商和余数。

（2）编程实现:设初始状态为 P2 口 8 个灯全亮,用 if 语句控制 P2 口流水灯从高位到
低位顺序熄灭。

（3）编程实现:用多分支选择语句 switch…case 实现 P2 口流水灯从高位到低位点亮。

本章小结

本章内容是对 C51 主要知识点(包括运算符、控制语句、数组、指针、预处理)的完整总
结归纳,因为涉及的内容较多,读者全面掌握有一定难度。但实际上,学习单片机 C 语言是
为了灵活应用,不需要把这些知识点都一一牢记,只需对它们都有初步的印象,在需要时知
道怎么用就可以了。另外,也可以把本章内容作为参考,在后面具体软件设计中遇到问题
时,及时查阅本章知识,以对知识点内容融会贯通。本章采用边学边练的方法,所有程序都
是针对学习板上流水灯的控制。

第 4 章

单片机的定时器/

计数器和中断

在一些需要精确定时或对单片机的外部脉冲准确计数的场合,都需要用到定时器/计数器,它是单片机内部硬件自带的一个单元。另外,许多时候,我们希望单片机有更多的时间去处理更复杂的工作,此时对一些不需要连续执行的工作,可以放到中断里执行,以减轻CPU 的负担,减少对主程序的影响。定时器/计数器和中断表面上看起来不相关,但它们在一些常规的单片机系统(如数码管、键盘等驱动)都要用到,而且经常同时采用,可以说,它们是单片机软件设计的基础。本章主要讲解定时器/计数器和中断的结构和工作原理、软件设计方法,读者务必认真对待本章内容,这也是学好后续章节知识的基础。

4.1 单片机的定时器/计数器

如果要对来自单片机外部的脉冲信号进行计数,或者利用单片机进行定时控制,就需要用到单片机的定时器/计数器。

4.1.1 基本概念

1. 计数

51 单片机中有 T0 和 T1 两个计数器,可以对单片机计数脉冲输入引脚上的脉冲计数,它们分别由两个八位计数单元构成。例如,T0 由 TH0 和 TL0 两个八位特殊功能寄存器构成,所以 T0 和 T1 都是十六位的计数器,最大计数量是 65536。T0 和 T1 既可以作为计数器用,又可以作为定时器用。当作为计数器用时,T0 和 T1 计数的脉冲分别从 P3.4、P3.5 引脚输入,此时这两个引脚只能输入计数脉冲,不能作普通的 I/O 口用了。当计满 65536 时,计数器会溢出,从 0 开始再重新计数,并送给 CPU 一个信号,通知它现在计数器已经满了。

2. 定时

51 单片机的 T0 和 T1 也可以作为定时器用。设为定时方式时,T0、T1 与外部输入断开,而与内部脉冲信号连通,对内部信号计数,这个内部信号就是单片机时钟振荡器 12 分频后的信号。假如单片机的时钟振荡器可以产生 12MHz 的时钟脉冲信号,经 12 分频后得到1MHz 的脉冲信号,1MHz 的信号每个脉冲的持续时间(1 个周期)为 1μs。如果定时器 T0 对 1MHz 的信号进行计数,当计到 65536 时,将需要 65536μs,即 65.536ms。此时,定时器计数达到最大值,也会溢出并送给CPU一个信号,通知CPU计数器已经计满了。所以定时器定时时间的长短和单片机所使用的振荡器频率有关,振荡器频率越高,定时器每次加1的时间就越短,定时时间也越短。

因为定时器是"+1"计数的,要想让它计数达到某一个值时刚好溢出,可以将它的初值设置为:最大计数值-计数值,如计数值为1000时,定时器的初值为65536-1000=64536,当定时器开始工作时,它就会在这个初值基础上不断累加,计满1000时刚好溢出。计数器也可以以同样的方法设置。

4.1.2 结构及工作原理

1. 结构

51单片机中的定时器、计数器是对同一种结构进行不同的设置而形成的,基本结构如图4-1所示。定时器/计数器T0和T1分别是由TH0、TH1和TL0、TL1两个八位计数器构成的十六位计数器,两者均为加一计数器。

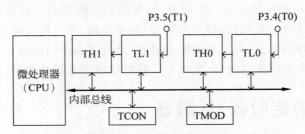

图4-1 51单片机定时器/计数器的基本结构

由图4-1可见,单片机内部与定时器/计数器有关的部件如下:

- 两个定时器/计数器(T0、T1):均为十六位;
- 寄存器TCON:控制两个定时器/计数器的启动和停止;
- 寄存器TMOD:用来设置定时器/计数器的工作方式。

两个定时器/计数器在内部通过总线与CPU连接,从而可以受CPU的控制并传送给CPU信号,构成定时器、计数器的控制系统。

2. 工作原理

T0和T1用作计数器时,通过单片机的P3.4、P3.5引脚对外部脉冲信号计数,当该引脚出现一个高到低的负跳变时,计数器加1,直到产生溢出。T0和T1用于定时器时,晶振产生的振荡信号12分频后作为输入,定时器以12分频后的脉冲周期为基本计数单位,对输入信号计数,直到产生溢出。无论它们工作于计数方式或计时方式,计数时都不占用CPU时间,因此定时器、计数器的工作并不影响CPU其他工作的执行,这就是采用定时、计数器的优点。因为CPU是顺序执行程序的,如果让它延时一段时间再执行某个定时任务,它在延时的时间里就无法进行其他工作,这样做就会让CPU定时之外的其他工作无法进行。所以定时器、计数器是单片机程序设计上一个重要的功能,必须掌握好。

4.1.3 控制寄存器与功能设置

定时器、计数器必须在寄存器 TCON、TMOD 的控制下才能准确工作,因此必须掌握好这两个寄存器的控制方法,也就是如何根据需要对它们的各位进行设置。

1. 方式控制寄存器(TMOD)

TMOD 属于单片机的特殊功能寄存器,功能是控制 T0、T1 的工作方式。它的字节地址为 89H,不能按位操作,只能对整个字节读或写,例如设定初值可以写为 TMOD=0x01,在上电和复位时,TMOD 的初值为 00H。TMOD 的格式如表 4-1 所示。

表 4-1 TMOD 的格式

位序	B7	B6	B5	B4	B3	B2	B1	B0
位定义	GATE	C/$\overline{\text{T}}$	M1	M0	GATE	C/$\overline{\text{T}}$	M1	M0

TMOD 寄存器的高四位用来控制 T1,低四位用来控制 T0。下面以低四位为例来说明各位的具体控制功能。

- GATE:门控制位,用来控制定时、计数器的启动模式。GATE=0 时,只要使 TCON 中的 TR0 置高电平,就可以启动定时器、计数器工作;GATE=1 时,除了需将 TR0 置高电平外,还需要外部中断 INT0 也为高电平时,才能启动定时器、计数器 T0 工作。
- C/$\overline{\text{T}}$:定时器、计数器模式选择位。该位为高电平,T0 设置为计数器;该位为低电平,T0 设置为定时器。
- M1、M0:定时器、计数器工作方式设置位。这两位不同取值的组合,可以将定时、计数设置为不同的工作方式,具体见表 4-2。

表 4-2 定时器/计数器的工作方式

M1	M0	工作方式	说 明
0	0	0	十三位定时器,TH0 的八位和 TL0 的五位,最大计数值 8192
0	1	1	十六位定时器,TH0 的八位和 TL0 的八位,最大计数值 65536
1	0	2	带自动重装功能的八位计数器,最大计数值 256
1	1	3	T0 分成两个独立的八位计数器,T1 在方式 3 时停止工作

2. 控制寄存器(TCON)

TCON 属于特殊功能寄存器,主要功能是接收各种中断源送来的请求信号,同时也对定时器/计数器进行启动和停止控制。字节地址 88H,它有 8 位,每位均可按位置位或复位。如 TR0=1,只将该位置高,不改变其他位的状态。TCON 的格式如表 4-3 所示。

表 4-3 TCON 的格式

位地址	8F	8E	8D	8C	8B	8A	89	88
位定义	TF1	TR1	TF0	TR0				

TCON 的高四位用于控制定时器、计数器的启动、中断申请,低四位与外部中断有关,含义在中断的部分介绍。以下介绍高四位的功能。

- TF1 和 TF0:分别是定时器、计数器 T1、T0 的溢出标志位。当定时、计数器工作产生溢出时,会将 TF1 或 TF0 置位高,表示计数或计时有溢出。
- TR1 和 TR0:分别是定时器/计数器 T1、T0 的启动、停止位。这两个位置为高电平时,相应的定时器、计数器就开始工作;为低电平时,就停止工作。

3. 四种工作方式

T0、T1 的工作方式由 TMOD 的 M1、M0 位共同控制。在 M1、M0 位的控制下,定时器/计数器可以在 4 种不同方式下工作。

1) 方式 0

当 M1M0=00 时,定时器/计数器被选定为工作方式 0,逻辑结构如图 4-2 所示。此时十六位寄存器只用了 13 位,它由 TL1 的低五位和 TH1 的八位构成。当计数器计数溢出时,则置位 TCON 中的溢出标志位 TF1,表示有溢出。

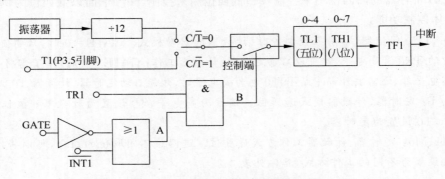

图 4-2 T1 在工作方式 0 的逻辑结构

TMOD 中的标志位 C/$\overline{T}$ 控制的电子开关决定了定时器/计数器的工作模式。

- 当 C/$\overline{T}$=0 时,T1 为定时器工作模式,此时计数器的计数脉冲是单片机内部振荡器12 分频后的信号。
- 当 C/$\overline{T}$=1 时,T1 为计数器工作模式。此时计数器的计数脉冲为 P3.5 引脚上的外部输入脉冲,当 P3.5 引脚上输入脉冲发生负跳变时,计数器加 1。

T1 或 T0 能否启动工作,取决于 TR1、TR0、GATE 和引脚 INT1、INT0 的状态。

- 当 GATE=0 时,只要 TR1、TR0 为 1,就可以启动 T1、T0 工作;
- 当 GATE=1 时,只有 INT1 或 INT0 引脚为高电平,且 TR1 或 TR0 置 1 时,才能启动 T1 或 T0 工作。

2) 方式 1

当 M1M0=01 时,定时器/计数器被选定为工作方式 1,逻辑结构如图 4-3 所示。此时为十六位计数器,由 TL1 的八位和 TH1 的八位构成。当计数器计数溢出时,则置位 TCON 中的溢出标志位 TF1,表示有数据溢出。同时十六位计数器从 0 开始重新计数。除了计数位数不同外,方式 1 的原理与方式 0 完全相同。

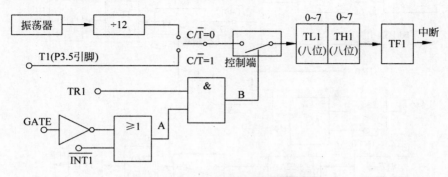

图 4-3　T1 在工作方式 1 的逻辑结构

3) 方式 2

当 M1M0＝10 时,定时器/计数器被选定为工作方式 2,逻辑结构如图 4-4 所示。它由 TL1 构成八位计数器和作为计数器初值的常数缓冲器 TH1 构成。当 TL1 计数溢出时,置溢出标志位 TF1 为 1 的同时,还自动将 TH1 的初值送入 TL1,使 TL1 从初值重新开始计数。这样既提高了定时精度,同时在应用时,只需在开始时赋初值 1 次,简化了程序。

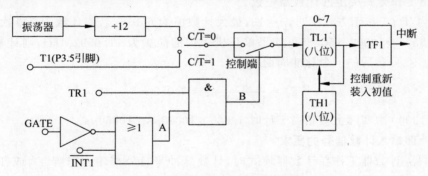

图 4-4　T1 在工作方式 2 的逻辑结构

4) 方式 3

方式 3 只适用于定时器 T0。如果把 T1 置为工作方式 3,它会自动处于停止状态。当 T0 工作在方式 3 时,被拆成两个独立的八位计数器 TH0、TL0,逻辑结构如图 4-5 所示。此时 TL0 构成八位计数器可工作于定时/计数状态,并使用 T0 的控制位与 TF0 的中断源。 TH0 只能工作于定时状态,使用 T1 中的 TR1、TF1 的中断源。

一般情况下,使用方式 0～2 即可满足需要。但在特殊场合,必须要求 T0 工作于方式 3,而 T1 工作于方式 2,如需要 T1 作为串行口波特率发生器。

4. 定时/计数初值的计算

51 内核单片机中,T1 和 T0 都是增量计数器,因此不能直接将要计数的值作为初值放入寄存器中,而是将计数的最大值减去实际要计数的值的差存入寄存器中。可采用如下定

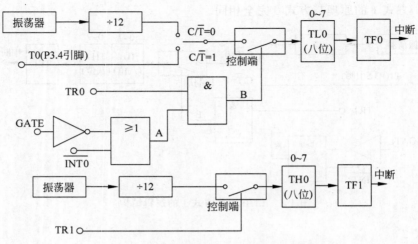

图 4-5　T0 在工作方式 3 的逻辑结构

时器/计数器初值计算公式:

$$计数初值＝2^n－计数值$$

式中,n 为由工作方式决定的计数器位数。

例如,当 T0 工作于方式 1 时,$n＝16$,最大计数值为 65536,若要计数 10000 次,需将初值设置为 $65536－10000＝55536$。如果单片机采用的晶振为 11.0592MHz,则计数一次需要的时间为 12 分频后的一个脉冲周期:

$$T_0 = \frac{12}{11.0592}\mu s = 1.085\mu s$$

所以,计数 10000 次实际上就相当于计时 $1.085×10000\mu s＝10850\mu s$。

5. 对外部输入计数信号的要求

当定时器/计数器工作在计数器模式时,计数脉冲来自外部输入引脚 T0 或 T1。当输入信号产生由 1 至 0 的跳变(即负跳变)时,计数器的值增 1。每个机器周期的 S5P2 期间,都对外部输入引脚 T0 或 T1 进行采样。如在第一个机器周期中采得的值为 1,而在下一个机器周期中采得的值为 0,则在紧跟着的再下一个机器周期 S3P1 期间,计数器加 1。由于确认一次负跳变要花两个机器周期,即 24 个振荡周期,因此外部输入的计数脉冲的最高频率为系统振荡器频率的 1/24。

例如,选用 6MHz 频率的晶体,允许输入的脉冲频率最高为 250kHz 的外部脉冲。对于外部输入信号的占空比并没有什么限制,但为了确保某一给定电平在变化之前能被采样一次,则这一电平至少要保持一个机器周期。故对外部输入信号的要求如图 4-6 所示,图中 T_{cy} 为机器周期。

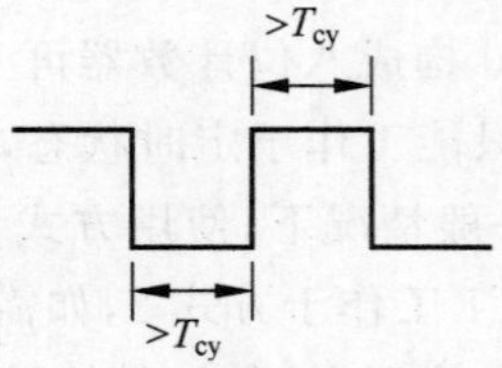

图 4-6　对外部输入信号的要求

4.2 单片机的中断

中断系统在单片机应用系统中起着十分重要的作用,是现代嵌入式控制系统广泛采用的一种控制技术,能对突发事件进行及时处理,从而大大提高系统对外部事件的处理能力。

4.2.1 基本概念

在日常生活中,中断是一种很普遍的现象。例如,某人正在开车,突然遇到红灯或行人横穿马路就要急刹车,等红灯变成绿灯或行人通过后,接着开车前进。单片机的中断指的是:单片机正在运行程序时,突然被突发事件打断,转去执行另外一段程序;当另一段程序执行结束,再回到原程序中断的位置继续执行。这种停止正在执行的工作,转去做其他工作,直到其他工作执行结束,又返回执行原来的工作的现象叫作中断。中断响应和处理过程如图4-7所示。

如果单片机没有中断系统,单片机可能会浪费大量时间在查询是否有服务请求发生的定时查询操作上,即不论是否有服务请求发生,都必须去查询。采用中断技术完全消除了单片机在查询方式中的等待现象,大大提高了单片机的工作效率和实时性。由于中断工作方式的优点明显,因此单片机的片内硬件中都带有中断系统。

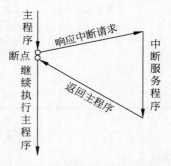

图4-7 中断响应和处理过程

1. 中断系统的结构

MCS-51系列单片机的中断系统结构如图4-8所示。由图可见,51单片机的中断系统有5个中断请求源(简称中断源),两个中断优先级,可实现两级中断服务程序嵌套。每一个中断源可以用软件独立地控制为允许中断或关中断状态,每一个中断源的中断优先级别均可用软件来设置。

2. 中断源

要让单片机停止当前的程序去执行其他程序,需要向它发出请求信号,CPU接收到中断请求信号后才能产生中断。让CPU产生中断的信号称为中断源,又称为中断请求源。51单片机提供了5个中断源,其中两个为外部中断请求源、两个片内定时器/计数器的溢出中断请求源、一个串行口发送或接收中断请求源。

3. 中断的优先级别

单片机工作时,如果一个中断源向它发出中断请求信号,它就会产生中断。但是,如果同时有两个中断源发出中断请求信号,CPU会按照硬件结构决定的自然优先级排列顺序,先接收级别高的中断请求,再接收级别低的中断请求。5个独立中断请求源的自然优先级排列顺序如表4-4所示。

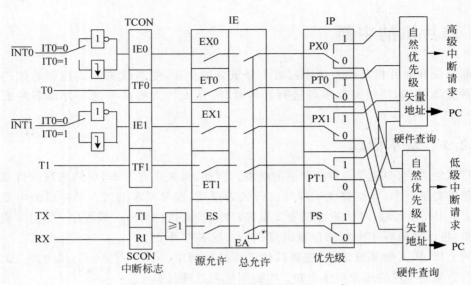

图 4-8 单片机的中断系统结构

表 4-4 51 单片机中断请求源的优先级排列顺序

中　断　源	自然优先级	中断入口地址	C51 编译器的中断编号
外部中断 INT0	第一级	03H	0
定时器 T0	第二级	0BH	1
外部中断 INT1	第三级	13H	2
定时器 T1	第四级	1BH	3
串行口中断 RI、TI	第五级	23H	4

　　51 单片机的每个中断源有相应的中断服务程序,这些中断服务程序有专门规定的存放位置,即表 4-4 中的中断入口地址。当有了中断请求后,CPU 就直接跳到相应的程序存储器的中断入口地址处,去执行存放在这里的中断服务程序,这样大大提高了程序执行的效率。

　　C51 编译器也支持单片机的中断服务程序,C 语言编写中断服务函数的格式如下:

```
函数类型　函数名(形参列表)[interrupt n][using m]
```

其中,interrupt 后面的 n 是中断编号,取值范围为 0～4,其编号意义见表 4-4;using 中的 m 表示使用的工作寄存器组号,如果不填,默认的就是第 0 组。

　　例如,定时器 T0 的中断服务函数如下编写:

```
void timer0(void) interrupt 1 using 0
{
        //中断服务程序

}
```

4. 中断的处理过程

CPU 处理事件的过程称为中断响应过程。中断后再接着继续执行被中断的程序,称为中断返回。中断的处理过程和普通子程序调用是有本质区别的。中断的产生是随机的,什么时间会产生中断并不确定;而普通子程序调用,在主程序中某个位置会有一条子程序调用指令,产生子程序调用的时间是固定的、已知的。

4.2.2　中断系统的结构及控制

1. 中断系统的结构

51 单片机的中断系统中有 5 个中断请求源。中断源寄存器有两个,即定时器/计数器的控制寄存器 TCON 和串行通信控制寄存器 SCON,它们可以向 CPU 发出中断请求。中断允许寄存器有一个 IE,功能是控制是否允许 CPU 产生各个中断,如果中断源已经发出了中断请求,但 IE 不允许 CPU 产生中断,那么中断子程序就不会被执行。中断优先级寄存器有一个,功能是设置每个中断的优先级别,但只能设置两个级别——高级、低级。

2. 中断系统的控制

51 单片机中各种中断的控制主要是通过设置以下几个寄存器来实现的。

1) 定时器/计数器的控制寄存器(TCON)

TCON 的功能是接收外部中断源(INT0、INT1)和定时器/计数器(T0、T1)送来的中断请求信号。字节地址为 88H,可以进行位操作。TCON 的格式如表 4-5 所示。

表 4-5　TCON 的格式

8FH	8EH	8DH	8CH	8BH	8AH	89H	88H
TF1	TR1	TF0	TR0	IE1	IT1	IE0	IT0

- IT0 和 IT1 分别为外部中断 INT0 和 INT1 的触发方式控制位,可以进行置位和复位。以外部中断 INT1 为例,IT1=0 时,INT1 为低电平触发方式(即低电平到来触发外部中断 1);IT1=1 时,INT1 为负跳变触发方式(即电平由高到低跳变时触发外部中断 1)。

- IE0 和 IE1 分别为外部中断 INT0 和 INT1 的中断请求标志位。以外部中断 INT1 为例,当外部有中断请求信号(低电平或负跳变)输入 P3.3 引脚时,寄存器 TCON 的 IE1 位会被硬件自动置 1。在 CPU 响应中断后,硬件将 IE1 自动清 0。

- TF0 和 TF1 分别为定时器/计数器 T0 和 T1 的中断请求标志。当定时器/计数器工作产生溢出时,会将 TF0 或 TF1 置 1。以定时器 T0 为例,当 T0 溢出时,TF0 被置 1,同时向 CPU 发出中断请求。在 CPU 响应中断后,硬件自动将 TF0 清 0。注意它和定时器查询方式的区别,查询到 TF0 被 1 后,需由软件清 0。

- TR0 和 TR1 分别为定时器/计数器 T0 和 T1 的启动/停止位。在编写程序时,若将 TR0 或 TR1 设置为 1,那么相应的定时器/计数器就开始工作,若设置为 0,定时器/计数器则会停止工作。

外部中断有两种触发方式：电平触发方式和跳沿触发方式。

当外部中断源被设定为电平触发方式时，在中断服务程序返回之前，外部中断请求输入必须无效（即外部中断请求输入已由低电平变为高电平），否则 CPU 返回主程序后，会再次响应中断。所以电平触发方式适合于外部中断以低电平输入且中断服务程序能清除外部中断请求源（即外部中断输入电平又变为高电平）的情况。

外部中断若定义为跳沿触发方式，外部中断申请触发器能锁存外部中断输入线上的负跳变。即便是 CPU 暂时不能响应，中断请求标志也不会丢失。在这种方式下，如果相继连续两次采样，一个机器周期采样到外部中断输入为高，下一个机器周期采样为低，则中断申请触发器置 1，直到 CPU 响应此中断时，该标志才清 0。这样就不会丢失中断，但输入的负脉冲宽度至少保持 12 个时钟周期才能被 CPU 采样到。外部中断的跳沿触发方式适合于以负脉冲形式输入的外部中断请求。

在单片机复位时，寄存器 TCON 的各位均被初始化为 0。

2）中断允许寄存器 IE

中断允许寄存器 IE 用于控制中断的允许或禁止。它通过 CPU 控制所有中断源的总开关和每个中断源的分支开关，只有总开关 EA 和分支开关均闭合时，相应的中断源才被允许使用。例如，只有 EA 和 ET0 都闭合，才能使用定时器 T0 的中断。IE 字节地址为 A8H，可位操作，其格式如表 4-6 所示。

表 4-6   中断允许控制寄存器 IE 的格式

AFH	—	—	ACH	ABH	AAH	A9H	A8H
EA	—	—	ES	ET1	EX1	ET0	EX0

IE 各位的功能如下：

- EA：中断允许总控制位，EA＝0，禁止所有中断；EA＝1，开放总中断。
- ES：串行口中断允许，ES＝0，禁止串行口中断；ES＝1，允许串行口中断。
- ET1：定时器/计数器 T1 的溢出中断允许位，ET1＝0 禁止 T1 中断；ET1＝1 允许 T1 中断。
- EX1：外部中断 1 中断允许位，EX1＝0，禁止 INT1 中断；EX1＝1 允许 INT1 中断。
- ET0：定时器/计数器 T0 的溢出中断允许位，ET0＝0 禁止 T0 中断；ET0＝1 允许 T0 中断。
- EX0：外部中断 0 中断允许位，EX0＝0 禁止 INT0 中断；EX0＝1 允许 INT0 中断。

单片机复位以后，IE 被清 0，所有的中断请求被禁止。IE 中与各个中断源相应的位可用指令置 1 或清 0，即可允许或禁止各中断源的中断申请。若使某一个中断源被允许中断，除了 IE 相应的位被置 1 外，还必须使 EA 位置 1。

3）中断优先级控制寄存器 IP

51 单片机的中断请求源有两个中断优先级，每一个中断请求源可由软件设置为高优先级中断或低优先级中断,也可实现两级中断嵌套。所谓两级中断嵌套,就是单片机正在执行低优先级中断的服务程序时,可被高优先级中断请求所中断,待高优先级中断处理完毕后,再返回低优先级中断服务程序。两级中断嵌套的过程如图 4-9 所示。

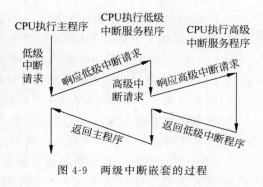

图 4-9 两级中断嵌套的过程

关于各中断源的中断优先级关系归纳为如下两条规则:

- 低优先级可被高优先级中断,高优先级不能被低优先级中断。

- 任何一种中断(不管是高级还是低级)一旦得到响应,不会再被它的同级中断源所中断。如果某一中断源被设置为高优先级中断,在执行该中断源的中断服务程序时,则不能被其他中断源的中断请求所中断。

在多个中断请求同时发生时,CPU 按照自然优先级顺序接受它们的中断请求。当需要优先接受某些自然优先级低的中断请求,就需要通过 IP 寄存器来设置。IP 寄存器的字节地址为 B8H,可位操作,格式如表 4-7 所示。

表 4-7 中断优先级控制寄存器 IP 的格式

—	—	—	BCH	BBH	BAH	B9H	B8H
—	—	—	PS	PT1	PX1	PT0	PX0

IP 寄存器各位的含义如下:

- PS:串行口优先级控制位,PS=1,串行口中断定义为高优先级中断;PS=0,串行口中断定义为低优先级中断。

- PT1:定时器/计数器 T1 中断优先级控制位,PT1=1,定时器/计数器 T1 定义为高优先级中断;PT1=0,定时器/计数器 T1 定义为低优先级中断。

- PX1:外部中断 1 优先级控制位,PX1=1,外部中断 1 中断定义为高优先级中断;PX1=0,外部中断 1 中断定义为低优先级中断。

- PT0:定时器/计数器 T0 中断优先级控制位,PT0=1,定时器/计数器 T0 定义为高优先级中断;PT0=0,定时器/计数器 T0 定义为低优先级中断。

- PX0:外部中断 0 优先级控制位,PX0=1,外部中断 0 中断定义为高优先级中断;PX0=0,外部中断 0 中断定义为低优先级中断。

中断优先级控制寄存器 IP 的各位都由用户通过程序置 1 和清 0,可用位操作指令或字节操作指令设置 IP 的内容,以改变各中断源的中断优先级。通过设置 IP,可以使优先级低的中断比优先级高的中断先响应。当单片机复位时,IP 寄存器的内容为 0,各个中断源均为低优先级中断。

4) 串行通信控制寄存器 SCON

SCON 的功能主要是接收串行通信口送到的中断请求信号,具体格式将在第 8 章中介绍。

综上所述,一个中断源的中断请求被响应,需满足以下必要条件。

- CPU 开中断,即 IE 寄存器中的中断总允许位 EA＝1;
- 中断源发出中断请求,即该中断源所对应的中断请求标志位为 1;
- 中断源的中断允许位为 1,即该中断没有被屏蔽;
- 无同级别或更高级中断正在被执行。

中断响应就是 CPU 对中断源提出的中断请求的接受。如果 CPU 查询到有效的中断请求,再满足上述条件时,紧接着就进行中断响应。

中断响应是有条件的,并不是查询到的所有中断请求都能被立即响应,当遇到下列 3 种情况之一时,中断响应被封锁。

- CPU 正在处理同级或更高优先级的中断,因为当一个中断被响应时,要把对应的中断优先级状态触发器置 1(该触发器指出 CPU 所处理的中断优先级别),从而封锁了低级中断请求和同级中断请求。
- 所查询的机器周期不是当前正在执行指令的最后一个机器周期。设定这个限制的目的是只有在当前指令执行完毕后,才能进行中断响应,以确保当前指令执行的完整性。
- 正在执行的指令是中断返回或是访问 IE、IP 的指令。因为按照 51 单片机中断系统的规定,在执行完这些指令后,需要再执行完一条指令,才能响应新的中断请求。

如果存在上述三种情况之一,CPU 将丢弃中断查询结果,不能对中断进行响应。

3. 中断请求的撤销

某个中断请求被响应后,就存在一个中断请求的撤销问题。如果响应后不及时地撤销中断请求信号,就可能出现一次中断被多次响应,产生错误的结果。不同中断请求源的中断请求的撤销方法如下。

(1) 定时器/计数器中断请求的撤销:该类型中断被响应后,硬件会自动把中断请求标志位(TF0、TF1)清 0,因此定时器/计数器中断请求是自动撤销的。

(2) 外部中断请求的撤销。

① 跳沿方式外部中断请求的撤销包括两项内容:中断标志位清 0 和外部中断信号的撤销。其中,中断标志位(IE0、IE1)清 0 是在中断响应后由硬件自动完成的。而外部中断请求信号的撤销,由于跳沿信号过后也就消失了,所以跳沿方式外部中断请求是自动撤销的。

② 电平方式外部中断请求的撤销:中断请求标志是自动撤销的,但中断请求信号的低电平可能继续存在,在以后的机器周期采样时,又会把已清 0 的 IE0 或 IE1 标志位重新置 1。为此,要彻底解决电平方式外部中断请求的撤销,除了标志位清 0,必要时还需在中断响应后把中断请求信号输入引脚从低电平强制改变为高电平。

(3) 串行口中断请求的撤销:只有标志位清 0 的问题。串行口中断的标志位是 TI 和 RI,但对这两个中断标志 CPU 不进行自动清 0。因为在响应串行口的中断后,CPU 无法知道是接收中断还是发送中断,还需测试这两个中断标志位的状态,以判定是接收操作还是发送操作,然后才能清除,所以串行口中断请求的撤销只能使用软件的方法。

4.3 定时器/计数器和中断的应用

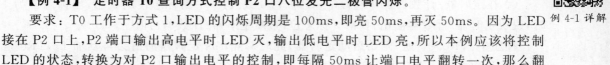

例 4-1 详解

【例 4-1】 定时器 T0 查询方式控制 P2 口八位发光二极管闪烁。

要求:T0 工作于方式 1,LED 的闪烁周期是 100ms,即亮 50ms,再灭 50ms。因为 LED 接在 P2 口上,P2 端口输出高电平时 LED 灭,输出低电平时 LED 亮,所以本例应该将控制 LED 的状态,转换为对 P2 口输出电平的控制,即每隔 50ms 让端口电平翻转一次,那么翻转的间隔也就是定时时间长度,应为 50ms。

本例 T0 工作于定时方式,定时器的工作与单片机晶振频率有关,学习板上晶振频率为 12MHz,经 12 分频后送到 T0 的脉冲频率为 $f = 12/12MHz = 1MHz$,脉冲周期为 $T = 1/f = 1\mu s$,即每隔 $1\mu s$ 定时器的值加 1。计时 50ms 时,定时器需要计数 50000 个,所以定时器的初值应设置为 $65536 - 50000 = 15536$,这个数在定时器初始化时要分别存入初值寄存器 TH0、TL0 中。注意,这里存入的初值分别为十六进制数的高八位和低八位。常用设置方法如下:

```
TH0 = (65536 - 50000)/256;      //定时器 T0 的高八位赋初值
TL0 = (65536 - 50000) % 256;    //定时器 T0 的低八位赋初值
```

其中,256 对应十六进制数 100H,上式中给 TH0 赋的值为定时器初值除以 100H 再取整,结果是初值的十六进制高八位;给 TL0 赋的值为初值除以 100H 再取余数,余数即为初值的十六进制结果低八位。

查询方式的实现:定时器开始定时时,可通过编程让单片机不断查询溢出标志位 TF0 是否为 1,若为 1 表示定时时间到,则将 P2 口的状态取反。程序如下。

```
# include < reg51.h >
void main()
{
TMOD = 0x01;                     //设置 T0 的工作方式为方式 1、定时
TH0 = (65536 - 50000)/256;       //设置定时器初值
TL0 = (65536 - 50000) % 256;
P2 = 0xff;                       //让 LED 的初始状态为熄灭
TR0 = 1;                         //启动定时器
while(1)                         //无限循环
{
    while(TF0 == 0);             //定时器无溢出时,循环等待
    TF0 = 0;                     //定时器溢出时,清除溢出标志
    P2 = ~P2;                    //P2 口状态取反,使 LED 闪烁
    TH0 = (65536 - 50000)/256;   //溢出后,定时器重赋初值
    TL0 = (65536 - 50000) % 256;
}
}
```

由本例可见,编程时用到定时器/计数器的查询方式,离不开以下四步:

① 通过 TMOD 寄存器设置定时器/计数器的工作方式;

② 向 TH0、TL0 寄存器装入计数初值;

③ 置位 TR0 或 TR1 启动定时器/计数器;

④ 在定时器/计数器工作过程中,查询 TF0 或 TF1 中断标志位的状态,当标志位为 1 时,说明定时器/计数器溢出,要清 0 标志位,重赋定时器/计数器初值。

程序中"TR0=1"时,开始启动定时器,此时每隔 1μs 定时器的值会自动加 1。TR0 是定时器/计数器控制寄存器 TCON 中的一位,是 T0 的启动/停止位。在 TR0 置 1 指令之前,先要设置好 T0 的工作方式和 T0 的初始值,才能通过 TR0 置 1 开始启动定时器。程序中查询是否到 50ms 定时时间是通过指令"while(TF0==0);",这条指令的功能是如果标志位 TF0 为 0 就循环等待,也就是当定时时间未到时,循环等待。当定时时间到时,TF0=1,跳出这个循环。此时要注意:定时器在查询方式下,溢出标志位置 1 后不能自动清 0,所以循环等待指令后是一条"TF0=0"指令,即定时器溢出后第一时间通过指令将标志位清 0。我们注意到,程序中在定时时间到后,P2 口的状态取反了,并且又重新给 TH0、TL0 赋了初值。这里为什么要重新赋初值呢?因为,如果不重赋初值的话,定时器溢出后会从初值 0 开始加一计数直到溢出,这样的话定时时间就会变长,就不是 50ms 了。

【例 4-2】 用 T0 定时中断控制 P2.0 引脚指示灯以周期为 2s 闪烁。

分析:闪烁周期为两秒,即亮 1s、灭 1s,根据例 4-1 的分析,需要用定时器定时 1s。本例定时时间较长,如果采用十六位定时器,在学习板晶振频率 12MHz 的前提下,最大定时时间为 65536μs,这个时间是小于 1s 的。如何实现定时 1s 呢?实际上,可以将 1s 的定时时间分成多份,只要每份的时间小于 65536μs 即可,每份时间到定时器可以产生一次中断,在中断子程序中记录中断的次数,当中断次数等于预定份数时,定时时间刚好为 1s。程序设计上可以用一个变量来存储定时器中断的次数,如果 T0 每次中断是 50ms,当中断次数为 20 次时,定时时间刚好是 1s。

例 4-2 详解

```
# include < reg51.h>
sbit led = P2^0;
unsigned char s = 0;              //定义变量 s 存放中断次数
void main()
{
EA = 1;
ET0 = 1;
TMOD = 0x01;                      //T0 设为方式 1 定时
TH0 = (65536 - 50000)/256;        //设置定时器初值,定时时间 50ms
TL0 = (65536 - 50000) % 256;
TR0 = 1;
while(1);                         //等待中断
}
void timer0()interrupt 1          //T0 溢出中断子程序
```

```
{
s++;                            //进入中断,中断计数值加1
if(s==20)                       //当中断20次时,定时时间到1s
 {
 led = ~led;                    //控制灯闪烁
 s = 0;                         //定时时间到1s,中断计数值清0
 }
TH0 = (65536 - 50000)/256;      //定时器溢出时重赋初值
TL0 = (65536 - 50000) % 256;
}
```

本例中主程序增加了开总中断和开定时器T0溢出中断的指令,如果主程序中忘记写这两条指令,当中断产生时,即使后面有中断处理子程序,也会由于中断没有开放,程序不会执行中断处理子程序。与定时器查询方式相比,中断方式主程序中去掉了查询和清除溢出标志位TF0的指令。在写T0定时中断处理子程序时,要注意它的中断编号为1,这是固定的,不要写错。

主程序的最后是一条无限循环指令while(1),它前面的指令执行时间很短,执行完程序就会停在while(1)语句上,作用是等待中断,一旦定时时间到,程序就会从while(1)语句自动跳到中断子程序去执行,执行完又返回到主程序原来中断的位置,接着等待中断。

这里设置了一个中断次数计数器s,初值为0,每当定时器T0溢出产生中断时,就将它的值加1。T0在初始化时设置为定时器方式1,定时时间50ms。所以每到50ms定时时间,程序进入T0中断,s的值会自动加1。如果加一不等于20,说明定时时间未到1s,此时定时器重赋初值,下次定时中断时间还是50ms;如果加1后s等于20,说明定时时间刚好为1s,此时按题目要求将P2.0口状态取反,控制灯闪烁,并清空中断计数器s。最后一定不要忘了给定时器重赋初值,使下次中断时间还是50ms。

本例用定时器T0的溢出中断,来控制一个指示灯的亮灭,如果要求用定时器中断同时控制多个指示灯以不同频率闪烁,该如何实现呢?首先我们最先想到的应该是:如果控制两个灯闪烁,可以用两个定时器T0、T1各控制一个灯的闪烁;或者也可以只用一个定时器,在中断次数取不同值时,控制不同灯的闪烁。读者可以自己尝试着对本例程序稍做改变,即可实现上述功能。

【例4-3】 用外部中断0对负跳变累计计数。

要求:从P3.0口输出方波信号,负跳变共20次,将这个方波信号接到P3.2(外部中断0的输入引脚),用外部中断的方式累计对负跳变计数,并将计数结果送P2口显示。其中,学习板上单片机的P3.0口和P3.2口应该用短接线相连。

例4-3详解

```
# include < reg51.h >
sbit si = P3^0;                 //定义输出负跳变的端口
unsigned char ci;
void delay()                    //延时1s
```

```
{
  unsigned int i,j;
  for(i = 0;i < 1000;i++)
    for(j = 0;j < 110;j++);
}
void main()
{
  unsigned char i;
  EA = 1;                        //开中断
  EX0 = 1;
  IT0 = 1;                       //负跳变触发中断
  ci = 0;                        //计数变量清 0
  for(i = 0;i < 20;i++)          //共发出 20 个负跳变信号
  {
    si = 1;
    delay();
    si = 0;
    delay();
  }
  while(1);                      //程序原地踏步
}
void int0()interrupt 0          //外部中断 0 的处理子程序
{
  ci++;                          //中断一次计数变量加 1
  P2 = ci;                       //计数结果送 P2 口显示
}
```

本例程序首先在主程序中进行了中断的初始化，开放了外部中断 0，并且设置了中断触发方式为边沿触发，即当 P3.2 引脚上的信号每出现一个下降沿中断一次。同时主程序里通过 for 循环控制负跳变一共出现 20 次；for 循环中又通过延时子程序"delay()"控制负跳变出现的频率。如果延时时间过短，在调试时将很难看清 P2 口灯状态变化的过程，大家可以试着改变延时子程序，观察实验现象。

外部中断 0 的中断编号为 0，所以它的中断处理子程序开始要标记为"interrupt 0"，注意不要和其他中断源混淆。在产生外部中断 0 时，程序自动跳转到外部中断 0 的处理子程序，对中断次数计数变量 ci 加 1，并将 ci 的值赋给 P2 口显示。学习板上的 P2 口外接了 8 个 LED 发光二极管，LED 在端口电平为低时点亮，为高时熄灭。所以我们在调试时会看到每隔 2s P2 口的 LED 状态变化一次，某位的 LED 熄灭代表该位数值为 1，相反点亮代表该位数值为 0。

【例 4-4】 用外部中断 0 测量输入的负脉冲宽度。

要求：由单片机 P3.0 输出负脉冲，其信号输入 P3.2(外部中断 0 输入引脚)检测负脉冲宽度，负脉冲宽度用 T1 定时计数，负脉冲结束后 T1 定时值送 P2 口显示输出。负脉冲宽度设置为 100μs。

例 4-4 详解

```
# include < reg51. h >
sbit si = P3^0;                    //定义负脉冲输出端口
sbit mi = P3^2;                    //定义外部中断 0 输入口
void main()
{
 TMOD = 0x22;                      //T0 和 T1 设置为定时方式 2
 EA = 1;
 ET0 = 1;                          //开 T0 中断
 EX0 = 1;                          //开外部中断 0
 PT0 = 1;                          //T0 中断设为高优先级
 IT0 = 1;                          //外部中断 0 为下跳沿触发
 TH0 = 256 - 100;                  //T0 初值
 TL0 = 256 - 100;
 TH1 = 0;                          //T1 初值
 TL1 = 0;
 TR1 = 0;                          //关 T1
 TR0 = 1;                          //启动 T0
 while(1);                         //等待中断
}
void timer0() interrupt 1          //T0 中断,用于输出方波
{
 si = ~si;
}
void int0() interrupt 0            //外部中断 0,用于启动 T1 定时
{
 TR1 = 1;                          //启动 T1
 TL1 = 0;
 while(mi == 0);                   //输出方波保持低电平时,等待
 TR1 = 0;                          //方波低电平结束,关 T1
 P2 = TL1 + 10;                    //输出 T1 定时值到 P2 口
}
```

本例用于对 P3.0 口输出的低脉冲宽度定时。其中用定时器 T0 产生 P3.0 口的方波,周期为 $200\mu s$。用定时器 T1 在低脉冲出现时定时,因为定时器每个机器周期加 1,而学习板上采用的晶振是 12MHz 的,机器周期为 $1\mu s$,所以当负脉冲结束时保存在定时器 TL1 中的定时结果单位是 μs。程序中每当 P3.0 口出现负脉冲,都会进入外部中断 0,以中断的方式开启 T1。

主程序主要工作是初始化,包括设置定时器 T0 和 T1 的工作方式与初值、开放中断等。初始化完成后,开始等待中断。其中,T0 的初值用指令"TH0 = 256 - 100;TL0 = 256 - 100;"设置,即当 T0 定时计数值达到 100 时溢出,定时器每次加 1 的时间是 $1\mu s$,所以 T0 产生溢出中断的时间是 $100\mu s$。并且在 T0 的溢出中断子程序里,对 P3.0 口状态取反,这样就实现了 P3.0 口输出周期为 $200\mu s$ 方波的功能,也就是程序中需要测量的负脉冲宽度为 $100\mu s$。另外,因为程序里同时用到了 T0 的溢出中断和外部中断 0,所以必须设置中断优先级,程序

中通过指令"PT0＝1;"设置了 T0 的中断优先级高,当两个中断同时产生时,或 T0 中断正在执行时,都要优先执行 T0 中断。

因为 P3.0 口和 P3.2 口短接,当 P3.0 口出现由高电平到低电平的负跳变时,程序跳转到外部中断 0 处理子程序。进入该中断程序后,首先启动 T1 定时,如果 P3.0 口一直是低电平,就一直等待,如果 P3.0 口变为高电平时,关闭 T1,停止定时,并将定时结果送 P2 口显示。因为程序中定时器 T1 的开关和负脉冲的出现是不能严格同步的,因而会产生一定的误差,所以程序中用指令"P2＝TL1＋10;"中加 10 来调整定时误差。

习题

(1) 定时器的控制要用到哪些特殊功能寄存器? 它们的作用是什么?

(2) 定时器的 4 种工作方式有什么区别?

(3) 为什么要计算定时器初值?

(4) 51 单片机的中断源有哪几个? 什么情况下会产生相应的中断?

(5) 中断控制的特殊功能寄存器有哪些? 如何应用?

(6) 编程: 用定时器中断方式控制 P1 口的两个指示灯以不同频率闪烁。

本章小结

本章主要介绍定时器和计数器、中断的工作原理、结构及特殊功能寄存器的设置,并重点通过编程实例讲解了定时计数器、中断的软件编程方法。定时器/计数器、中断在功能比较完善的单片机系统里经常要用到,这部分内容涉及的控制寄存器较多,也不容易理解,本章继续采用边学边练的方法,通过列举实例,并附以详细讲解,让读者在结合学习板调试程序的过程,逐步掌握定时器/计数器、中断的用法。

第 5 章

数码管的显示及驱动

数码管是组成单片机系统的一个常用输出器件,常见的八段数码管由 8 个发光二极管组成,控制不同的发光二极管的亮灭就可以显示不同字符。当数码管位数较少时,每个数码管可用单片机的一个并口控制,这就是静态显示;当数码管位数较多时,为节省所占用的单片机并口数量,采用动态扫描显示。本章主要讲解数码管的工作原理和软件编程驱动方法。

5.1 数码管显示原理

LED 数码管显示数字和符号的原理与用火柴棒拼写数字非常类似,用几个发光二极管也可以拼成各种各样的数字和图形,LED 数码管就是通过控制对应的发光二极管来显示数字的。

LED 数码管的结构如图 5-1 所示。数码管实际上是由 7 个发光二极管组成一个 8 字形,还有另外一个发光二极管做成圆点形,主要作为显示数据的小数点使用,这样一共使用了 8 个发光二极管,所以称为八段 LED 数码管。这些段分别由字母 a、b、c、d、e、f、g 和 dp来表示。当给这些数码管特定的段加上电压后,这些特定的段就会发亮,以显示出各种数字和图形。例如,当显示"1"时,应使 b、c 点亮,其他段熄灭;当显示"2"时,应使 a、b、g、e、d 点亮,其他段熄灭。

数码管内部,一般把各笔画段的发光二极管阴极或阳极连在一起,叫作数码管的公共端,相应的阴极作为公共端的数码管叫作共阴极数码管,阳极作为公共端的数码管叫作共阳极数码管。图 5-1 中引脚 A 即为数码管的公共端。图 5-2 和图 5-3分别为共阳极和共阴极数码管的内部电路。

共阴极数码管一般把阴极接地,阳极是独立的,当我们给某一个阳极接上高电平时,对应的这个发光二极管就被点亮了。例如,想让数码管显示 8,小数点也亮时,需要 8 个阳极都送高电平。需要显示 5 时,b、e、dp 送低电平不亮,其他段送高电平点亮。总之,想让某段发光二极管亮时,就给它相应的阳极引脚送高电平,否则送低电平。每个发光二极管引脚的状

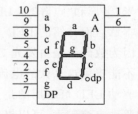

图 5-1 常见数码管结构

态只有高、低两种,如果把每个引脚看成一个二进制数的一位时,八位数码管的所有引脚状态组成的就是一字节。当需要显示 0~9 共 10 个数字时,每个都对应一字节的二进制数,这个二进制数叫作显示代码。为了方便显示数据,我们可以用显示代码组成一个表格,需要显示某个数字时,就把它的显示代码直接调出来,送阳极显示就行了,这样可以降低数码管显示程序实现的难度。

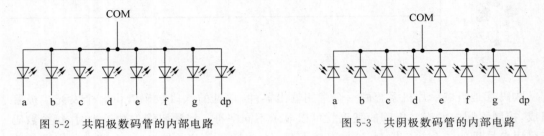

图 5-2 共阳极数码管的内部电路   图 5-3 共阴极数码管的内部电路

共阳极数码管与共阴极的控制方式相反,公共端接高电平,需要点亮的发光二极管阴极送低电平,所以它的显示代码与共阴极的相反。共阳极和共阴极显示代码如表 5-1 所示。

表 5-1 共阳极和共阴极显示代码

代码	显 示 字 符									
	0	1	2	3	4	5	6	7	8	9
共阳极代码	C0H	F9H	A4H	B0H	99H	92H	82H	F8H	80H	90H
共阴极代码	3FH	06H	5BH	4FH	66H	6DH	7DH	07H	7FH	6FH

代码	显 示 字 符									
	A	b	C	d	E	F	P	U	T	y
共阳极代码	88H	83H	C6H	A1H	86H	8EH	8CH	C1H	CEH	91H
共阴极代码	77H	7CH	39H	5EH	79H	71H	73H	3EH	31H	6EH

表 5-1 中只列出了部分段码,读者可以根据实际情况选用,也可对某些显示的字符重新定义,也可选择其他字形的 LED 数码管。除了“8”字形的 LED 数码管外,市面上还有“±1”型、“米”字形和“点阵”形 LED 显示器,同时厂家也可根据用户的需要定做特殊字形的数码管。本章后面介绍的 LED 显示器均以“8”字形的 LED 数码管为例。

因为数码管是由发光二极管组成的,点亮发光二极管需要 5mA 以上的电流,单片机的端口不能提供这么大的电流,所以数码管与单片机连接时需要加驱动电路。在前面单片机端口驱动 LED 灯时用的是上拉电阻,在学习板上数码管的驱动采用的是 74HC573 锁存器,它的驱动电流较大,可以提供数码管需要的电流。

学习板上的数码管是四位一体的,即 4 个显示位“8”制成一体的,共用了两个,可以同时显示 8 位数字。其中每个四位一体的显示位公共端是独立的,除公共端之外的独立端相同名字的连在一起。例如,同一个显示块内的 4 个显示位,a 段在内部短接在一起。其他 7 个笔画段,相同名字的也都短接在一起,这个笔画段端叫作**段码端**;每位独立的公共端可以控制多位一体中的哪一位数码管点亮,叫作**位码端**。

5.2 数码管的静态和动态显示

数码管的工作方式有两种:静态显示和动态显示。

1. 静态显示

静态显示就是指无论多少位 LED 数码管,同时处于显示状态。

LED 数码管工作于静态显示方式时,各位的共阴极(或共阳极)连接在一起并接地(或接+5V);每位的段码线(a~dp)分别与一个八位的 I/O 口锁存器输出相连。如果送往各个 LED 数码管所显示字符的段码一经确定,则相应 I/O 口锁存器锁存的段码输出将维持不变,直到送入另一个字符的段码为止。正因为如此,静态显示方式的显示无闪烁,亮度都较高,软件控制比较容易。

四位 LED 静态显示电路如图 5-4 所示。它们的共阳极端连接在一起后接电源正极。其中各位 LED 可独立显示,只要在该位的段码线上保持段码电平,该位就能保持相应的显示字符,由于各位分别由一个八位的数字输出端口控制段码线,故在同一个时间里,每一位显示的字符可以各不相同。静态显示方式接口编程容易,但是占用口线较多。如图 5-4 所示电路中,若用 I/O 口线接口,要占用 4 个八位 I/O 口。如果显示器的数目增多,则需要增加 I/O 口的数目。因此,在显示位数较多的情况下,所需的电流比较大,对电源的要求也就随之增高,这时一般都采用动态显示方式。

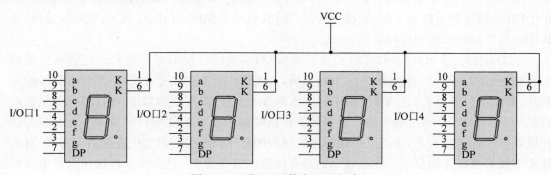

图 5-4 四位 LED 静态显示电路

2. 动态显示

动态显示是指无论在任何时刻只有一个 LED 数码管处于显示状态,即单片机采用"扫描"方式控制各个数码管轮流显示。

在多位 LED 显示时,为简化硬件电路,通常将所有显示位的段码线的相应段并联在一起,由一个八位 I/O 口控制,而各位的共阳极或共阴极分别由相应的 I/O 线控制,形成各位的分时选通。图 5-5 为一个四位八段 LED 动态显示器电路。

图中段码线占用一个八位 I/O 口,而位选线占用一个四位的 I/O 口。动态显示段码端是八位,驱动时要占用一个并口;位码端中的每个位要占用一个端口,当显示位数不大于八

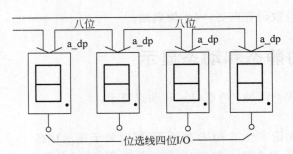

图 5-5 四位八段 LED 动态显示器电路

位时,占用的并口数量不超过一个。

由于各个数码管的段码线并联,在同一时刻,4 个数码管将显示相同的字符。因此,若要各个数码管能够同时显示出与本位相应的显示字符,就必须采用动态扫描显示方式。即在某一时刻,只让某一位的位选线处于选通状态,而其他位的位选线处于关闭状态,同时,段码线上输出相应位要有显示的字符的段码。这样,在同一时刻,四位 LED 中只有被选通的那一位显示出字符,而其他三位则是熄灭的。同样地,在下一时刻,只让其下一位的位选线处于选通状态,而其他各位的位选线处于关闭状态,在段码线上输出将要显示字符的段码,此时,只有在选通位显示出相应的字符,其他各位则是熄灭的。如此循环下去,就可使各位显示出将要显示的字符。

虽然这些字符是在不同时刻出现的,而在同一时刻,只有一位显示,其他各位熄灭,但由于 LED 数码管的余辉和人眼的"视觉暂留"作用,只要每位显示间隔足够短,则可以造成"多位同时亮"的假象,达到同时显示的效果。

LED 不同位显示的时间间隔(扫描间隔)应根据实际情况而定。发光二极管从导通到发光有一定的延时,导通时间太短,发光太弱,人眼无法看清;时间太长,要受限于临界闪烁频率,而且此时间越长,占用单片机的时间也越多。另外,显示位数增多,也将占用大量的单片机时间,因此动态显示的实质是以牺牲单片机时间来换取 I/O 端口的减少。动态显示的亮度既与导通电流有关,也与点亮时间和间隔时间的比例有关。调整电流和时间参数,可实现亮度较高较稳定地显示。动态显示的亮度比静态显示要差一些,所以在选择限流电阻时应略小于静态显示电路中的。

动态显示的优点是硬件电路简单,显示器越多,优势越明显;缺点是显示亮度不如静态显示的亮度高。如果"扫描"速率较低,会出现闪烁现象。

3. 学习板上的数码管驱动

学习板上采用的是多位一体的数码管,各位数码管的段码端是并联在一起的,给它们各位送的显示代码是相同的,如果多位同时点亮时,可以看到各位上的显示数字是相同的,所以它应该采用动态显示驱动。动态显示可以让不同位的数码管同时显示不同字符,并且占用的硬件端口又极少,想让送到段码端的字符在哪一位上显示,可以通过位码端控制。例如,共阳极的数码管某一位要点亮时,这一位的位码端就送高电平,其他不显示的位送低电平。通过动态扫描显示,轮流给段码端送出需要显示的字形码,同时在显示的位码端送出高电平,利用发光管的余辉和人眼的视觉暂留作用,使人感觉几位数码管同时在亮,但实际是它们依次轮流点亮。单片机学习板上的数码管硬件驱动原理如图 5-6 所示。学习板上使用的是共阴极数码管。

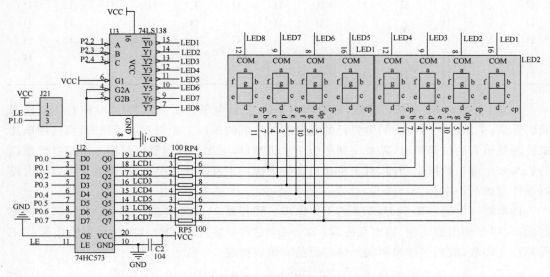

图 5-6　单片机学习板上的数码管硬件驱动原理

　　这里一共用到了两个四位一体的数码管,可以同时显示 8 位数字。两个显示块的段码端 a~dp 并联在一起,再通过限流电阻接到锁存器 74HC573 的数据输出端,锁存器的数据输入端接单片机的 P0 口。每个数码管的位码端接到 3-8 译码器 74LS138 的一个输出端,74LS138 的输入端由单片机 P2 口的 3 个引脚信号控制。图 5-6 中 LED1~LED8 是网络标号,网络标号相同的表示它们是连在一起的。例如,网络标号是 LED1 的位码端接到译码器的 Y0 口,它们的网络标号是相同的。

　　这里介绍一下 3-8 译码器的工作原理。如图 5-6 所示,74LS138 译码器选通端为 G1、G2A、G2B,当 G1 为高电平,G2A、G2B 为低电平时,可将地址端 A、B、C 输入信号组成的三位二进制编码,在输出端 Y0~Y7 译码成相应端口的低电平输出。例如,当 CBA=110 时,对应的数值为 6,此时 Y6 引脚输出低电平,其他输出引脚保持高电平。3-8 译码器 74LS138 的真值表如表 5-2 所示。

表 5-2　74LS138 译码器真值表

G1	G2	C	B	A	Y0	Y1	Y2	Y3	Y4	Y5	Y6	Y7
×	H	×	×	×	H	H	H	H	H	H	H	H
L	×	×	×	×	H	H	H	H	H	H	H	H
H	L	L	L	L	L	H	H	H	H	H	H	H

续表

G1	G2	C	B	A	Y0	Y1	Y2	Y3	Y4	Y5	Y6	Y7
H	L	L	L	H	H	L	H	H	H	H	H	H
H	L	L	H	L	H	H	L	H	H	H	H	H
H	L	L	H	H	H	H	H	L	H	H	H	H
H	L	H	L	L	H	H	H	H	L	H	H	H
H	L	H	L	H	H	H	H	H	H	L	H	H
H	L	H	H	L	H	H	H	H	H	H	L	H
H	L	H	H	H	H	H	H	H	H	H	H	L

在表 5-2 中,×表示状态任意,H 是高电平,L 是低电平,G2 包含了 G2A 和 G2B。这里我们看到,采用译码器控制的主要目的是节约单片机的端口。如果不接译码器,直接用单片机控制数码管的位码端时,需要用到 8 个单片机端口,增加了译码器则只用 3 个端口就能代替原来 8 个端口的控制功能,对于单片机硬件资源特别有限的情况下,这种方法可以大大提高硬件资源利用率。

再来看一下锁存器 74HC573 的工作原理。锁存器 74HC573 的引脚 OE 是三态允许控制端,又叫作输出使能端、输出允许端;D0~D7 是数据输入端,Q0~Q7 是数据输出端;LE是锁存允许端,或叫锁存控制端。锁存器的真值表如表 5-3 所示。

表 5-3   74HC573 真值表

OE	LE	D	Q
L	H	H	H
L	H	L	L
L	L	×	Q0
H	×	×	Z

表 5-3 中,Z 表示高阻状态,既不是高电平也不是低电平,它的电平状态由与它相连接的其他电气状态决定;Q0 表示上次的电平状态。由表可见,当 OE 端为高电平时,输出端保持高阻状态,因此让芯片工作必须将该引脚接为低电平,由图 5-6 可见,锁存器的 OE 端是直接接地的。在 OE 端为低电平的前提下,当 LE 为高电平时,D 端和 Q 端的状态同为低电平或高电平;而当此时 LE 变为低电平时,不论 D 端的状态如何,Q 端总是保持上次的电平状态。也就是 OE 端为低电平的前提下,LE 为高电平时,Q 端跟随 D 端的状态变化;LE为低电平时,Q 端的状态将保持,不随 D 端而变化。实现锁存功能,就需要对 LE 引脚的状态进行控制,这里将 LE 通过一个端子接到高电平或单片机的 P1.0 口,当不需要锁存数码管显示时,将它接到高电平,需要数码管显示锁存或更新显示时,将它接到 P1.0 控制,端子上可以通过短接片把该引脚接到高电平或 P1.0。在以后的程序编写过程中,默认 LE 端是受 P1.0 控制的。硬件上锁存器输入端 D0~D7 接到单片机的 P0 口,锁存器的输出端 Q0~Q7 接到数码管的段码端,这样 P0 口就可以通过锁存器向数码管送出显示代码了。

学习板上接锁存器的主要目的是：单片机的端口数量有限，P0 口不仅要控制数码管，还要控制其他硬件设备，加了锁存器就可以实现信号的隔离，不用的硬件通过锁存器的锁存端关闭，这样就不会造成设备之间的相互干扰。

5.3　数码管显示的编程实现

【例 5-1】　用数码管显示数字 3。

学习板上的八位数码管段码端都是并联在一起的，让其中一个位显示 3，要用位码端控制该位点亮，不显示的位码端控制该位熄灭。因为学习板采用的是共阴极数码管，当显示代码送到段码端的同时，显示位位码端要送低电平，其他位送高电平。由图 5-6 可见，如果我们想让最低位的数码管点亮，3-8 译码器的 Y0 应该输出低电平，根据译码器的真值表，它的输入端 A、B、C 都应该输入低电平。同时再使锁存器的 LE 端为高电平，即相连的 P1.0 输出高电平，再把数字 3 的显示代码 0x4F(共阴极显示代码见表 5-1)通过锁存器送到数码管的段码端，此时要注意显示代码的顺序，小数点在最高位，a 在最低位。

```
# include < reg51.h >
sbit le = P1^0;                    //锁存控制端的定义
void delay()
{
unsigned int i,j;
for(i = 1;i > 0;i -- )
for(j = 110;j > 0;j -- );
}
void main()
{
while(1)
{
    le = 1;                        //LE 端为高电平,锁存器输出随输入变化
    P2 = 0xe3;                     //位码端控制,点亮最低位数码管
    P0 = 0x4f;                     //数字 3 的段码送 P0 口
    le = 0;                        //LE 端低电平,锁存器输出锁存
    delay();
}
}
```

本程序可以实现八位数码管中最低位显示 3，程序中"P2＝0xe3;"指令给 P2 口送的二进制数为 1110 0011B，即 P2.2、P2.3、P2.4 端口为 0，它们是 3-8 译码器的输入。根据译码原理，使译码器的 Y0 端输出 0，其他端口输出为 1，即使最低位数码器位码为 0，点亮该数码管。指令"P0＝0x4f;"给 P0 口送的是数字 3 的共阴显示代码，P0 口接到锁存器的输入，通过锁存器接到数码器的段码端。两条指令组合，使最低位数码管显示 3。锁存器的控制端接到 P1.0 端口，程序开始用指令"sbit le＝P1^0;"定义了一个特殊功能位，定义后程序中再需要对 P1.0 操作时，都用 le 来代替了。程序编写上一定要注意，给锁存器输入端送数据的

例 5-2 详解

指令前后,一定要有 LE 端置 1 和清 0 的指令。

【例 5-2】 在一个数码管上循环显示 0～9 十位数字,每隔 1s 更新一次显示。

如果还是在最低位数码管上显示,同例 5-1,要使译码器 Y0 端输出 0,还是需要给 P2 送 0xe3。本例要显示的数据每隔 1s 要更新一次,所以送 P0 口的显示代码不是固定的。为了便于显示,可以先把这些显示代码存入一个数组,存的时候一定是按顺序存放的。例如,想显示 i 时,从数组里取第 i 个显示代码就是数字 i 的显示代码,这样可以使显示程序更容易实现。

```
#include < reg51.h>
sbit le = P1^0;
void delay()
{
 unsigned int i,j;
 for(i = 1000;i > 0;i--)
 for(j = 110;j > 0;j--);
}
void main()
{
unsigned char code tab[10] = {0x3f,0x06,0x5b,0x4f,0x66,0x6d,0x7d,0x07,0x7f,0x6f};
unsigned char k;
P2 = 0xe3;                    //位码送 P2 口,使最低位数码管亮
while(1)                      //无限循环
{
  for(k = 0;k < 10;k++)       //循环 10 次送 10 个数
    {
     le = 1;                  //锁存控制端高电平,输出随输入变化
     P0 = tab[k];             //数字 k 的显示代码送 P0 口
     Le = 0;                  //锁存控制端低电平,输出锁存
     delay();
    }
  }
}
```

本例中用了一个 for 循环,循环十次顺序取数组 tab[] 中的显示代码。因为数组 tab[] 中的显示代码是按照显示数字 0～9 的顺序存放的,如果送到 P0 口的显示代码是 tab[k] 时,显示的数字就是 k,取显示代码后再加上 1s 延时,这样就实现了顺序间隔 1s 显示 0～9 十位数字的功能。

【例 5-3】 在 4 个数码管上轮流显示数字 1234。

单片机学习板上一共有 8 个数码管,我们取其中的低四位来做实验。当让最低位数码管点亮时,译码器的 Y0 端应输出 0,此时 P2.4、P2.3、P2.2 的值应为 000,此时把数字 4 的显示代码送 P0;当倒数第二位数码管亮时,同理 P2.4、P2.3、P2.2 的值应为 001,此时把数字 3 的显示代码送 P0 口;当倒数第三位数码管亮时,同理 P2.4、P2.3、P2.2 的值应为 010,

此时把数字 2 的显示代码送 P0 口；当倒数第四位数码管亮时，同理 P2.4、P2.3、P2.2 的值应为 011，此时把数字 1 的显示代码送 P0 口。每位数码管显示时，都加入一定延时，让该位点亮一段时间再切换到下一个数码管显示。此时我们就会看到 1234 这 4 个数字，轮流在 4 个数码管上显示了。

```
# include< reg51.h>
sbit le = P1^0;
void delay()
{
  unsigned int i,j;
  for(i = 1;i > 0;i-- )
  for(j = 110;j > 0;j-- );
}
void main()
{
unsigned char code tab[ ] = {0x06,0x5b,0x4f,0x66}; //1～4 显示代码存入数组
unsigned char i;
while(1)
 {
    i = 1;
    for(i = 1;i < 5;i++)                    //循环 4 次显示 4 个数
    {
    le = 1;                                //锁存控制端置高电平
    P2 = 0xef - 4 * (i-1);                  //位码送 P2 口
    P0 = tab[i-1];                          //显示代码送 P0 口
    le = 0;                                //显示状态锁存
    delay();
    }
 }
}
```

本例显示的字符不仅固定在一个数码管上，要 4 个数码管轮流显示，所以除了要送不同的显示代码，还要对应点亮相应的数码管。程序中指令"P2＝0xef－4＊(i－1);"用于给 P2 口送出位码，其中数字 0xef 写成二进制数是 1110 1111B，如果 i＝1，则 P2＝0xef，此时 P2.4～P2.2 的状态为 011，译码器的 Y3 将输出低电平，点亮倒数第 4 个数码管；同时当 i＝1 时，指令"P0＝tab[i－1];"使送到 P0 口的显示代码为数字 1 的代码，P0 和 P2 的状态配合，使倒数第 4 个数码管显示 1。同理，当 i＝2 时，P2＝0xeb，译码器 3 个输入口状态为 010，此时它的 Y2 输出低电平，点亮倒数第三个数码管；同时 P0＝0x5b，给 P0 送出数字 2 的显示代码。同理，i＝3 时，倒数第二个数码管被点亮，并显示 3；i＝4 时，倒数第一个数码管被点亮，并显示 4。当 for 循环执行一次时，4 个数码管被循环点亮一次。

这个程序实现的是 4 个数码管轮流显示不同的数字，如果我们想让它们同时显示 1234

4个数字时,实际上把循环显示中的延时时间调得足够短就可以了。采用循环高速扫描的方式,分时轮流选通各数码管的位码端,使数码管轮流导通显示,当扫描速度达到一定程度时,人眼就分辨不出来了,这就是利用了人眼的视觉暂留原理。尽管实际上各位数码管并非同时点亮,但只要扫描的速度足够快,给人的印象就是一组稳定的显示数据,认为各数码管是同时发光的。所以编程的关键是显示数字后的延时时间要足够短。我们可以试试把程序中的延时子程序延时时间调到1ms,再把程序下载到学习板,就可以看到4个数码管同时显示数字1234了。

将本例程序下载到学习板上的显示效果如图5-7所示。

图5-7 实验效果图

数码管也常用于一些计时显示方面,如电子秒表、电子时钟、电子万年历等,这种功能较前面的几个显示例子实现相对复杂一些。

学习板中多位数码管采用动态扫描显示方式工作,主程序需要循环执行动态扫描显示子程序,才能保证数码管显示效果的稳定。当时间到需要更新显示时,再偶尔打断动态扫描显示子程序的运行。也就是说,要保证显示效果,更新显示的定时功能要在后台运行,并且程序以动态显示为主。定时更新显示的功能可以由定时中断程序来实现。

例5-4 详解

【例5-4】 用数码管实现秒表功能,循环显示 0~59s。

本例显示使用学习板上八位数码管的最低两位,采用动态扫描显示,取十位的显示代码时,控制十位的数码管亮;取个位的显示代码时,控制个位的数码管亮。显示数字从0开始,直到59,再循环回到0。定时中断设为每隔1s中断一次,每当1s时间到时,打断动态显示程序更新显示。

实现方法:秒信号的产生可用定时器来实现,即用定时器 T0 实现50ms定时,然后用中断计数器记录中断次数,当中断20次时,刚好1s。用一个变量存储秒,每计满1s,该变量的值加1,计满60s时清0。将0~9的段码按数字从小到大的顺序存在数组中,需要显示时再按顺序把段码取出来送端口显示。用如下方法获得两位显示数字:

- 显示数字除以10取余数就是个位上的数字;
- 显示数字除以10取整就是十位上的数字。

```
#include < reg51.h>
unsigned char code tab[10] = {0x3f,0x06,0x5b,0x4f,0x66,0x6d,0x7d,0x07,0x7f,0x6f};
unsigned char i,s;                    //定义中断次数变量和秒存储变量
sbit le = P1^0;                       //定义锁存器锁存控制端
void delay()                          //延时1ms子程序
{
unsigned int m,n;
for(m = 1;m > 0;m -- )
```

```
  for(n = 110;n > 0;n -- );
  }
void xianshi(unsigned char k)          //显示子程序
{
  le = 1;                              //锁存控制端置高电平
  P2 = 0xe3;                           //位码送 P2 口,使最低位 LED 点亮
  P0 = tab[k % 10];                    //取秒的个位显示代码送 P0 口显示
  le = 0;                              //锁存控制端置低电平
  delay();
  le = 1;                              //锁存控制端置高电平
  P2 = 0xe7;                           //位码送 P2 口,使十位 LED 点亮
  P0 = tab[k/10];                      //取秒的十位显示代码送 P0 口显示
  le = 0;                              //锁存控制端置低电平
  delay();
  P0 = 0;                              //使 LED 熄灭
}
void main()
{
  EA = 1;                              //开中断
  ET0 = 1;
  TMOD = 0x01;                         //设置 T0 为定时方式 1
  TH0 = (65536 - 50000)/256;           //设置 T0 初值,定时 50ms
  TL0 = (65536 - 50000) % 256;
  TR0 = 1;                             //开启定时器
  i = 0;                               //中断次数计数器初值为 0
  s = 0;                               //秒计数初值为 0
  while(1)                             //循环执行显示子程序
  {
   xianshi(s);                         //调用显示子程序,将秒计数值 s 送 LED 显示
  }
}
void timer0() interrupt 1              //T0 溢出中断子程序
{
  i++;                                 //进入中断,中断计数值加 1
  if(i == 20)                          //中断 20 次,时间为 1s
  {
   i = 0;                              //1s 时间到,清 0 中断计数值
   s++;                                //1s 时间到,秒计数值加 1
   if(s == 60)s = 0;                   //如果 s 加 1 为 60,则清 0
  }
TH 0 = (65536 - 50000)/256;            //T0 重赋初值
TL0 = (65536 - 50000) % 256;
}
```

秒表程序主要由四部分组成,分别是主程序、延时子程序、显示子程序、中断子程序。主程序负责定时器的初始化、中断的初始化、设置变量初值、调用显示子程序等,主程序的大部分时间都是在调用显示子程序。显示子程序负责把定时得到的秒计数值送 LED 显示,程序中取个位的显示代码用的是指令"P0 = tab[k % 10];",其中 k 对应的是秒计数值,秒计数值

是两位数,k%10 将计数值除以 10 后取余数,即秒值的个位,再取显示代码数组 tab 中的第 k%10+1 个数组值,即秒值个位的显示代码送 P0 口;相应的取秒值的十位显示代码用的指令是"P0=tab[k/10];",因为 k/10 的功能是两位数 k 除以 10 后取整,即 k 的十位。中断子程序在 T0 启动后每隔 50ms 中断一次,负责检查定时时间是否到了 1s,到了就更新秒计数值,当秒计数值等于 60 时,还要清 0,使显示值重新循环。T0 溢出中断子程序中一定要有 T0 重赋初值指令,才能保证每隔 50ms 中断一次。

【例 5-5】 用数码管显示随机检测结果。

显示实现方法:实际应用中,常常需要用显示器显示一些动态变化的参量,如显示温度、压力等。这些检测值特点是不断动态变化的,如何获得动态参量的段码就是本例显示的关键。实际上,无论检测结果如何变化,要显示的结果总是由 0~9 这 10 个数字构成的,所以可将它们的显示代码按显示数据大小顺序存在一个数组中,单片机把要显示的数据分成个位、十位、百位、千位,再分别到数组中取显示代码送显示器对应位显示。例如,要显示的随机数是"8765",可以按以下方法将每位要显示的数字分离出来:

- 8765 除以 10 所得余数是 5,就是要显示的个位数;
- 8765 除以 100 所得余数是 65,再除以 10 商是 6,就是要显示的十位数;
- 8765 除以 1000 所得余数是 765,再除以 100 商是 7,就是要显示的百位数;
- 8765 除以 1000 商是 8,就是要显示的千位数。

因为存放显示代码的数组中的元素是按顺序存储的,第一个是数字 0 的显示代码,第二个是数字 1 的显示代码,依次类推,所以只要获得了某位的显示数据,取显示代码就非常方便了。例如,要显示数字 5 时,它的显示代码就是 tab 中的第六个元素,可以写成 tab[5],将这个代码送到 LED 的段码端即可显示。

另外,单片机对检测数据的采集和处理是需要时间的,如果把数据处理和动态显示同时放在主程序里顺序执行,就会在执行数据处理时停止动态显示,结果会造成 LED 动态显示结果不稳定、严重闪烁,所以在需要数码管 LED 动态扫描显示的场合,都需要不间断地循环执行动态扫描程序,即动态扫描不能长时间间断。在程序设计上可以考虑让动态显示在主程序中循环执行,数据采集在定时中断子程序中完成,这样动态显示只有在需要数据采集时暂时停止并且时间较短,对显示效果的影响不大;同时定时采集也能保证检测数据在固定时间内被采集到,不影响采集的实时性。到目前为止,我们还没有学习传感器的数据采集方法,所以本例程序用一个标准随机函数 rand() 来模拟数据采集的结果。

```c
# include < reg51.h >
# include < stdlib.h >                //包含随机函数 rand()的头文件
unsigned char i;                      //存储中断次数
unsigned int s;                       //存储四位随机数
sbit le = P1^0;
unsigned char code tab[] =            //显示代码数组
{0x3f,0x06,0x5b,0x4f,0x66,0x6d,0x7d,0x07,0x7f,0x6f};
void delay()                          //延时 5ms
```

```
{
  unsigned int i,j;
  for(i = 5;i > 0;i -- )
    for(j = 110;j > 0;j -- );
}
void display(unsigned int x)              //显示子程序
{
  le = 1;
  P2 = 0xe3;                              //显示个位
  P0 = tab[x % 10];
  le = 0;
  delay();
  le = 1;
  P2 = 0xe7;                              //显示十位
  P0 = tab[(x % 100)/10];
  le = 0;
  delay();
  le = 1;
  P2 = 0xeb;                              //显示百位
  P0 = tab[(x % 1000)/100];
  le = 0;
  delay();
  le = 1;
  P2 = 0xef;                              //显示千位
  P0 = tab[x/1000];
  le = 0;
  delay();
  P0 = 0;                                 //关显示
  delay();
}
void main()
{
  TMOD = 0x01;                            //T0 设置为方式 1 定时
  TH0 = (65536 - 50000)/256;              //设置 T0 初值
  TL0 = (65536 - 50000) % 256;
  EA = 1;                                 //开 T0 溢出中断
  ET0 = 1;
  TR0 = 1;                                //启动 T0
  s = 0;
  while(1)display(s);                     //循环显示
}
void timer0()interrupt 1                  //T0 中断处理子程序
{
  TR0 = 0;                                //关 T0
  i++;                                    //中断次数加一
  if(i == 20)                             //中断 20 次定时 1 秒
```

```
    {
        s = rand()/10;                      //取随机数中的高四位
        i = 0;                              //清 0 重新统计中断次数
    }
    TH0 = (65536 - 50000)/256;              //T0 重赋初值
    TL0 = (65536 - 50000) % 256;
    TR0 = 1;                                //启动 T0
}
```

本例用到了随机函数 rand() 来表示动态检测结果,该随机函数包含在头文件 stdlib.h 中,所以程序一开始用指令"♯include<stdlib.h>"来声明这个头文件。

主程序主要是在初始化时设置了定时器 T0 的初值、工作方式、开放了 T0 的溢出中断,然后循环显示动态检测结果。显示子程序用 LED 数码管的低四位显示动态检测结果,分别将位码值送 P2 口,段码值送 P0 口,轮流使 4 位 LED 点亮。在进入 T0 的溢出中断子程序后,先关闭 T0 停止定时,再判断定时时间是否到 1s,如果到了 1s,就取随机数的高四位送显示,否则重置 T0 初值,并启动 T0 开始计时。

对于需要 LED 动态扫描显示的场合,同时程序功能又相对复杂的应用,如何合理地进行程序设计,这是一个很好的实例。

习题

(1) 数码管的共阴或共阳显示代码是如何确定的?

(2) 简述数码管的静态显示原理。

(3) 简述数码管的动态显示原理。

(4) 编程:用八位数码管显示数字 0~7,并间隔 1s 向高位移位,直到 F 出现在最低位上,下 1s 到来时让 0 再出现在最低位上,如此循环。

本章小结

本章主要介绍单片机对数码管的显示驱动方法。首先介绍了数码管的结构原理,又介绍了数码管的静态和动态显示的驱动方法,讲解了数码管显示一位或多位数字的软件编程实现方法,及数码管作为计时显示器的软件实现方法。本章软件程序完整,有详细说明,并附有程序在学习板上的运行结果。

第 6 章

键盘接口技术

单片机应用系统中,除了要有显示器等设备输出运行结果外,还要有输入设备、输入数据、参数等,输入任务主要是由键盘完成。键盘是单片机应用系统中较常用的输入设备,它是由若干按键按照一定规则组成的,每一个按键都是一个开关元件,本章内容针对的是机械触点式按键。

按键数量较少时,每个单片机引脚驱动一个按键,这就是独立式键盘;按键数量较多时,用较少的端口,以扫描的方式读取多个按键状态,这就是矩阵式键盘。本章主要讲解独立式键盘和矩阵式键盘的工作原理及软件编程实现。

6.1 独立式键盘

6.1.1 工作原理

1. 接口电路

独立式键盘的接口电路如图 6-1 所示。每一个按键对应接到 P1 的一个端口,同时又通过上拉电阻接到高电平,各键相互独立。当某个键没有按下时,高电平通过上拉电阻送到 P1 相应端口,此时该端口输入电平为高电平;当某个键按下时,低电平通过按键送到 P1 相应端口,此时该端口输入电平为低电平,所以,可以通过程序来识别按键是否按下。单片机的按键检测程序如果检测到,接按键的某个端口输入由高变低,可以判断该端口接的键被按下。

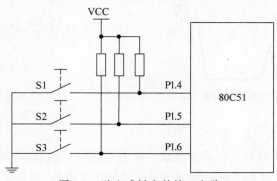

图 6-1 独立式键盘的接口电路

2. 按键的消抖

单片机中用到的按键一般是机械触点式的,在图 6-1 中,当开关 S1 未被按下时,P1.4 引脚输入信号是高电平;S1 按下闭合后,P1.4 引脚输入信号变成低电平。对于机械触点式的按键,当机械触点断开、闭合瞬间,触点将会抖动,抖动的时间长短和按键的机械特性有关,一般为 5～10ms,使 P1.4 引脚产生输入如图 6-2 所示的信号波形。这种抖动人根本无法感觉到,但对于单片机这样的电子芯片完全能够检测得到。因为单片机处理信号的速度是微秒级的,而机械抖动出现的时间比它慢得多,是毫秒级的,所以单片机可以完整地检测到这种抖动的变化。虽然只按了一次按键,但是由于抖动的存在,按键输入引脚电平却上下波动了几次,单片机就会检测到按键按下了多次,最后产生错误的结果。

在使用键盘的单片机系统中,为正确检测按键的闭合状态,必须要采取一定措施消抖,最常用的方法就是软件消抖。具体做法是:当单片机第一次检测到按键某口线为低电平时,不是立即确认它的状态,而是延时十几毫秒后再次检测该端口电平。如果仍为低电平,说明按键确实被按下,实际上就是通过延时避开了按键抖动的时间。在按键释放时也一样,检测到按键被释放后延时,消除后沿的抖动,再执行相应任务。常用的按键检测子程序流程如图 6-3 所示,这里在按键按下时,加了去抖延时,按键释放时要等待按键释放,再去执行相应的按键操作。也可以在确定按键按下后,执行按键处理子程序,然后等待按键释放之后,再跳出按键处理子程序。如果不等待按键释放就跳出按键处理,可能造成一次按键多次响应。

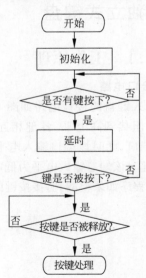

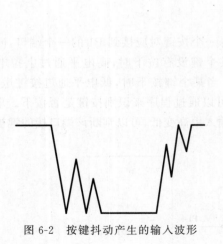

图 6-2　按键抖动产生的输入波形　　　　图 6-3　按键检测子程序流程

3. 按键的工作方式

按键所接引脚电平的高低可通过键盘扫描来判别,键盘扫描有两种方式:一种为 CPU 控制方式;另一种为定时器中断控制方式。前者灵敏度较低,后者则具有很高的灵敏度。

学习板上独立式按键与单片机的接口原理如图 6-4 所示。因为 51 单片机的 P3 口内部已经有了上拉电阻,接按键时就不需要再接上拉电阻了。

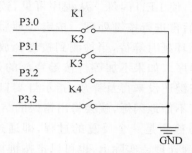

图 6-4 学习板上独立按键与单片机的接口原理

6.1.2 独立式键盘的编程实现

【例 6-1】 用按键 K1 控制 P2.0 口发光二极管的亮灭。

例 6-1 详解

```
#include < reg51.h>
sbit led = P2^0;                    //定义发光二极管端口
sbit k1 = P3^0;                     //定义按键端口
void delay()                        //延时 20ms
{
 unsigned int i,j;
 for(i = 20;i > 0;i -- )
 for(j = 110;j > 0;j -- );
}
void main()
{
led = 1;                            //初始状态发光二极管熄灭
while(1)                            //循环检测按键状态
  {
 if(k1 == 0)                        //当 S1 被按下
   {
    delay();                        //延时 20ms 重新检测按键的状态
    if(k1 == 0)
      {
       led = ~led;                  //当确定键被按下时,控制发光二极管闪烁
       while(k1 == 0)delay();       //等待键释放
       delay();
      }
    }
  }
}
```

本例非常简单,用按键控制发光二极管显示状态。因为机械式按键在按下后,抖动时间

一般小于或等于10ms,所以本例中用于消抖的延时子程序取延时时间为20ms。主程序中如果读取K1端口的电平为0,延时20ms再读状态仍然为0时,证明按键K1被按下,就将发光二极管LED端口电平取反,使LED闪烁。从程序可见,读按键状态的方法,要连续读两次,两次中延时一定时间,然后再进行按键处理。按键处理后,还要等待按键释放。当检测到按键被按下时(k1==0)循环延时等待,当检测到按键释放后,再延时20ms,等待抖动过程结束后,跳出按键处理子程序。如果不加等待按键释放的处理,按键按下一次,由于单片机执行程序的速度特别快,按键还没来得及释放,指示灯端口的状态就被取反多次,我们看到的现象就是按键按下时,灯不停地闪烁,就会得出错误的结果。

还要注意,这里按键的状态检测是一个反复的过程,即通过CPU查询按键的状态,一旦检测到键被按下立即进行按键处理。实际上,也可以把按键接到外部中断引脚,把按键状态作为外部中断信号引入单片机,这时一旦键被按下,程序立即会跳到中断子程序中,进行按键处理,不会占用CPU过多的时间。

例6-2详解

【例6-2】 用外部中断方式检测按键状态,控制P2口流水灯的左移或右移。

要求:用接在外部中断引脚P3.2上的按键K3控制P2口一个发光二极管,每按下一次向左循环移动一位;用接在P3.3引脚上的按键K4控制P2口一个发光二极管,每按下一次向右循环移动一位。

```
#include<reg51.h>
#include<intrins.h>          //包含循环移位指令声明的头文件
sbit k3 = P3^2;              //定义中断引脚上的开关
sbit k4 = P3^3;
void delay()
{
 unsigned i,j;
 for(i=20;i>0;i--)
 for(j=110;j>0;j--);
}
void main()
{
 EA = 1;                     //开总中断
 EX1 = 1;                    //开外部中断
 EX0 = 1;
 IT0 = 1;                    //设置中断触发方式为跳变沿触发
 IT1 = 1;
 P2 = 0xfe;                  //初始状态,让最低位的灯亮
 while(1);                   //等待中断
}
void int0()interrupt 0       //外部中断0处理子程序
{
 delay();
 if(k3 == 0)                 //判断S3确实被按下时,灯循环左移一位
 {
  P2 = _crol_(P2,1);
```

```
    }
}
void int1()interrupt 2            //外部中断1处理子程序
{
delay();
if(k4 == 0)                       //判断 S4 确实被按下时,灯循环右移一位
  {
   P2 = _cror_(P2,1);
  }
}
```

本例中用到了两个外部中断,开关 K3 接在 P3.2 引脚,P3.2 是外部中断 0 的触发信号输入端;开关 K4 接在 P3.3 引脚,P3.3 是外部中断 1 的触发信号输出端。

以外部中断 0 的执行过程为例,程序中首先开放总中断、外部中断 0(EX0＝1),设置了外部中断 0 的触发方式为跳变沿触发(IT0＝1),开关 K3 被按下时,P3.2 引脚电平会产生一个从高到低的负跳变,此时产生一个有效的中断信号,程序会自动跳转到外部中断 0 的处理子程序去执行。进入中断子程序,先判断按键是否确实按下,如果是,则将 P2 口点亮的灯循环左移一位;如果不是,则跳出中断子程序。外部中断 1 的执行过程类似,只不过是每按一次开关 K4,P2 口点亮的灯循环右移一位。

本例外部中断的触发方式设置为跳变沿触发,只有按键 K3 或 K4 引脚电平出现从高到低的负跳变时,即按键被按下的瞬间,才能响应中断,进入中断处理子程序,在按键保持按下、释放的过程中,没有这个负跳变出现,所以不会响应中断,也就不会执行按键处理。因此,程序中不用加等待按键释放的程序段。

【例 6-3】 用定时中断检测按键状态,根据按键状态控制流水灯流水点亮速度。

例 6-3 详解

分析:如果按键不是接到外部中断引脚,判断按键状态的过程就要像例 6-1 一样,在主程序中以查询方式进行。当主程序比较复杂时,可能会出现较长时间不能扫描键盘,造成不能及时读取按键状态,使按键的响应不灵敏。如果利用定时中断,每隔 1ms 进行一次键盘扫描,就可以保证及时读取按键状态,同时又对主程序的执行影响不大。

本例采用学习板上的按键 K1、K2,分别控制 P2 口的发光二极管以快速和慢速循环点亮,流水灯点亮的速度通过调节延时时间来实现,当检测到某个按键按下时,把其对应的变量值传递给延时函数。

```
# include < reg51.h >
# include < intrins.h >        //包含循环移位函数声明的头文件
sbit k1 = P3^0;                //定义用到的按键
sbit k2 = P3^1;
unsigned int s;                //定义传给延时的变量
void delay(unsigned int x)     //延时 xms 子程序
{
unsigned int i,j;
```

```
    for(i = x;i > 0;i − − )
     for(j = 110;j > 0;j − − );
    }
    void main()
    {
    EA = 1;                              //开中断
    ET0 = 1;
    TMOD = 0x01;
    TH0 = (65536 − 1000)/256;            //设置定时初值,定时时间 1ms
    TL0 = (65536 − 1000) % 256;
    TR0 = 1;                             //开定时器
    P2 = 0xfe;                           //发光二极管的初始状态,最低位的发光二极管亮
    s = 500;                             //设置循环延时变量初值,延时 500ms
    while(1)                             //P2 口一个发光二极管以延时 sms 循环左移
      {
       P2 = _crol_(P2,1);
       delay(s);
      }
    }
    void timer0()interrupt 1             //T0 定时中断处理子程序
    {
    if(k1 == 0)                          //判断如果 K1 按下,延时变量设为 1000
      {
        delay(20);
        if(k1 == 0)s = 1000;
      }
    if(k2 == 0)                          //判断如果 K2 按下,延时变量设为 250
      {
        delay(20);
        if(k2 == 0)s = 250;
      }
    TH0 = (65536 − 1000)/256;            //定时器 T0 重赋初值
    TL0 = (65536 − 1000) % 256;
    }
```

本例设置了一个延时变量 s,把它传递给延时函数时,s 是多少,得到的延时时间就是多少毫秒。主程序中先初始化定时器 T0,并开放中断,将 P2 口流水灯的状态间隔 500ms 循环左移。当 1ms 定时时间到时,程序会跳到 T0 中断处理子程序去执行,此时如果是 K1 被按下,延时变量 s 设为 1000,当返回主程序时,流水灯将以间隔 1000ms 循环左移,即速度变慢;如果是 K2 被按下,延时变量 s 设为 250,当返回主程序时流水灯将以间隔 250ms 循环左移,即速度变快。这样,通过一个延时变量 s 的参数传递,实现了流水灯的速度调节。在中断子程序的最后,不要忘了给定时器 T0 重赋初值,以保证定时中断每隔 1ms 产生一次,及时读取按键的状态。

本例定时中断子程序如果检测到 K1 或 K2 被按下,就设置相应的延时变量值,流水灯就以相应的速度被点亮,点亮速度在另一个键被按下之前是固定不变的,和按键被按下的次数无关,所以程序中没有检测键的释放。

【例 6-4】 编程实现时间可调的数码时钟。

要求：数码时钟从 00：00：00 开始计时，到 23：59：59 后，再过 1s，各位清 0 并重新开始计时。这里一共用到八位数码管显示，用最高两位显示小时，第三位显示间隔号"-"；第四和第五位显示分钟，第六位显示间隔号"-"，最后两位显示秒。

在此基础上，用学习板上的 4 个独立按键调节数码时钟。要求每按一次 K1 秒显示加一，每按一次 K2 分钟显示加一，每按一次 K3 小时显示加一，每按一次 K4 显示全部清 0，各位重新从 0 开始计时。

```c
#include<reg51.h>
unsigned char code tab[10] = {0x3f,0x06,0x5b,0x4f,0x66,0x6d,0x7d,0x07,0x7f,0x6f};
unsigned char i,s,m,h;
sbit le = P1^0;
sbit k1 = P3^0;                     //定义用到的 4 个按键
sbit k2 = P3^1;
sbit k3 = P3^2;
sbit k4 = P3^3;
void delay(unsigned int k)          //延时子程序入口参数为 k,实现延时 kms
{
 unsigned int i,j;
 for(i = k;i>0;i-- )
 for(j = 110;j>0;j-- );
}
void xianshis(unsigned char s)      //秒显示子程序,把秒值 s 送发光二极管显示
{
 le = 1;
 P2 = 0xe3;
 P0 = tab[s%10];
 le = 0;
 delay(1);
 le = 1;
 P2 = 0xe7;
 P0 = tab[s/10];
 le = 0;
 delay(1);
 P0 = 0;
}
void xianshim(unsigned char m)      //分显示子程序,把分值 m 送发光二极管显示
{
 le = 1;
 P2 = 0xeb;
 P0 = 0x40;
 le = 0;
 delay(1);
 le = 1;
 P2 = 0xf3;
 P0 = tab[m/10];
```

```c
    le = 0;
    delay(1);
    le = 1;
    P2 = 0xef;
    P0 = tab[m % 10];
    le = 0;
    delay(1);
    P0 = 0;
}
void xianshih(unsigned char h)          //小时显示子程序,把小时值 h 送发光二极管显示
{
    le = 1;
    P2 = 0xf7;
    P0 = 0x40;
    le = 0;
    delay(1);
    le = 1;
    P2 = 0xff;
    P0 = tab[h/10];
    le = 0;
    delay(1);
    le = 1;
    P2 = 0xfb;
    P0 = tab[h % 10];
    le = 0;
    delay(1);
    P0 = 0;
}
void main()
{
    EA = 1;
    ET0 = 1;                            //允许 T0 溢出中断
    TMOD = 0x11;                        //设置定时器 T0 和 T1 工作于方式 1
    TH0 = (65536 - 50000)/256;          //定时器 T0 初值,定时 50ms
    TL0 = (65536 - 50000) % 256;
    TR0 = 1;                            //启动 T0
    ET1 = 1;                            //允许 T1 溢出中断
    TH1 = (65536 - 1000)/256;           //定时器 T1 初值,定时 1ms
    TL1 = (65536 - 1000) % 256;
    TR1 = 1;                            //启动 T1
    i = 0;
    s = 0;
    m = 0;
    h = 0;
    while(1)                            //循环显示秒、分钟、小时
    {
        xianshis(s);
        delay(1);
        xianshim(m);
```

```
        delay(1);
        xianshih(h);
        delay(1);
    }
}
void timer0()interrupt 1              //T0 中断子程序,定时时间到 1s 时,更新显示
{
i++;
if(i == 20)
    {
        i = 0;
        s++;
    }
    if(s == 60){s = 0;m++;}
    if(m == 60){m = 0;h++;}
    if(h == 24)h = 0;
    TH0 = (65536 - 50000)/256;
    TL0 = (65536 - 50000)%256;
}
void timer1()interrupt 3              //T1 中断处理子程序,用于按键处理
{
if(k1 == 0)                           //K1 按下,秒显示加 1
    {
        delay(20);
        if(k1 == 0)
    {
        s++;
        while(k1 == 0)delay(20);      //检测 S1 是否释放
        delay(20);
    }
    }
if(k2 == 0)                           //K2 按下,分钟显示加 1
    {
    delay(20);
    if(k2 == 0)
        {
        m++;
        while(k2 == 0)delay(20);      //检测 K2 是否释放
        delay(20);
        }
    }
if(k3 == 0)                           //K3 按下,小时显示加 1
    {
        delay(20);
        if(k3 == 0)
        {
            h++;
            while(k3 == 0)delay(20);  //检测 K3 是否释放
            delay(20);
```

```
          }
       }
   if(k4 == 0)                          //按下 K4 清全部显示
     {
     delay(20);
     if(k4 == 0)
       {
        s = 0;m = 0;h = 0;
        while(k4 == 0)delay(20);        //检测 K4 是否释放
        delay(20);
       }
     }
   if(s == 60){s = 0;m++;}              //显示值达到上限清 0
   if(m == 60){m = 0;h++;}
   if(h == 24)h = 0;
   TH1 = (65536 − 1000)/256;            //T1 重赋初值
   TL1 = (65536 − 1000) % 256;
   }
```

  程序由主程序、显示子程序、延时子程序、中断子程序 4 部分组成。

  本例要同时显示时、分、秒,内容较多,所以程序设计上针对每个内容各设计了一个显示子程序,包括时显示、分显示、秒显示三个子程序。显示的具体方法都是先使锁存控制端为高电平,再将位码和段码分别送到P2、P0 口,再使锁存控制端为低电平,保持显示状态并延时。在分显示和时显示子程序里,又增加了间隔符的显示。间隔符就是在时、分、秒之间的一个短横线,显示此间隔符需要让数码管 g 段点亮,其他段熄灭,针对学习板上的共阴极数码管,给间隔符所在位的数码管送出的显示代码应该是 0x40,显示代码送到 P0 口,所以程序里用了一条"P0=0x40"指令传递显示代码。间隔符所在的位是数码管的第 3 位和第 6位,根据学习板的硬件工作原理,让第 3 位或第 6 位点亮,P2.4、P2.3、P2.2 的状态应该是011 或 110,所以这两位数码管点亮时的位码分别是 0xef、0xfb。

  主程序要给多个变量赋初值,这些变量包括中断次数计数变量、秒存储变量、分钟存储变量、小时存储变量。初始化工作完成后,主程序的主要任务就是在秒、分钟、小时三个显示子程序之间循环调用,同时等待中断更新显示。

  定时器 T0 溢出中断处理子程序负责判断是否到了 1s 的时间,是否需要更新显示。如果到了 1s,将秒计数值加一;秒计数值如果等于 60,清 0 秒计数值,再将分钟计数值加 1;分钟计数值如果等于 60,清 0 分计数值,再将小时计数值加 1;小时计数值如果为 24,再清 0小时计数值。在中断子程序的最后,一定要有 T0 重赋初值的指令,这样才能保证 T0 每次溢出中断的时间间隔都是 50ms。

  为了实现按键处理,本程序定义了 4 个用来调整时钟的按键。在主程序中,初始化了一个定时器 T1,设置它的定时时间为 1ms,并开放了它的中断。之所以设置这个间隔 1ms 的定时中断,是处理按键的需要。因为按键要每隔 1ms 扫描一次,按键的状态才能及时响应。

　　进入 T1 的定时中断处理子程序主要是进行 4 个按键的状态处理：确定 K1 按下时，秒值加一；确定 K2 按下时，分钟值加一；确定 K3 按下时，小时值加一；确定 K4 按下时，全部显示清 0。在每个按键处理程序段的最后，都要检测按键是否释放，确定按键被释放后再跳出这个程序段。如果不检测按键的释放，一次按键时，按键处理程序就会被多次执行，秒、分、时显示多次加一，就会出现错误的结果。在跳出中断前，给 T1 重赋初值，让每次进入 T1 中断的时间间隔都是 1ms。

　　将本例程序下载到学习板上以后，学习板通电 2 分 42 秒时的显示效果如图 6-5 所示。

图 6-5　数码管时钟显示效果

6.2　矩阵式键盘

6.2.1　工作原理

　　独立键盘的每一个按键和单片机的端口都是一对一连接的，安装多少个独立按键就需要占用多少个 I/O，当按键数量较多时，就要耗费大量的单片机资源。单片机的硬件资源是有限的，当单片机连接多个按键时，为了节省 I/O 口的数量，键盘一般采用矩阵式键盘。学习板上的矩阵式键盘接口电路如图 6-6 所示。

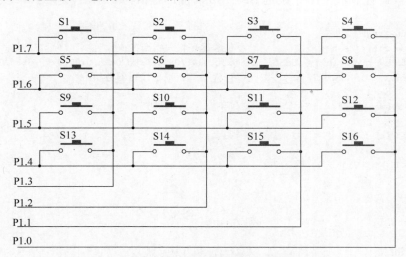

图 6-6　学习板上的矩阵式键盘接口电路

　　学习板上的矩阵式键盘是一个 4×4 的矩阵式键盘，一共 16 个按键排成 4 行 4 列，每行将按键的左端连在一起构成行线，每列将按键的右端连在一起构成列线，那么用来和键盘接口的线只有 8 根，将这 8 根线接到单片机的 I/O 上，通过程序扫描键盘就可以读按键的状态了。可见这种 4×4 矩阵键盘的接法，可以实现只用单片机 8 个端口，来控制 16 个按键的功能。矩阵式键盘除了 4×4 的外,还有 3×3、5×5、6×6 的等多种,根据需要输入按键的数量可以接成不同的形式。

使用矩阵式键盘的关键是如何判断按键值,即确定是哪个键被按下。识别按键的过程如下:

(1) 先判断是否有键按下。将全部行线(P1.4~P1.7)置低电平,全部列线(P1.0~P1.3)置高电平,然后检测列线的状态。只要有一列的电平为低,则表示有键按下;若检测到所有列线均为高电平,则键盘中无键被按下。

(2) 按键消抖。当判别到有键按下后,调用延时子程序,执行后重新判别键的状态。若确实有键按下,则执行(3)的按键识别,否则重新回到(1)。

(3) 按键识别。当有键被按下时,转入逐行扫描的方法来确定是哪一个键被按下。先扫描第一行,即第一行输出低电平,然后读入列值,哪一列出现低电平,则说明该列与第一行交叉位置的键被按下。若读入的列值全为高电平,说明第一行跨接的按键(S1~S4)均没有按下。接着开始扫描第二行,依次类推,直到找到被按下的键。

6.2.2 矩阵式键盘的编程实现

【例 6-5】 用一位数码管显示矩阵式键盘的按键值。

要求:用定时器 T0 中断控制键盘扫描,扫描到有键被按下后,判断键值,再将键值传递给主程序用数码管显示。16 个按键 S1~S16 对应的键值为 0~F。

```c
# include < reg51. h >
# include < intrins. h >          //包含循环移位指令的头文件
unsigned char code tab[ ] = {0x3f,0x06,0x5b,0x4f,0x66,0x6d,0x7d,0x07,0x7f,0x6f,0x77,
0x7c,0x39,0x5e,0x79,0x71};         //包含 0~15 显示代码的数组
unsigned char t1,t2,k;
void delay(unsigned char x)        //延时子程序,延时 xms
{
 unsigned int i,j;
 for(i = x;i > 0;i -- )
  for(j = 110;j > 0;j -- );
}
void main()
{
EA = 1;                            //开中断
ET0 = 1;
TMOD = 0x01;                       //设置 T0 为定时方式 1
TH0 = (65536 - 1000)/256;          //设置 T0 初值
TL0 = (65536 - 1000) % 256;
TR0 = 1;                           //启动 T0
P0 = 0;
k = 0;
t1 = 0;
t2 = 0;
```

```
P1 = 0x0f;                       //矩阵式键盘行线置低,列线置高
while((P1&0x0f) == 0x0f){P0 = 0;} //没有键按下时,数码管熄灭
while(1)                         //循环显示按下键的键值
  {
    P2 = 0xe3;
    P0 = tab[t2 - 1];
    delay(1);
    P0 = 0;
  }
}
keycode()                        //扫描按下键所在的列线,线值存变量 k 中
{
 t1 = P1&0x0f;                   //取 P1 口列线值,存入变量 t1
 if(t1!= 0x0f)                   //当有列线值为 0 时,即有键按下
 {
  switch(t1)                     //开关语句根据 t1 值确定按下键所在的列
    {
        case 0x07:
        k = 1;
        break;
        case 0x0b:
        k = 2;
        break;
        case 0x0d:
        k = 3;
        break;
        case 0x0e:
        k = 4;
        break;
    }
 }
}
void timer0()interrupt 1         //T0 的中断处理子程序
{
unsigned char m;
P1 = 0x0f;                       //P1 口的行线置低
if((P1&0x0f)!= 0x0f)             //当有键按下时
 {
    delay(10);                   //延时消抖
    if((P1&0x0f)!= 0x0f)         //消抖后键仍按下
    {
        P1 = 0x7f;               //第一条行线置低
        delay(5);
        for(m = 0;m < 4;m++)     //循环四次,判断按下的键所在的列
        {
        keycode();               //调用列线值扫描子程序
```

```
        t2 = k + 4 * m;                //计算按键值
        if(k!= 0)goto l1;              //找到按下的键,跳出循环
        P1 = _cror_(P1,1);             //没找到按下的键,置低的行线右移一位
        }
    }
}
l1:P1 = 0x0f;k = 0;                    //找到按下的键,行线置低,变量 k 清 0
while((P1&0x0f)!= 0x0f);              //按键没有释放,循环等待
TH0 = (65536 - 1000)/256;            //重赋 T0 初值
TL0 = (65536 - 1000) % 256;
}
```

本例采用学习板上最低位数码管,显示矩阵式键盘的按键值。因为键值一共有 16 个,所以显示代码数组中共有 16 个元素,分别是数字 0～F 的共阴极数码管显示代码。采用定时器 T0 的定时中断,每隔 1ms 读一次按键的状态。

指令"P1＝0x0f;"的功能是给 P1 口赋值,因为 P1 口的高四位接矩阵式键盘的行线,所以这条指令的实际作用是将四条行线置低,如果有键按下时,就会有某条列线变为低电平。程序里又用到了"P1&0x0f",即将 P1 口的状态与 0x0f 相与,目的是只读 P1 低四位的状态,即只读矩阵式键盘列线的状态。如果没有键按下时,列线将都是高电平,所以指令"while((P1&0x0f)＝＝0x0f){P0=0;}"的功能是在矩阵式键盘行线置低的前提下,如果读列线状态都是高电平,即无键按下,此时让数码管不显示(P0=0)。

在 T0 的中断处理子程序里,首先进行按键消抖,如果确定有键按下时,再轮流使矩阵式键盘的行线置低。首先用"P1＝0x7f;"使 P1.7(第一根行线)为低,再用循环程序循环 4次轮流置低行线,查找为低电平的列线。首先调用子程序 keycode()查找被按下的键所在的列,并把列值存入变量 k,并计算按下的键值。如果没有找到按下的键时,再将置低的行线右移一位,此时第二根行线为低,重复上述过程,直到第四条行线置低。

keycode()子程序中,首先读取列线值的状态,如果读到有列线值为低,说明有键按下,就用 switch-case 开关语句比较是哪一列置低,得到按下键所在的列,并把列线值存入变量 k 中,进一步用于计算按键值。switch-case 开关语句的用法,读者可参考 3.2 节的相关内容。

【例 6-6】 设计一个电子密码锁,如果从矩阵式键盘输入的四位密码正确,让发光二极管 P2.0 点亮 5s;如果输入密码不正确,让发光二极管闪烁两次后熄灭。

```
# include < reg51. h >
# include < intrins. h >                //包含循环移位指令声明的头文件
unsigned char code id[ ] = {0,8,1,7}; //存储密码的数组
unsigned char t1,t2,k,l,a;
sbit led = P2^0;
void delay(unsigned char x)            //延时 xms 的子程序
{
    unsigned int i,j;
```

```
  for(i = x;i > 0;i -- )
    for(j = 110;j > 0;j -- );
}
void main()
{
k = 0;
t1 = 0;
t2 = 0;
led = 1;
l = 0;
while(1)
  {
   keycode();                    //调用计算键值的子程序
   if(l != 0)                    //有键按下
     {
      if(t2 != id[l - 1])        //按下的键值与该位密码不符,控制发光二极管闪烁两次
       {
         led = 0;
         delay(100);
         led = 1;
         delay(100);
         led = 0;
         delay(100);
         led = 1;
         delay(100);
         l = 0;                  //按键次数清 0
       }
      if(l == 4)                 //成功输入 4 位密码
       {
         for(a = 0;a < 10;a++){led = 0;delay(500);} //灯亮 5s 后熄灭
         led = 1;
         l = 0;                                       //清 0 按键次数
       }
     }
  }
}
keycode()                                    //计算键值子程序
{
unsigned char m;
P1 = 0x0f;                                    //键盘行线置低电平
if((P1&0x0f) != 0x0f)                         //有键按下
  {
    delay(20);                                //消抖
    if((P1&0x0f) != 0x0f)                     //再次确认有键按下
     {
        l++;                                  //按键次数加一
        P1 = 0x7f;                            //键盘第一条行线置低
        for(m = 0;m < 4;m++)                  //循环 4 次,将列线轮流置低,确认按键
         {
```

```
        t1 = P1&0x0f;              //读键盘列线值存 t1
        if(t1!= 0x0f)              //有键按下
         {
         switch(t1)               //根据 t1 的值确定按下键所在的列值,存 k
          {
              case 0x07:
              k = 1;
              break;
              case 0x0b:
              k = 2;
              break;
              case 0x0d:
              k = 3;
              break;
              case 0x0e:
              k = 4;
              break;
          }
         }
        t2 = k + 4 * m - 1;        //计算键值存 t2
        if(k!= 0)goto l1;          //找到按下的键,跳出循环
        P1 = _cror_(P1,1);         //没找到按下的键,下一条行线置低
       }
     }
   }
l1:P1 = 0x0f;k = 0;
while((P1&0x0f)!= 0x0f);          //等待按键释放
delay(20);
   }
```

本例首先建立了一个存储密码的数组 id[],现存入的密码值为 0817,如果四次输入的键值和这四位数字能对应上,则是密码输入正确,发光二极管将点亮 5s 后熄灭;如果四次输入中有一位输入错误,发光二极管会闪,提示输入错误,此时需要从第一位数字开始重新输入。

主程序在初始化结束后,首先调用计算键值的子程序,例如按下的键是 8 号键,就将 8 这个数字给变量 t2 存储。在确定有键按下,并且按键值(t2 的值)与这位相应的设定密码不符时,控制发光二极管闪烁两次;如果已经正确输入四次,则控制发光二极管点亮 5s。在确定输入错误或成功输入后,都将按键次数计数变量 l 清 0,使得再有按键按下时,从密码的第一位开始比较,即重新输入四位密码。

计算键值子程序 keycode()首先确认是否有键按下,如果有,用变量 l 累计按键次数,再将矩阵键盘的四根列线轮流置低,找到按下键所在的列,并将列值存入变量 k 中;再根据 k 的值和循环次数,计算出键值 t2;最后等待按键释放,再跳出子程序。

本例程序由主程序、延时子程序、计算键值子程序三部分组成,并没有用定时中断读按键值。这是因为程序中有许多地方用到了延时,延时程序和定时中断在调试的过程中会有

一些冲突,产生一些错误、不稳定的实验现象,基于本例程序功能实现的需要,读键值采用的是查询方式。

【例 6-7】 编程实现在矩阵式键盘的某个键按下时发出提示音。

要求:当矩阵式键盘扫描程序扫描到有按键被按下时,让 P1.5 口驱动的蜂鸣器鸣响,即检测到有按键按下,蜂鸣器就发声。所以本例是在检测到有键按下时,就控制蜂鸣器响。矩阵式键盘在扫描时,先将列线置为低电平(输出),行线置为高电平(输入),只要检测到有一根行线出现低电平,就可以判断有键被按下,此时让蜂鸣器鸣响。

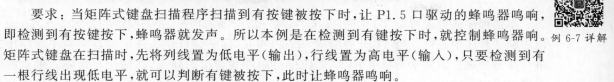
例 6-7 详解

```c
#include<reg51.h>
sbit ls = P1^5;                    //定义蜂鸣器的控制口
void delay(unsigned int x)         //延时 xms
{
  unsigned int i,j;
  for(i = 0;i<x;i++)
  for(j = 0;j<110;j++);
}
void main(void)
{
    EA = 1;                        //开 T0 溢出中断
    ET0 = 1;
    TMOD = 0x01;                   //设置 T0 工作方式
    TH0 = (65536 - 500)/256;       //设置 T0 初值
    TL0 = (65536 - 500) % 256;
    TR0 = 1;                       //启动 T0
    while(1);                      //等待中断
  }
void timer0()interrupt 1           //定时器 T0 中断处理子程序
{
  unsigned char i;
  TR0 = 0;                         //关 T0
  P1 = 0xf0;                       //键盘列线置低,行线置高
  if((P1&0xf0)!= 0xf0)             //有行线为低电平,有键按下
     delay(20);                    //消抖
  if((P1&0xf0)!= 0xf0)             //确认有键按下
    {
    for(i = 0;i<100;i++)           //向蜂鸣器端口输出 100 个脉冲,控制鸣响
      {
        ls = 0;
        delay(10);
        ls = 1;
        delay(10);
      }
    }
  TR0 = 1;                         //启动 T0
```

```
    THO = (65536 - 500)/256;                //T0 重赋初值
    TL0 = (65536 - 500) % 256;
}
```

本例程序通过定时器 T0 定时 $500\mu s$ 检测一次按键的状态,并把按键的处理放在 T0 溢出中断子程序中进行。当 T0 开中断时,每隔 $500\mu s$ 程序会自动跳进定时器中断子程序中进行按键处理。因为学习板上 P1 口低四位接矩阵式键盘的列线,高四位接矩阵式键盘的行线,所以指令"P1=0xf0;"的功能是将 P1 口列线置低电平,设为输出;将 P1 口行线置高电平,设为输入。并且用指令"if((P1&0xf0)!=0xf0)"将 P1 口的状态与 0xf0 按位相与,如果结果不为 0xf0,证明矩阵键盘的行线有低电平出现,即有键按下;延时消抖后,再用指令"if((P1&0xf0)!=0xf0)"判断是否有键按下,如果证明确实有键按下,控制蜂鸣器鸣响;否则启动 T0 定时,并重置 T0 初值,等待下一次定时时间到,再判断是否有键按下。

其中,学习板上蜂鸣器接到P1.5口,矩阵式键盘接到P1口,但它们相互之间是不冲突的。因为矩阵式键盘在扫描时列线是输出,行线是输入,而 P1.5 口是矩阵式键盘的行线,即 P1.5 口既是矩阵式键盘的输入口线,又是蜂鸣器的控制输出口,控制方向不同,所以不会产生冲突。

本例程序之所以把按键的处理放在定时中断子程序中完成,是为了在进行按键的处理时,尽量减少对主程序的影响,这也是常用的按键处理方法。

习题

(1) 简述独立式键盘的工作原理。

(2) 简述矩阵式键盘的工作原理。

(3) 编程:用两位数码管显示一个按键的按下次数,次数按 0~99 循环。

本章小结

本章主要介绍了单片机与独立式键盘和矩阵式键盘的接口原理及软件编程方法。本章所给出的大量程序,都结合了前几章的知识点(定时、中断、数码管显示等),使读者在学习本章知识的同时,兼顾了对于所学知识的复习,实现多知识点融会贯通。同时,本章实例也具有一定的综合性,如电子密码锁,解决了生产生活中的实际问题。

第 7 章

A/D 和 D/A 的应用

单片机系统中,许多输入和输出器件是输出模拟信号或需要模拟信号驱动的,而单片机只能输入或输出数字量,为了用单片机来控制这些器件,必须进行 A/D 或 D/A 转换。

D/A 和 A/D 转换器功能及其在实时控制系统中的作用如图 7-1 所示。图中,被控对象的检测输出信号可以是电量,也可以是非电量,并且数值是连续变化的。这个信号由变送器和各类传感器变换成相应的模拟电量,然后经多路开关汇集给 A/D 转换器,再由 A/D 转换器转换成相应的数字量送给单片机,单片机对检测到的信息进行运算和处理显示等。另一方面,如果执行器(如电动机等)是模拟量控制的,单片机还要把数字量送给 D/A 转换器,转换成模拟量,对执行器进行控制,使检测值处于规定范围。

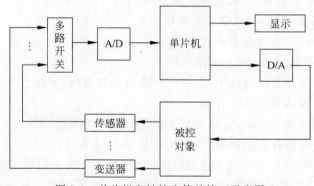

图 7-1 单片机和被控实体的接口示意图

上述分析表明:A/D 转换器在单片机控制系统中主要用于数据采集,向单片机提供被控对象的各种实时参数;D/A 转换器用于对被控对象进行模拟控制。因此,A/D 和 D/A 转换器是单片机和模拟被控对象之间的桥梁,在单片机控制系统中具有极为重要的地位。

本章主要介绍常用的 A/D 或 D/A 转换芯片,以及 A/D 和 D/A 转换的软件编程方法。

7.1 XPT2046 芯片功能

XPT2046 是一款四线制触摸屏控制器,内含 12 位分辨率、125kHz 转换速率逐步逼近型 A/D 转换器。XPT2046 支持 1.5～5.25V 的低电压 I/O 接口,采用 SPI 接口通信。

该芯片特性如下：

- 工作电压范围为 2.2～5.25V；
- 支持 1.5～5.25V 的数字 I/O 口；
- 内建 2.5V 参考电压源；
- 电源电压测量(0～6V)；
- 内建温度测量功能；
- 触摸压力测量；
- 采用 SPI 控制通信接口；
- 封装：QFN-16、TSSOP-16 和 VFBGA-48。

XPT2046 在 125kHz 转换速率和 2.7V 电压下的功耗仅为 750μW。XPT2046 以其低功耗和高速率等特性，被广泛应用在采用电池供电的小型手持设备上，如 PDA、手机等。

XPT2046 主要应用在触摸屏的控制上，通过横坐标和纵坐标的 A/D 转换来确定触摸的位置。在这里主要利用它进行 A/D 转换，主要关心它的这部分功能。另外，还要注意该芯片的驱动协议是 SPI 协议。

下面先了解 SPI 协议的原理。SPI 以主从方式工作，这种模式通常有一个主设备和一个或多个从设备，需要至少 4 根线，单向传输时 3 根也可以，这是所有基于 SPI 的设备共有的，它们是 SDO(数据输出)、SDI(数据输入)、SCK(时钟)、CS(片选)。

- SDO 是主设备数据输出，从设备数据输入；
- SDI 是主设备数据输入，从设备数据输出；
- SCK 是时钟信号，由主设备产生；
- CS 是从设备使能信号，由主设备控制。

其中，CS 是控制芯片是否被选中的，只有片选信号有效时，对此芯片的操作才有效。这就允许在同一总线上连接多个 SPI 设备。

通信是通过数据交换完成的，这里先要知道 SPI 是串行通信协议，即数据是一位一位传输的，这就是 SCK 时钟线存在的原因。由 SCK 提供时钟脉冲，SDI、SDO 则基于此脉冲完成数据传输。数据在时钟上升沿或下降沿时改变，在紧接着的下降沿或上升沿被读/写，完成一位数据传输。这样，经过至少 8 次时钟信号的改变，就可以完成 8 位数据传输。

要注意：SCK 信号线只由主设备控制，从设备不能控制信号线。同样地，在一个基于 SPI 的设备中，至少有一个主控设备。传输的特点是：与普通的串行通信不同，普通串行通信一次连续传送至少 8 位数据，而 SPI 允许数据一位一位地传送，甚至允许暂停，因为 SCK 时钟线由主控设备控制，当没有时钟跳变时，从设备不采集或传送数据。也就是说，主设备通过对 SCK 时钟线的控制可以完成对通信的控制。因为 SPI 的数据输入和输出线独立，所以允许同时完成数据的输入和输出。不同的 SPI 设备的实现方式不尽相同，主要是数据改变和采集的时间不同，在时钟信号上升沿或下降沿采集有不同定义，具体请参考相关器件的资料。

在点对点的通信中，SPI 接口不需要进行寻址操作，且为全双工通信，简单高效。在多个从设备的系统中,每个从设备需要独立的使能信号,实现上要复杂一些。

XPT2046 通信基于 SPI 协议,因此通信时序采用 SPI 的操作时序。首先,使该芯片选有效,然后单片机向该芯片发送一字节的命令,此时该芯片收到命令后会产生忙信号,单片机需要另外发送一个时钟周期清除忙信号;然后该芯片向单片机发送 A/D 转换后的 12 位二进制数(2 字节,低 4 位未用)。无论是命令、还是数据发送时,都是高位在前,低位在后。

该芯片内只有一个控制寄存器,该寄存器各位的定义如表 7-1 所示。

表 7-1 XPT2046 芯片内控制寄存器各位的定义

BIT7	BIT6	BIT5	BIT4	BIT3	BIT2	BIT1	BIT0
S	A2	A1	A0	MODE	SER/$\overline{\text{DFR}}$	PD1	PD0

其中,第 7 位 S 是起始位,为 1 表示一个新的控制字节到来,为 0 则该芯片会忽略 DIN 引脚上单片机发送的命令数据。所以,单片机向该芯片发命令时,第 7 位必须为 1。该芯片在检测到 DIN 引脚上的起始位之前,所有的输入都会忽略。

第 6 位~第 4 位(A2~A0),是通道选择位,选择多路选择器的现行通道。

第 3 位 MODE 是 12 位/8 位转换分辨率选择位。为 1 时,下一次转换的分辨率是 8 位,为 0 时,下一次转换的分辨率是 12 位。所以如果要使转换的精度足够高,应该把该位设为 0。

第 2 位 SER/$\overline{\text{DFR}}$ 是单端输入方式/差分输入方式选择位。为 1 时,是单端输入方式,为 0 时,是差分输入方式。该芯片如果用来控制触摸屏,想得到较高的控制精度,需要设为差分输入方式。这里只是把它作为 A/D 转换器,所以只需要设置为单端输入方式即可,即该位应该设置为 1。

第 1 位和第 0 位(PD1~PD0)是低功率模式选择位,若为 11,器件总处于供电状态,此时使用内部参考电压;若为 00,器件在变换时处于低功率模式。这里我们不使用内部参考电压,所以将这两位设为 0。

A2、A1、A0 用来确定模拟量输入的地址,在单端模式输入配置下,这 3 个二进制位的组合可以用来表示 8 个模拟量输入通道,它们的状态和模拟量输入引脚的对应关系如表 7-2 所示。例如,要采集芯片 YN 引脚输入的模拟量时,单片机发送的命令中 A2、A1、A0 应设置为 100;要采集 VBAT 引脚输入的模拟量时,命令中 A2、A1、A0 应设置为 010。

表 7-2 单端模式输入配置下通道选择

A2、A1、A0	模拟量输入引脚	A2、A1、A0	模拟量输入引脚
000	TEMP0	001	XP
010	VBAT	011	XN
100	YN	101	YP
110	AUXIN	111	TEMP1

7.2 D/A 转换器 DAC0832

DAC0832 是一个 8 位分辨率的双列直插式 D/A 转换器,具有两个输入数据寄存器,能直接与 51 系列单片机连接,引脚排列如图 7-2 所示。

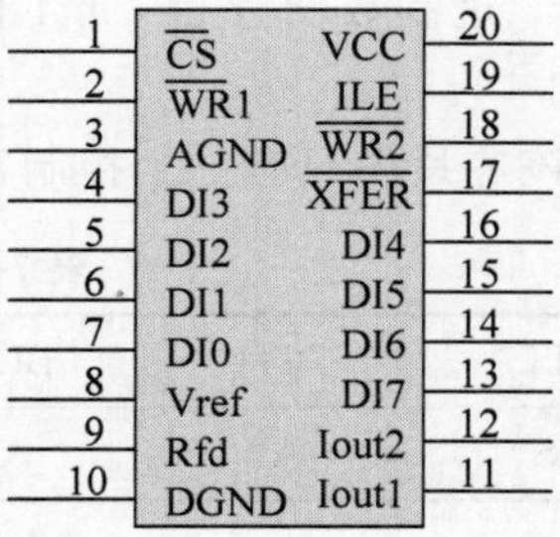

该芯片各引脚功能如下:

- DI0～DI7:8 位数据输入端,TTL 电平,有效时间大于 90ns;
- ILE:数据锁存允许信号输入端,高电平有效;
- $\overline{CS}$:片选信号输入端,低电平有效;
- $\overline{WR1}$:输入锁存器写选通信号输入端;
- $\overline{XFER}$:数据传送控制信号输入端,低电平有效;
- $\overline{WR2}$:DAC 寄存器写选通信号输入端;
- Iout1:模拟电流输出端 1,当 DI0～DI7 端都为"1"时,Iout1 最大;
- Iout2:模拟电流输出端 2,该端的电流值与 Iout1 之和为一常数,即 Iout1 最大时,它的值最小;一般在单极性输出时,Iout2 接地;在双极性输出时,Iout2 接运算放大器;
- Rfb:反馈信号输入端,芯片内已有反馈电阻;
- VCC:电源输入端,可接＋5～＋10V 电压;
- Vref:基准电压输入端,可接－5～－10V 电压,它决定了 D/A 转换器输出电压的范围;
- AGND:模拟信号地,它是工作电源和基准电源的参考地;
- DGND:数字信号地,它是工作电源地和数字电路地。

图 7-2 DAC0832 引脚排列

该芯片主要特性如下:

- 分辨率为 8 位;
- 电流输出,建立时间为 $1\mu s$;
- 可双缓冲输入、单缓冲输入或直接数字输入;
- 单一电源供电(＋5～＋15V);
- 低功耗,20mW。

DAC0832 芯片内部的逻辑结构如图 7-3 所示。

由图 7-3 可见,DAC0832 内部由三部分电路组成:

- 八位输入寄存器:用于存放单片机送来的数字量,使输入数字量得到缓冲和锁存,由 $\overline{LE1}$ 控制;
- 八位 DAC 寄存器:用于存放待转换的数字量,由 $\overline{LE2}$ 控制;
- 八位 D/A 转换电路:受八位 DAC 寄存器输出的数字量控制,能输出和数字量成正比的模拟电流。因此,DAC0832 通常需要外接 I/V 转换的运算放大器电路,才能得到模拟输出电压。

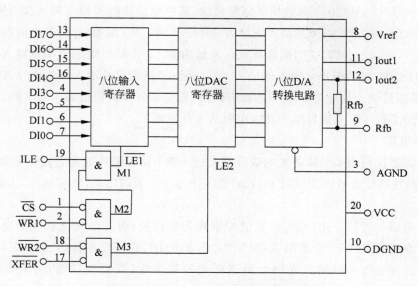

图 7-3　DAC0832 芯片内部的逻辑结构

7.3　A/D 和 D/A 转换的实现方法

1. 基于 XPT2046 的 A/D 转换电路

学习板上的 XPT2046 用于 A/D 转换的接口原理图如图 7-4 所示。

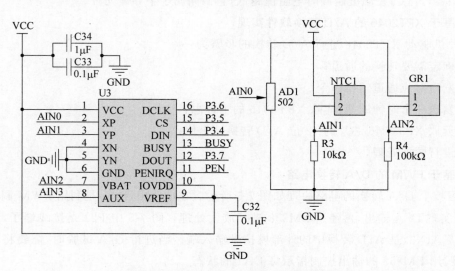

图 7-4　XPT2046 用于 A/D 转换的接口原理图

由图 7-4 可见,XPT2046 共转换 4 路模拟量,其中电位器的模拟量输入接 XPT2046 芯片的 XP(2 脚)引脚,它的模拟量输入地址为 001(A2、A1、A0 的值);热敏电阻的模拟量输入接芯片的 YP(3 脚)引脚,它的模拟量输入地址为 101;光敏电阻的模拟量输入接芯片的 VBAT(7 脚)引脚,它的模拟量输入地址为 010;还有一路模拟量输入接芯片的 AUX(8 脚)引脚,它的模拟量输入地址为 110,图中没有画出,它是接外部模拟量输入的引脚。

下面先来了解一下光敏电阻和热敏电阻的工作原理。

1) 光敏电阻

光敏电阻器是利用半导体的光电效应制成的一种电阻值随入射光的强弱而改变的电阻器;制作材料在特定波长的光照射下,其阻值迅速减小。入射光强,电阻减小,入射光弱,电阻增大。

光敏电阻器一般用于光的测量、光的控制和光电转换(将光的变化转换为电的变化)。光敏电阻器在黑暗条件下,它的阻值(暗阻)可达 110MΩ,在强光条件(100lx)下,它的阻值(亮阻)仅有几百至数千欧姆。光敏电阻器对光的敏感性(即光谱特性)与人眼对可见光(0.4~0.76μm)的响应很接近,人眼可感受的光会引起它的阻值变化。因此,在设计光控电路时,都用白炽灯泡(小电珠)光线或自然光线作为控制光源,这使设计大为简化。

2) 热敏电阻

热敏电阻器是敏感元件的一类,按照温度系数不同,分为正温度系数热敏电阻器(PTC)和负温度系数热敏电阻器(NTC)。热敏电阻器的典型特点是对温度敏感,不同的温度下表现出不同的电阻值。正温度系数热敏电阻器(PTC)在温度越高时电阻值越大,负温度系数热敏电阻器(NTC)在温度越高时电阻值越低,它们同属于半导体元件。

2. 基于 XPT2046 的 A/D 转换软件实现

单片机驱动 XPT2046 进行 A/D 转换的步骤为:

① 确定需要转换的通道;

② 发送对应通道转换命令;

③ 发送一个时钟周期,清除 XPT2046 的忙标志;

④ 读取 XPT2046 芯片的 12 位 A/D 转换结果值;

⑤ 进行数据处理。

3. 基于 PWM 的 D/A 转换电路

学习板上 D/A 转换的电路原理如图 7-5 所示。在电路中,D/A 是利用 PWM 调解占空比,从而实现 D/A 输出,再经过 LM358 进行放大处理。图 7-5 中 P23 是接线端子,端子中的 1 脚接 AIN3,是 A/D 转换中的外部模拟量输入端。当进行 D/A 试验时,需要将端子的 3、4 短接,用 LM358 的输出控制指示灯 DA1 的状态。

PWM 中文意思为脉冲宽度调制,是一种模拟控制方式。一般的控制方式是对电路开关器件的通断进行控制,使输出端得到一系列幅值相等的脉冲。这种方式是利用微处理器

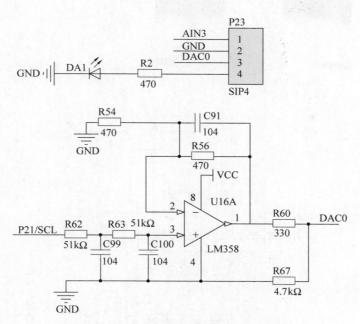

图 7-5　D/A 转换的电路原理

的数字信号,对模拟电路进行控制的一种非常有效的技术。它把每一脉冲宽度均相等的脉冲列作为 PWM 波形,通过改变脉冲列的周期可以调频,改变脉冲的宽度或占空比可以调压,采用适当控制方法即可使电压与频率协调变化。这里的实验是利用 PWM 输出控制指示灯的明暗变化,所以要利用 PWM 输出调压,即改变输出脉冲的占空比。占空比是在一串理想的脉冲周期序列中(如方波),正脉冲的持续时间与脉冲总周期的比值。例如,脉冲宽度为 $1\mu s$,信号周期为 $4\mu s$ 的脉冲序列,占空比为 0.25。

4. 基于 DAC0832 的 D/A 转换电路

设计 51 单片机与 DAC0832 的接口电路时,常用单缓冲方式或双缓冲方式的单极性输出。

1) 单缓冲方式

单缓冲方式是指 DAC0832 内部的两个数据缓冲器有一个处于直通方式,另一个处于受 51 单片机控制的锁存方式。在实际应用中,如果只有一路模拟量输出,或虽是多路模拟量输出但并不要求多路输出同步的情况下,就可采用单缓冲方式。

该方式下 DAC0832 和 51 单片机的接口电路如图 7-6 所示。图中,VCC、ILE 并联于 +5V 电源,$\overline{WR1}$、$\overline{WR2}$ 并联于单片机的 P3.6 引脚;$\overline{CS}$、$\overline{XFER}$ 并联于 P2.7(片选端)。此时,使 DAC0832 相当于一个单片机外部扩展的存储器,地址为 7FFFH。因为 51 单片机驱动外部存储器的地址线高八位接 P2 口,低八位接 P0 口,外部存储器片选为 0 时,即 P2.7 为 0 时,DAC0832 才能工作,根据片选的状态可确定 DAC0832 的地址。只要采用对片外存储器寻址的方法将数据写入该地址,DAC0832 就会自动开始 D/A 转换。

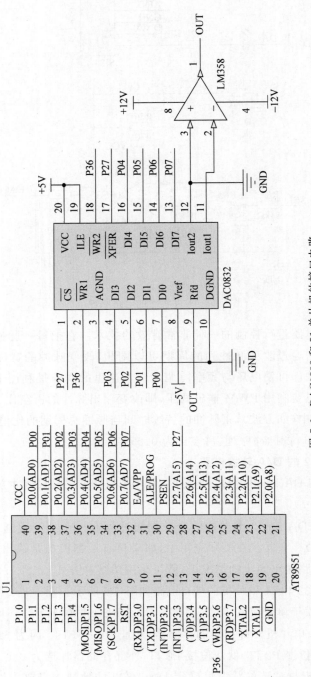

图 7-6　DAC0832 和 51 单片机的接口电路

单片机驱动 DAC0832 进行 A/D 转换的过程如下：

- 选中 DAC0832。单片机通过 P2.7 送出一个低电平到 DAC0832 的 $\overline{\text{CS}}$ 和 $\overline{\text{XFER}}$ 引脚，由 P3.6 引脚送低电平到 $\overline{\text{WR1}}$ 和 $\overline{\text{WR2}}$ 引脚，DAC0832 就被选中。
- 向 DAC0832 输入数据。单片机通过 P0 口向 DAC0832 输入 8 位数据。
- DAC0832 对送来的数据进行 D/A 转换，并从 Iout1 端输出信号电流。

DAC0832 的输出是电流型的，但实际应用中往往需要的是电压输出信号，所以电路中需要采用运算放大器来实现电流-电压转换。输出电压值为：

$$V_{\circ} = -D \times \frac{V_{\text{ref}}}{255}$$

式中，D 为输出的数据字节，取值范围为 $0 \sim 255$；V_{ref} 为基准电压。显然，DAC0832 输出的模拟电压和输入的数字量以及基准电压成正比，且输入数字量为 0 时，输出模拟电压也为 0，输入数字量为 255 时，输出电压最大，且不会大于 V_{ref}。所以，只要改变输入 DAC0832 的数字量，输出的电压就会发生变化。

2）双缓冲方式

多路的 D/A 转换要求同步输出时，必须采用双缓冲同步方式。以此种方式工作时，数字量的输入锁存和 D/A 转换输出是分两步完成的。单片机必须通过 $\overline{\text{LE1}}$ 来锁存待转换的数字量，通过 $\overline{\text{LE2}}$ 来启动 D/A 转换。因此，双缓冲方式下，单片机应该为 DAC0832 提供两个 I/O 端口。

7.4 A/D 转换的编程

【例 7-1】 用 XPT2046 采集电位器的输出模拟电压，并通过数码管显示采集到的值。

```
# include < reg51. h>
# include < intrins. h>              //包含_nop_()指令声明的头文件
# define uchar unsigned char
# define uint unsigned int
unsigned char code DIG[ ] = {0x3f,0x06,0x5b,0x4f,0x66,0x6d,0x7d,0x07,0x7f,0x6f,
0x77,0x7c,0x39,0x5e,0x79,0x71};     //存放数据 0～F 显示代码的数组
sbit DOUT = P3^7;                    //单片机从 XPT2046 读数据引脚
sbit CLK = P3^6;                     //单片机和 XPT2046 的时钟接口
sbit DIN = P3^4;                     //单片机向 XPT2046 写数据引脚
sbit CS = P3^5;                      //XPT2046 片选
sbit LSA = P2^2;                     //数码管位选控制端
sbit LSB = P2^3;
sbit LSC = P2^4;
uchar DisplayData[8];                //存放显示的 8 位数据
SPI_Write(uchar dat)                 //单片机向 XPT2046 写数据子程序,写入数据存在 dat 里
{
    uchar i;
    CLK = 0;
```

```c
    for(i = 0; i < 8; i++)                  //循环执行 8 次
    {
        DIN = dat >> 7;                     //发送数据的最高位送给 XPT2046 的 DIN 端,先发最高位
        dat <<= 1;                          //未发送的数据左移一位,原来的第二位放到最高位里
        CLK = 0;                            //时钟上升沿将 DIN 端的数据写入 XPT2046
        CLK = 1;
    }
}
uint SPI_Read(void)                         //单片机从 XPT2046 读数据子程序,读出数据存 dat
{
    uint i, dat = 0;
    CLK = 0;
    for(i = 0; i < 12; i++)                 //循环读 12 位数据
    {
        dat <<= 1;                          //原数据左移一位

        CLK = 1;                            //时钟下降沿读数据
        CLK = 0;

        dat |= DOUT;                        //从 DOUT 端读的数据存 dat 的最低位

    }
    return dat;                             //读的结果在返回值 dat 中
}
uint Read_AD_Data(uchar cmd)                //读 XPT2046 的 A/D 转换结果子程序
{
    uchar i;
    uint AD_Value;
    CLK = 0;
    CS = 0;
    SPI_Write(cmd);                         //调用写转换芯片子程序,将命令写入 XPT2046
    for(i = 6; i > 0; i--);                 //延时
    CLK = 1;                                //发送一个时钟周期,清除 XPT2046 的忙标志
    _nop_();                                //空操作,用于延时
    _nop_();
    CLK = 0;
    _nop_();
    _nop_();
    AD_Value = SPI_Read();                  //读 A/D 转换结果,并存入变量 AD_Value
    CS = 1;
    return AD_Value;                        //返回 A/D 转换结果
}
void DigDisplay(void)                       //动态扫描显示子程序
{
    unsigned char i;
    unsigned int j;
    for(i = 0; i < 8; i++)
    {
        switch(i)                           //设置位选,选择第 i 个数码管点亮
```

```
        {
            case(0):
                LSA = 0;LSB = 0;LSC = 0; break;        //最低位数码管点亮
            case(1):
                LSA = 1;LSB = 0;LSC = 0; break;        //第七个数码管点亮
            case(2):
                LSA = 0;LSB = 1;LSC = 0; break;        //第六个数码管点亮
            case(3):
                LSA = 1;LSB = 1;LSC = 0; break;        //第五个数码管点亮
            case(4):
                LSA = 0;LSB = 0;LSC = 1; break;        //第四个数码管点亮
            case(5):
                LSA = 1;LSB = 0;LSC = 1; break;        //第三个数码管点亮
            case(6):
                LSA = 0;LSB = 1;LSC = 1; break;        //第二个数码管点亮
            case(7):
                LSA = 1;LSB = 1;LSC = 1; break;        //第一个数码管点亮
        }
        P0 = DisplayData[i];                           //把第 i 个数码管的显示代码送段码端
        j = 50;                                        //延时
        while(j-- );
        P0 = 0x00;                                     //关数码管显示
    }
}
void main(void)
{
    uint temp,count;
    while(1)
    {
        if(count == 50)
        {
        count = 0;
        temp = Read_AD_Data(0x94);                     //读电位器的 A/D 转换结果存 temp
        }
        count++;
        DisplayData[7] = DIG[0];                       //第一位数码管显示 0
        DisplayData[6] = DIG[0];                       //第二位数码管显示 0
        DisplayData[5] = DIG[0];                       //第三位数码管显示 0
        DisplayData[4] = DIG[0];                       //第四位数码管显示 0
        DisplayData[3] = DIG[temp % 10000/1000];       //第五位数码管显示转换结果的千位
        DisplayData[2] = DIG[temp % 1000/100];         //第六位数码管显示转换结果的百位
        DisplayData[1] = DIG[temp % 100/10];           //第七位数码管显示转换结果的十位
        DisplayData[0] = DIG[temp % 10/1];             //第八位数码管显示转换结果的个位
        DigDisplay();                                  //调用动态显示子程序
    }
}
```

本例中 XPT2046 的输入模拟信号,是电位器对学习板上电源电压的分压信号,单片机读取 XPT2046 对该模拟信号的转换结果,并将数字量送八位数码管的低四位显示。程序主要由主程序、XPT2046 的读/写子程序、读 A/D 转换数据的子程序、数码管动态显示子程序组成。

其中,单片机与 XPT2046 的通信采用 SPI 协议,包括读/写两个部分。SPI_Write(uchar dat)是单片机向 XPT2046 写数据的子程序,它将要发送 8 位的数据从最高位开始放到 XPT2046 的 DIN 端口,并使 CLK 端产生一个由低到高的上升沿。在这个上升沿的作用下,控制该位数据写入 XPT2046;循环将发送数据位移到 DIN 端口,重复上述过程 8 次,一字节数据写入完成。uint SPI_Read(void)是单片机从 XPT2046 读数据的子程序,先使 CLK 端产生一个从高到低的下降沿,此时读入的一位数据在 DOUT 端,先把这位数据保存在整型变量 dat 的最低位,再将 dat 中的数据向左移位,循环上述过程 12 次,则读入一个完整的数据。

子程序 uint Read_AD_Data(uchar cmd)是读 XPT2046 的 A/D 转换结果的子程序。按照单片机对 XPT2046 的操作时序,先调用上述的写数据子程序,将一字节命令写入 XPT2046。因为电位器信号从 XPT2046 的 XP 引脚输入,根据本章前面的分析,命令中 A2、A1、A0 应设置为 001,参照表 7-1,用于读取电位器 A/D 转换结果的命令字节应该为 94H。然后,根据操作时序,单片机再从 CLK 端发送一个时钟周期,清除 XPT2046 的忙标志;最后调用上述读数据子程序,从 XPT2046 读取 12 位 A/D 转换结果,并保存。

主程序循环延时读取 XPT2046 的 12 位 A/D 转换结果,并送数码管动态显示检测值。如果我们在实验过程中手动调整电位器,就会看到数码管显示的检测结果随着变化。如果我们想读取其他模拟量时,只需将主程序中指令"temp=Read_AD_Data(0x94);"的命令代码,改成其他输入的器件的命令代码即可。例如,读取光敏电阻信号时,命令代码为 0xA4;读取热敏电阻信号时,命令代码为 0xD4;读取外部模拟量输入时,命令代码为 0xE4;不同的命令代码主要和模拟量输入的引脚有关。具体设置方法可参照表 7-1。

图 7-7　采集模拟电压输出效果

将本例程序下载到学习板上的效果如图 7-7 所示。

7.5　D/A 转换的编程

【例 7-2】　单片机输出 PWM 信号,控制指示灯产生明暗交替的变化。

```
#include<reg51.h>
sbit PWM = P2^1;                   //定义输出 PWM 信号的引脚
unsigned int i,j,k,m;
bit l,n;
void main()
```

```
{
 i = 0;
 j = 0;
 k = 0x30;                          //PWM 波低电平初始值变量
 l = 1;
 m = 0x300;                         //PWM 波高电平初始值变量
 n = 1;
 PWM = 0;                           //PWM 初始为低电平
 TMOD = 0x10;                       //设置 T1 为定时方式 1
 TH1 = 0xff;
 TL1 = 0xff;
 EA = 1;                            //开中断
 ET1 = 1;
 TR1 = 1;                           //启动 T1
 while(1)
   {
    if(i > k)                       //控制 PWM 低电平宽度
    {
     PWM = 1;
     i = 0;
     if(l == 1)                     //当 l = 1 时,k 增加;如果 k 达到上限,令 l = 0
       {  k = k + 5;
          if(k >= 0x300)
          l = 0;
       }
     else                           //当 l = 0 时,k 减小;如果 k 达到下限,令 l = 1
       {  k = k - 5;
          if(k <= 0x30)
          l = 1;}
    }
    if(j > m)                       //控制 PWM 高电平宽度
    {
     PWM = 0;
     j = 0;
     if(n == 1)                     //当 n = 1 时,m 减小;如果 m 达到下限,令 n = 0
       {  m = m - 5;
          if(m <= 0x30)
          n = 0;}
     else
       {  m = m + 5;
          if(m >= 0x300)            //当 n = 0 时,m 增加;如果 m 达到上限,令 n = 1
          n = 1;}
    }
   }
}
void timer1( )interrupt 3          //T1 定时中断子程序
{
TH1 = 0xff;                         //T1 重赋初值
TL1 = 0xff;
if(PWM == 0)i++;                    //PWM 低电平时,i 加 1
if(PWM == 1)j++;                    //PWM 高电平时,j 加 1
}
```

本例通过单片机 P2.1 引脚输出的 PWM 波来控制灯的明暗变化。PWM 控制电灯亮度变化的原理是：如果输出的 PWM 波高电平占空比小，低电平占空比就大，因为这个方波的频率特别快，而且又存在人眼的视觉暂留现象，我们看到的不是灯的闪烁，而是灯的亮度较暗；反之，如果 PWM 中高电平占空比增大，灯的亮度增加。这样，如果在输出 PWM 波的时候，连续控制高电平的占空比从大到小，再从小到大变化，就会看到灯的亮度在明暗交替的变化。

本例程序分别用变量 i、j 控制 PWM 波的低电平宽度和高电平宽度，并用 T1 定时中断，控制变量 i、j 在每个机器周期加 1。如果 PWM 为低电平，当变量 i 增加大于上限 k 时，控制 PWM 翻转为高电平，同时 i 清零，为下次控制低电平宽度做准备；再控制上限值 k 每次翻转后增加 5，使下一次输出 PWM 低电平宽度变宽；当 k 增加到上限时，再控制它减小，直到 k 的下限再增加。PWM 高电平的控制过程同理，用变量 j 与上限 m 比较，j 大于 m 时，控制 PWM 翻转为低电平，同时上限 m 的值又是变化的，先减小后增大，在上限和下限值之间变化，实现 PWM 波占空比的连续调节。

【例 7-3】 用 DAC0832 输出 0～+5V 的三角波电压。

分析：本例采用 DAC0832 的单缓冲方式，电路如图 7-6 所示。要使 DAC0832 输出电压是逐渐上升，再逐渐下降的三角波，只要让单片机从 P0.0～P0.7 引脚端输出不断增大的数据，当数据达到最大后，再逐渐减小即可。对于单片机来说，DAC0832 相当于片外存储器，因此，单片机可以采用对片外存储器操作的指令对它寻址。

```
# include < reg51.h >
# include < absacc.h >          //包括片外存储器操作指令的头文件
sbit cs = P2^7;                //定义 DAC0832 的控制口
sbit wr = P3^6;
void main()
{
 unsigned char i;
 cs = 0;                       //选中 DAC0832
 wr = 0;
 while(1)
 {
  for(i = 0;i < 255;i++)        //输出三角波的上坡数据
     XBYTE[0x7fff] = i;
  for(i = 255;i > 0;i-- )       //输出三角波的下坡数据
     XBYTE[0x7fff] = i;
 }
}
```

按照图 7-6 所示硬件电路图的接法，DAC0832 相当于单片机片外的存储器，地址为 7FFFH，所以通过 DAC0832 输出就是向外部存储器地址 7FFFH 写数据的过程，因此要用到访问外部存储器的指令"XBYTE[]"来访问地址 7FFFH，写为 XBYTE[7FFFH]，即该指令方括号里应写入要访问的地址，这个地址的数据类型为 unsigned int。这条指令包含在头文件"ABSACC. H"中,所以在程序的开始用指令"♯include < absacc. h >"声明了这个头文件。下面举例介绍指令"XBYTE[]"的用法:

```
x = XBYTE[0x000F];      //将外部存储器地址 0x000F 的值赋给变量 x,即读外部存储器
XBYTE[0x000F] = 0xA8;   //将数据 0xA8 赋给外部存储器地址 0x000F 的单元,即写外部存储器
```

本例主程序用指令"XBYTE[0x7fff]=i;"将变量 i 的值写入 DAC0832,并且变量 i 用 for 循环控制先是不断增加,当 i 达到最大值时,又不断下降,这样经过 DAC0832 输出模拟量,就形成了一个先上升再下降的三角波,while()循环执行一次就画出一个三角波,循环不断执行就可以画出一个连续不断的三角波。

按照图 7-6 所示电路的接法,单片机的 P2.7 和 P3.6 分别接到 DAC0832 内部 8 位输入寄存器和 8 位 DAC 寄存器的控制端,当 P2.7 和 P3.6 清零时,这两部分电路被选通,模拟电流信号才会输出。

习题

(1) 简述 A/D 转换器的工作原理。
(2) 简述 D/A 转换器的工作原理。
(3) 编程:用 XPT2046 采集光敏电阻的输出模拟电压,并在电压值超过上限时发出声光报警。
(4) 编程:用 DAC0832 输出 0~5V 矩形波。

本章小结

本章主要对 A/D 转换芯片 XPT2046 和 D/A 转换芯片 DAC0832 进行了介绍,并介绍了 A/D 和 D/A 转换的硬件和软件实现方法,提供了编程实例。本章的程序都很典型,包括模拟信号的采集、PWM 控制信号输出、模拟波形信号的输出,可作为学习 A/D 和 D/A 转换使用的参考,也可作为系统设计的参考。

第 8 章

串行口的应用

单片机与外部的信息交换称为通信。单片机与外部最常用的通信方式是串行通信,即通过单片机内部的串行通信口与外部设备进行数据交换。本章主要讲解串行口的结构、工作原理及方式设置,并在此基础上讲解串行口的硬件和软件设计。

8.1 基本概念

单片机之间的通信通常采用两种形式,即并行通信和串行通信。所谓并行通信,是指构成一组数据的各位同时进行传输的通信方式;串行通信是指数据一位一位地按顺序传输的通信方式。并行通信速度高,但数据线多、结构复杂、成本高,一般用于近距离通信。串行通信速度慢,但接线简单,适用于远距离通信。串行通信有两种基本方式:异步通信方式和同步通信方式。

1. 异步通信方式

这种方式中,数据是一帧一帧传送的,即一帧数据传送完成后,可以接着传送下一帧数据,也可以等待。数据传送格式如表 8-1 所示。

表 8-1 异步通信数据格式

低电平	八位数据(低位在前,高位在后)				奇偶校验位(可省略)	高电平
起始位	D0	D1	…	D7	奇偶校验位(可省略)	停止位

在异步通信中,为了确保收发双方通信速度的协调,事先必须设置好波特率。波特率是指单位时间内传送的二进制数据的位数,以 bps 为单位。它是衡量串行数据传输速度快慢的重要指标和参数。

2. 同步通信方式

在异步通信中,每个字符要用起始位和停止位作为字符开始和结束的标志,占用了时间,所以在传输数据块时,为了提高速度,常去掉这些标志,采用同步传送。由于数据块传输开始要用同步字符来指示,同时要求由时钟来实现发送端与接收端之间的同步,故硬件较复杂。单片机很少采用这种通信方式。

3. 串行通信的数据传输方向

串行数据传输是在两个通信端之间进行的。数据的传输方向有 3 种：单工通信、半双工通信、全双工通信。

- 单工通信：只允许一个方向传输数据，不能反向传输。
- 半双工通信：它允许两个方向传输数据，但只能交替进行，不能同时双向传输，两设备间只有一根传输线。
- 全双工通信：它允许两个方向同时传输数据，两个设备间有两根传输线。

4. 串行通信的差错控制

串行通信过程中，由于干扰的影响，数据难免会出现错误的翻转。为保证通信质量，要采用一定的检错和纠错的方法，这就是差错控制。以下就是串行通信的几种常用的差错控制方法。

- 奇偶校验：发送数据时，数据后面多发送一位奇偶校验位。奇检验时，数据中 1 的个数与校验位 1 的个数之和应为奇数，接收时检查 1 的个数，如果不是奇数，说明传输中数据出错；偶检验时，数据中 1 的个数与校验位 1 的个数之和应为偶数，接收时，如果检查不是偶数，说明传输中数据出错。出错可以请求发送端重发，实现纠错。
- 代码和校验：发送方将所发送数据字节求和，保留和的最低字节（校验和），附加在数据后发送。接收方收到数据后，对数据字节求和，如果求和结果的最低字节数据等于接收到的校验和，认为发送成功，否则认为发送失败。
- 循环冗余校验：这种方式是对发送数据进行模 2 运算，并把运算结果的余数附在数据后发送。接收端收到上述数据后，再进行模 2 运算，如果运算结果的余数为 0，说明发送成功，否则发送失败。失败时，可以根据余数查出错位表，进行自动纠错。

8.2 串行口的结构

51 单片机有一个可编程的全双工串行通信接口，通过它可进行异步通信，其结构如图 8-1 所示。

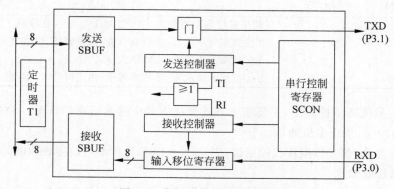

图 8-1 串行通信口的内部结构

1. 两个数据缓冲器(SBUF)

SBUF 是一个特殊功能寄存器,它包括发送数据缓冲寄存器 SUBF、接收数据缓冲寄存器 SBUF。前者用来发送串行数据,后者用来接收串行数据。两者共用一个地址 99H。发送数据时,该地址指向发送 SBUF;接收数据时,该地址指向接收 SBUF。

2. 输入移位寄存器

其功能是在接收控制器的控制下,将输入的数据位逐位移入接收 SBUF。

3. 串行控制寄存器(SCON)

其功能是控制串行通信的工作方式,并反映串行通信口的工作状态。

4. 定时器 T1

它用作波特率发生器,用来控制传输数据的速度。

8.3　串行口控制寄存器

在 51 单片机的特殊功能寄存器中,有 4 个与串行通信有关,分别为 SCON、PCON、IE 和 IP。其中,SCON 和 PCON 直接控制串行口的工作方式。

1. 串行控制寄存器(SCON)

SCON 用于设置串行口的工作方式,监视串行口工作状态,发送与接收的状态控制等。它是一个既可字节寻址又可位寻址的特殊功能寄存器,字节地址为 98H。SCON 的格式见表 8-2 所示。

表 8-2　SCON 的格式

BIT7	BIT6	BIT5	BIT4	BIT3	BIT2	BIT1	BIT0
SM0	SM1	SM2	REN	TB8	RB8	TI	RI

(1) SM0、SM1:串行口工作方式的选择位,可选择 4 种工作方式,见表 8-3。

表 8-3　串行口的 4 种工作方式

SM0	SM1	工作方式	功　能　说　明
0	0	0	同步移位寄存器方式(用于扩展 I/O 口),波特率 $f_{osc}/12$
0	1	1	8 位数据异步收发,波特率可变(由定时器 T1 设置)
1	0	2	9 位数据异步收发,波特率为 $f_{osc}/64$ 或 $f_{osc}/32$
1	1	3	9 位数据异步收发,波特率可变(由定时器 T1 设置)

(2) SM2:多机通信控制位,主要用于方式 2 或方式 3 的多机通信情况。SM2=1,允许多机通信;SM2=0,禁止多机通信。

(3) REN:允许/禁止数据接收控制位,当 REN=1 时,允许串行口接收数据;当 REN=0 时,禁止串行口接收数据。

(4) TB8:发送数据的第 9 位,在方式 2 或方式 3 中,通常用作数据的校验位,也可在多机通信时用作地址帧或数据帧的标志位。

（5）RB8：在方式 2 或方式 3 中，为要接收数据的第 9 位。在方式 1 中，若 SM2＝0，则 RB8 是接收到的停止位。

（6）TI：发送中断标志位。串行口在工作方式 0 时，串行发送第 8 位数据结束时，TI 由硬件自动置 1，向 CPU 发送中断请求，在 CPU 响应中断后，必须用软件清零；在其他几种工作方式中，该位在停止位开始发送前自动置 1，向 CPU 发送中断请求，在 CPU 响应中断后，也必须用软件清零。

（7）RI：接收中断标志。串行口在工作方式 0 时，接收完第 8 位数据后，RI 由硬件自动置 1，向 CPU 发出中断请求，在 CPU 响应中断后，必须用软件清零；在其他几种工作方式中，该位在接收到停止位时自动置 1，向 CPU 发出中断请求，在 CPU 响应中断取走数据后，必须用软件对该位清零，以准备开始接收下一帧数据。

在系统复位时，SCON 的所有位均被清零。

2．电源控制寄存器（PCON）

该寄存器的字节地址为 87H，不能进行位寻址。PCON 中的第 7 位 SMOD 与串行口有关，PCON 的格式见表 8-4 所示。

表 8-4　PCON 的格式

BIT7	BIT6	BIT5	BIT4	BIT3	BIT2	BIT1	BIT0
SMOD	—	—	—	GF1	GF0	PD	IDL

SMOD 为波特率选择位，在方式 1、方式 2 和方式 3 时起作用。若 SMOD＝0，波特率不变；若 SMOD＝1，波特率加倍。当系统复位时，SMOD＝0。控制字中其余各位与串行口无关。

8.4　工作方式与波特率设置

51 单片机串行口有 4 种工作方式，下面简要介绍它们的工作原理。

1．方式 0

串行口的工作方式 0 为同步移位寄存器输入/输出方式。这种方式不是用于两个单片机之间的异步串行通信，而是用于串行口外接移位寄存器，以扩展并行 I/O 口。方式 0 以八位数据为一帧，没有起始位和停止位，先发送或接收最低位。波特率是固定的，为 $f_{out}/12$。方式 0 的帧格式如图 8-2 所示。

图 8-2　方式 0 的帧格式

1）数据发送

方式 0 的发送过程是：当 CPU 执行一条将数据写入发送缓冲器 SBUF 的指令时，产生一个正脉冲,串行口开始把 SBUF 中的八位数据以 $f_{out}/12$ 的固定波特率从 RXD 引脚串行输出,低位在先,TXD 引脚输出同步移位脉冲,发送完八位数据,中断标志位 TI 置 1。方式 0 的发送时序图如图 8-3 所示。

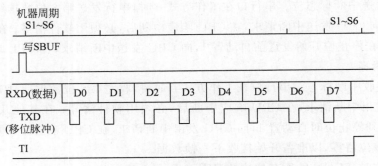

图 8-3　方式 0 发送时序图

当串行通信口工作在方式 0 时,若要发送数据,通常需外接八位串/并转换移位寄存器 74LS164,具体连接电路如图 8-4 所示。其中,RXD 端用来输出串行数据;TXD 端用来输出移位脉冲;P1.7 引脚用来对 74LS164 清零。

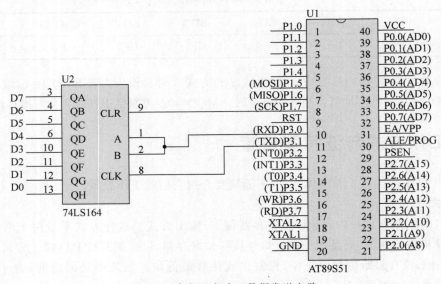

图 8-4　串行口方式 0 数据发送电路

发送数据前,P1.7 先发出一个清零信号(低电平)到 74LS164 的第九脚,对其进行清零,并使 D0~D7 全部为 0。然后让单片机执行写 SBUF 命令,只要将数据写入 SBUF,单片机即自动开始发送数据,从 RXD(P3.0)引脚送出八位数据。与此同时,单片机 TXD 端输出移位脉冲到 74LS164 的第八引脚(时钟端),使 74LS164 按照先低后高的原则从 RXD 端接收八位数据。数据发送完毕,74LS164 的 D7~D0 端即输出八位数据。最后,数据发送完毕后,SCON 的发送中断标志位 TI 自动置 1。为继续发送数据,需用软件将其清零。

2）数据接收

方式 0 接收时,REN 为串行口允许接收控制位,REN＝0,禁止接收；REN＝1,允许接收。当 CPU 向串行口的 SCON 寄存器写入控制字（设置为方式 0,并使 REN 位置 1,同时 RI＝0）时,产生一个正脉冲,串行口开始接收数据。引脚 RXD 为数据输入端,TXD 为移位脉冲信号输出端,接收器以 $f_{out}/12$ 的固定波特率采样 RXD 引脚的数据信息,当接收器接收完八位数据时,中断标志置 1,表示一帧数据接收完毕,可进行下一帧数据的接收,时序如图 8-5 所示。

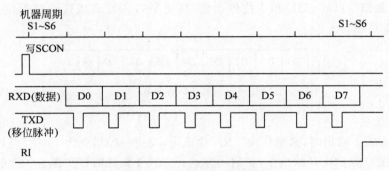

图 8-5　方式 0 接收时序图

若要接收数据,需要外部接八位并/串转换移位寄存器 74LS165,连接电路如图 8-6 所示。这时,RXD 端用来接收输入的串行数据,TXD 端用来输出移位脉冲,P3.7 端用来对 74LS165 的数据进行锁存。

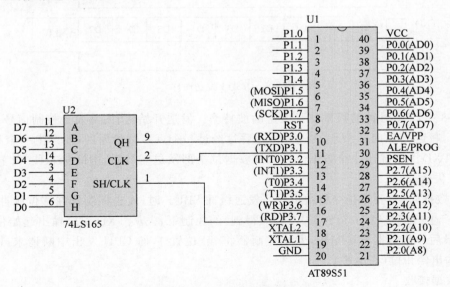

图 8-6　串行口方式 0 数据接收电路

首先,从 P3.7 引脚发出一个低电平信号到 74LS165 的引脚 1,对于由 D7～D0 端输入的八位数据进行锁存,然后由单片机执行读 SBUF 指令(开始接收数据)。同时,TXD 端送移位脉冲到 74LS165 的第二引脚(CLK 端),使数据逐位从 RXD 端送入单片机。在串行口接收到一帧数据后,中断标志 RI 自动置位,如果要继续接收数据,需用软件将 RI 清 0。

在方式 0 中,串行口发送和接收数据的波特率都是 $f_{osc}/12$。

2. 方式 1

方式 1 为双机串行通信方式,TXD 和 RXD 脚分别用于发送和接收数据。当 SM0SM1＝01 时,串行通信口工作于方式 1。此时,可发送或接收的一帧信息共 10 位,包括 1 位起始位(低电平)、8 位数据位(D0～D7)和 1 位停止位(高电平),先发送或接收最低位。方式 1 的帧格式如图 8-7 所示。

图 8-7　方式 1 的帧格式

1) 数据发送

串行口以方式 1 输出时,数据位由 TXD 端输出,发送一帧信息为 10 位,当 CPU 执行一条数据写发送缓冲器 SBUF 的指令,就启动发送。方式 1 发送时序如图 8-8 所示。

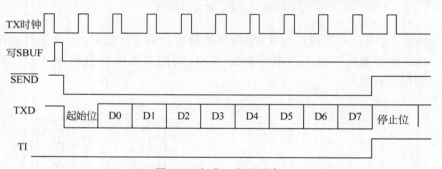

图 8-8　方式 1 发送时序

图 8-8 中,TX 时钟的频率就是发送的波特率。发送开始时,内部发送控制信号 $\overline{\text{SEND}}$ 变为有效,将起始位向 TXD 引脚输出,此后每经过一个 TX 时钟周期,便产生一个移位脉冲,并由 TXD 引脚输出一个数据位。八位数据位全部发送完毕后,中断标志位 TI 置 1,然后 $\overline{\text{SEND}}$ 失效。

发送数据时,只要用指令将数据写入发送缓冲 SBUF 时,发送控制器在移位脉冲(由定时器 T1 产生的信号经 16 分频或 32 分频得到)的控制下,先从 TXD 引脚输出起始位、8 位数据,当最后一位数据发送完毕,发送控制器将 TI 位置 1,向 CPU 发出中断请求,同时从 TXD 端输出停止位(高电平)。

2) 数据接收

在 REN＝1 时,方式 1 允许接收,数据从 RXD 引脚输入。串行口开始采样 RXD 引脚,当采样到1至0的负跳变信号时，确认是开始位0，就开始启动接收，将输入的8位数据逐位移入内部的输入移位寄存器。如果接收不到起始位，则重新检测RXD引脚上是否有负跳变信号。方式1接收时序如图8-9所示。

RX时钟
RXD
起始位
D0
D1
D2
D3
D4
D5
D6
D7
停止位
位检测采样
RI

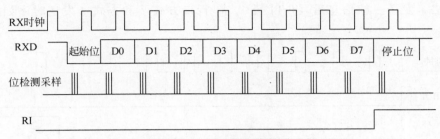

图8-9 方式1接收时序

接收时，定时控制信号有两种，一种是接收移位时钟（RX时钟），它的频率和传送的波特率相同；另一种是位检测器采样脉冲，它的频率是RX时钟的16倍。也就是在一位数据期间，有16个采样脉冲，以波特率的16倍速率采样RXD引脚状态。当采样到RXD端从1到0的负跳变时就启动检测器，接收的值是3次连续采样取其中两次相同的值，以确认是否是真正的起始位的开始，这样能较好地消除干扰引起的影响，以保证可靠无误地接收数据。

当确认起始位有效时，开始接收一帧信息。接收每一位数据时，也都进行3次连续采样，接收的值是3次采样中至少两次相同的值，以保证接收到的数据位的准确性。当一帧数据接收完毕后，必须同时满足以下两个条件，这次接收才真正有效。

- RI=0，即上一帧数据接收完成时，RI=1发出的中断请求已响应，SBUF中的数据已被取走，说明"接收SBUF"已空。
- SM2=0或接收到的停止位=1（方式1时，停止位已进入RB8），则将接收到的数据装入SBUF和RB8（装入的是停止位），且中断标志RI置1。

若不能同时满足这两个条件，收到的数据不能装入SBUF，这意味着该帧数据将丢失。

3. 方式2

串行口的工作于方式2和方式3时，被定义为9位异步通信接口。每帧数据均为11位，即1位起始位0，8位数据位，1位可编程的第9位数据和1位停止位。其中第9位数据（TB8）可作为奇偶校验位，也可作为多机通信的数据、地址标志位。方式2、方式3的帧格式如图8-10所示。

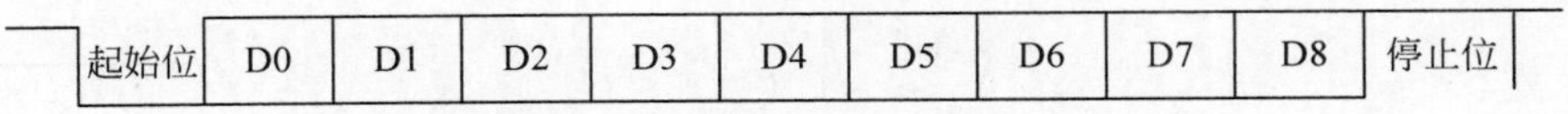

起始位
D0
D1
D2
D3
D4
D5
D6
D7
D8
停止位

图8-10 串行口方式2、方式3的帧格式

方式2的波特率由下式确定：

$$\text{方式 2 的波特率} = \frac{2^{\text{SMOD}}}{64} \times f_{\text{OSC}}$$

1) 数据发送

发送前,先根据通信协议由软件设置 TB8(第 9 位数据)。然后将要发送的数据写入 SBUF,即可启动发送过程。串行口能自动将 TB8 取走,并装入第 9 位数据位的位置,再逐一发送出去。发送一帧信息后,将 TI 置 1。串行口方式 2 和方式 3 发送时序如图 8-11 所示。

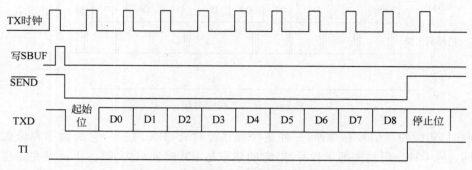

图 8-11　串行口方式 2 和方式 3 发送时序

2) 数据接收

在方式 2 时,需要先设置 SCON 中的 REN=1,串行口才允许接收数据,然后当 RXD 端检测到有负跳变时,即说明外部设备发来了数据起始位,开始接收数据。接收完毕后,必须同时满足以下两个条件,这帧数据接收才有效。

① RI=0,表示接收缓冲器为空。

② SM2=0,或接收到的第 9 位数据 RB8=1。

当上述两个条件满足时,将接收到的数据送入 SBUF(接收缓冲器),并将第 9 位数据送入 RB8,并由硬件自动置 RI 为 1。不满足条件时,接收的信息被丢弃。

串行口方式 2 和方式 3 接收时序如图 8-12 所示。

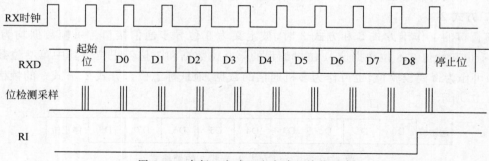

图 8-12　串行口方式 2 和方式 3 接收时序

4. 方式 3

当 SM0SM1=11 时,串行口工作于方式 3。方式 3 是波特率可变的 9 位异步通信方式,方式 3 与方式 2 一样,传送的一帧数据都是 11 位的,工作原理也相同。区别仅在于波特率不同。

方式 3 的波特率由下式确定：

$$方式 3 的波特率 = \frac{2^{\text{SMOD}}}{32} \times 定时器 T1 的溢出率$$

5. 波特率设置

在串行通信中，收发双方对发送或接收数据的速率要有约定。通过编程可对单片机串行口设定为 4 种工作方式，其中，方式 0 和方式 2 的波特率是固定的，而方式 1 和方式 3 的波特率是可变的，由定时器 T1 的溢出率来决定。

串行口的 4 种工作方式对应于 3 种波特率。由于输入的移位时钟的来源不同，所以各种方式的波特率计算公式也不相同，以下是 4 种方式波特率的计算公式。

$$方式 0 的波特率 = f_{\text{osc}}/12$$
$$方式 1 的波特率 = (2^{\text{SMOD}}/32) \times (T1 溢出率)$$
$$方式 2 的波特率 = (2^{\text{SMOD}}/64) \times f_{\text{osc}}$$
$$方式 3 的波特率 = (2^{\text{SMOD}}/32) \times (T1 溢出率)$$

式中，f_{osc} 为系统晶振频率，通常为 12MHz 或 11.0592MHz；SMOD 是 PCON 寄存器的最高位。

T1 溢出率就是 T1 定时器溢出的频率，只要算出 T1 定时器每溢出一次所需的时间 T，其倒数 $1/T$ 就是它的溢出率。若设定定时器 T1 每 20ms 溢出一次，那么其溢出率就为 50Hz，再将 50 代入串口波特率计算公式中，即可求出相应的波特率，当然也可根据波特率反推出定时器的溢出率，进而计算出定时器的初值。通常单片机在通信时，波特率较高，因此 T1 溢出率也较高，如果采用 T1 定时方式 1 需要在中断里重赋初值，容易产生定时的误差，多次溢出会累积出错。为减小累积误差，可以使用 T1 定时方式 2，在方式 2 下初值自动重装可减小误差。

在串口波特率设置时，一般是先有一个期望的波特率值，再计算定时器的初值，并把初值计算结果写入串口初始化子程序，完成设置。如何根据已知的波特率来计算定时器初值呢？下面通过一个例子进行说明。

已知串行口为方式 1，波特率为 9600bps，单片机采用的晶振频率为 11.0592MHz，假设定时器 T1 装入的初值为 X，T1 每次溢出要计数 $256 - X$ 个，每计一个数的时间是一个机器周期，一个机器周期为 12 个振荡周期，所以计一个数的时间是 12/11.0592MHz(s)，定时器溢出一次的时间是 $(256 - X) \times 12/11.0592\text{MHz(s)}$。求 T1 的溢出率还要对它取倒数。

串行口方式 1 的波特率计算公式为：

$$波特率 = (2^{\text{SMOD}}/32) \times (T1 溢出率)$$

如果取 SMOD=0，并将波特率值和溢出率的公式代入，得：

$$9600 = (1/32) \times 11059200 / [(256 - X) \times 12]$$

由上式求得 $X = 253 = 0\text{xfd}$。

如果取 SMOD=1，计算得 $X = 250 = 0\text{xfa}$。

在其他参数不变的情况下,SMOD 为 1 时的波特率是 SMOD 为 0 时的波特率的两倍。

串行口在通信时,一般波特率通常按规范取为 1200bps、2400bps、9600bps……,若采用整数的晶振频率,如 12MHz、6MHz 等,按上述方法计算出的 T1 初值将不是一个整数,如果把这个初值取整,写入初始化程序,就会在通信时产生波特率积累误差,引起串行通信出错。而采用 11.0592MHz 晶振,计算出的 T1 初值会是一个整数,把这个值写入初始化子程序,就可以得到一个精确的波特率值,避免波特率误差引起的通信出错。这就是为什么晶振多采用 11.0592MHz 的原因。

6.多机通信

多个单片机可利用串行口进行多机通信,经常采用的是如图 8-13 所示的主从式结构。

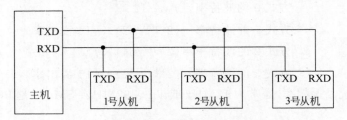

图 8-13　多机通信系统示意图

该多机系统中具有由 1 个主机(单片机或其他具有串行接口的计算机)和 3 个(也可以更多个)单片机组成的从机系统,主机的 RXD 与所有从机的 TXD 相连,TXD 与所有从机的 RXD 相连。假设图中 3 个从机的地址分别为 01H、02H、03H。

主从式是指在多个单片机组成的系统中,只有一个主机,其余全是从机。主机发送的信息可以被所有从机接收,任何一个从机发送的信息只能由主机接收。从机和从机之间不能相互进行直接的通信,从机和从机之间的通信只能经主机才能实现。

介绍多机通信的工作原理如下。串行口控制寄存器 SCON 中的 SM2 位是多机通信控制位,在串行方式 2、方式 3 时,若 SM2＝1 表示进行多机通信,它在接收时和 RB8 位配合选择与主机通信的从机,接收时可能出现以下几种情况:

- SM2＝1,主机发送的第 9 位数据 RB8＝1 时,从机将前 8 位数据装入 SBUF,置位中断标志 RI＝1,向 CPU 发出中断请求,将数据存入数据缓冲区。
- SM2＝1,主机发送的第 9 位数据 RB8＝0 时,从机不产生中断,不接收主机的数据。
- 若 SM2＝0,则接收的第 9 位数据不论是 0 还是 1,从机都将产生 RI＝1 中断标志,将接收的数据装入 SBUF 中。

51 单片机的多机通信工作过程如下:

- 从机初始化为方式 2 或方式 3 接收,开串口中断,且 SM2、RB8 置 1,此时从机处于多机通信且接收地址帧的状态。
- 主机通信之前,先将准备接收数据的从机地址发送给各个从机,再传送数据,主机发送的地址帧第 9 位(TB8)为 1,数据(或命令)帧的第 9 位为 0。主机向各从机发送地址帧时,各从机接收到的第 9 位(RB8)为 1,此时从机的 SM2＝1,RI＝1 各从机响应中断。各从机判断主机送来的地址是否是本机地址,如果是,该从机 SM2 清 0,准备接收主机的数据或命令;如果地址不相符,则保持 SM2＝1 状态。

- 主机发送数据(或命令)帧,第 9 位(TB8)为 0。此时只有与主机发送地址相符的从机才能接收主机发送的数据;与主机地址不相符的从机,由于 SM2＝1,又有 RB8＝0,不能接收主机发来的数据帧,保证了主机与从机间通信的正确性。此时主机与从机之间的通信已经设置为单机通信模式,通信双方要保持数据第 9 位为 0,防止其他从机错误地接收数据。

- 结束通信时,与主机通信的从机要恢复为多机通信模式,即使 SM2＝1,为下一次多机通信做好准备。

8.5 串行通信的实现

8.5.1 硬件实现

学习板上的串口通信基于 USB 总线的转换芯片 CH340,硬件电路如图 8-14 所示。图中 D－、D＋端接到与上位机通信的 USB 接口上;RXD、TXD 接单片机的串行通信引脚。这样,通过芯片 CH340 即可实现单片机串口信号转 USB 信号的功能,通过 USB 接口单片机就能与上位机通信了。其中,1N4148 是高速开关二极管,它可以防止串口插上后单片机馈电,干扰系统。

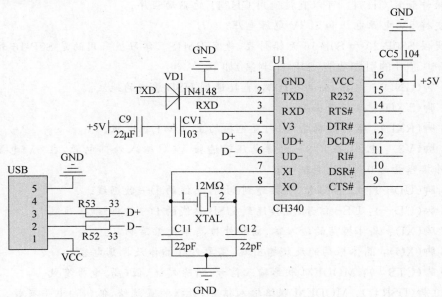

图 8-14 学习板上的串行接口电路

我们接下来了解 CH340 芯片的工作原理。CH340 是一个 USB 总线的转换芯片,实现 USB 转串口、USB 转 lrDA 红外或者 USB 转打印口。在串口方式下,CH340 提供常用的 MODEM 联络信号,用于为计算机扩展异步串口,或者将普通的串口设备直接升级到 USB 总线。在红外方式下,CH340 外加红外收发器,即可构成 USB 红外线适配器,实现 SIR 红外线通信。CH340 构成系统的示意图如图 8-15 所示。

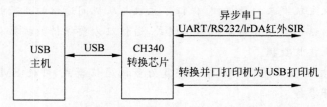

图 8-15　CH340 构成系统的示意图

CH340 芯片的特点如下:

- 全速 USB 设备接口,兼容 USB V2.0,外围元器件只需要晶体和电容。
- 仿真标准串口,用于升级原串口外围设备,或者通过 USB 增加额外串口。
- 计算机端 Windows 操作系统下的串口应用程序完全兼容,无须修改。
- 硬件全双工串口,内置收发缓冲区,支持通信波特率为 50bps～2Mbps。
- 支持常用的 MODEM 联络信号 RTS、DTR、DCD、RI、DSR、CTS。
- 通过外加电平转换器,提供 RS-232、RS-485、RS-422 等接口。
- 支持 lrDA 规范 SIR 红外线通信,支持波特率为 2400～115200bps。
- 软件兼容 CH341,可以直接使用 CH341 的驱动程序。
- 支持 5V 电源电压和 3.3V 电源电压。
- 提供 SSOP-20 和 SOP-16 无铅封装,兼容 RoHS。学习板采用的是 SOP-16 封装。

CH340 芯片的引脚功能(SOP-16 封装)如下:

- 1 脚(GND):电源,公共接地端,直接连到 USB 总线的地线。
- 2 脚(TXD):串行数据输出。
- 3 脚(RXD):串行数据输入,内置可控的上拉和下拉电阻。
- 4 脚(V3):电源,在 3.3V 电源电压时连接 VCC 输入外部电源,在 5V 电源电压时外接容量为 0.01μF 退耦电容。
- 5 脚(UD+):USB 信号,直接连到 USB 总线的 D+ 数据线。
- 6 脚(UD−):USB 信号,直接连到 USB 总线的 D− 数据线。
- 7 脚(XI):晶体振荡的输入端,需要外接晶体及振荡电容。
- 8 脚(XO):晶体振荡的反相输出端,需要外接晶体及振荡电容。
- 9 脚(CTS#):MODEM 联络输入信号,清除发送,低(高)电平有效。
- 10 脚(DSR#):MODEM 联络输入信号,数据装置就绪,低(高)电平有效。
- 11 脚(RI#):MODEM 联络输入信号,振铃指示,低(高)电平有效。

- 12 脚(DCD♯)：MODEM 联络输入信号,载波检测,低(高)电平有效。
- 13 脚(DTR♯)：MODEM 联络输出信号,数据终端就绪,低(高)电平有效。
- 14 脚(RTS♯)：MODEM 联络输出信号,请求发送,低(高)电平有效。
- 15 脚(R232)：输入端,辅助 RS232 使能,高电平有效,内置下拉电阻。
- 16 脚(VCC)：电源,正电源输入端,需要外接 0.1μF 电源退耦电容。

CH340 芯片内置了 USB 上拉电阻,UD＋和 UD－引脚应该直接连接到 USB 总线上;芯片内置了电源上电复位电路;芯片正常工作时,需要外部向 XI 引脚提供频率为 12MHz 的时钟信号。一般情况下,时钟信号由芯片内置的反相器通过晶体稳频振荡产生。芯片自动支持 USB 设备挂起以节约功耗;异步串口方式下,芯片的引脚包括数据传输引脚、MODEM 联络信号引脚、辅助引脚;芯片内置了独立的收发缓冲区,支持单工、半双工或全双工异步串行通信,串行数据包括 1 个低电平起始位,5～8 个数据位,1 或 2 个高电平停止位,支持奇偶校验/标志校验/空白校验;串口发送信号的波特率误差小于 0.3％,串口接收信号的允许波特率误差不小于 2％。在 Windows 操作系统下,芯片驱动程序能够仿真标准串口,所以绝大部分原串口应用程序完全兼容,通常不需要作任何修改。

8.5.2 软件实现

【例 8-1】 将单片机通过串口接收到的上位机数据返回上位机。

例 8-1 详解

```c
#include<reg51.h>
void main()
{
    TMOD = 0x20;              //T1 设为方式 2 定时
    PCON = 0x80;              //波特率加倍
    TH1 = 0xf3;               //设 T1 初值,波特率为 4800bps
    TL1 = 0xf3;
    SM0 = 0;                  //串口设为方式 1 允许接收
    SM1 = 1;
    REN = 1;
    TR1 = 1;                  //启动 T1
    EA = 1;                   //开总中断
    ES = 1;                   //开串口中断
    while(1);                 //等待中断
}
void receive()interrupt 4     //串口中断子程序
{
    unsigned char i;
    ES = 0;                   //关串口中断
    i = SBUF;                 //读串口接收的数据
    RI = 0;                   //清接收中断标志位
    SBUF = i;                 //发送数据
    while(!TI);               //等待发送完成
```

```
TI = 0;                    //清发送中断标志位
ES = 1;                    //开串口中断
}
```

本例先在主程序中进行了初始化,设置串口为工作方式 1。串行口方式 1 是八位异步收发,波特率可变,波特率和 T1 的溢出率有关。由前面波特率的计算公式可知,波特率取决于晶振频率、定时器 T1 的初值、SMOD 的值。本例程序设置了 PCON＝0x80、TH1＝TL1＝0xf3,就决定了单片机串行通信的波特率为 4800bps。上位机在和单片机通信时,也要采用同样的波特率,才能保证正常的通信。程序在设置串口控制寄存器 SCON 时,同时使 REN＝1,即允许接收上位机发给单片机的信息。程序采用中断方式处理串行信息,所以主程序中使能了串口中断。

当程序跳转到串口中断子程序时,串口产生接收中断,串口数据已经接收到了寄存器 SBUF 中,同时接收中断标志位 RI 自动置 1。因为产生接收中断后,RI 不能自动清 0,所以接收数据后,一定要先对 RI 清 0。SBUF 在串口接收时是接收缓冲器,它在串口发送时又是发送缓冲器。所以在发送时,指令"SBUF＝i;"把数据写入发送缓冲器,此时已经启动了串行数据的发送。但发送是否完成,则要根据 TI 的状态判断,指令"while(!TI);"在 TI＝0 时就一直等待,一旦发送完成,TI 自动置 1,再用软件使 TI 清 0。

根据本例要求,上位机需要先通过串口发数据给学习板。所以实验时,把程序烧入单片机后,先要在上位机打开串口调试助手,注意,在它的界面上选择的波特率一定是和单片机设置的相同,本例应选择 4800。然后,在输入数据窗口输入要发送的数据,再手动发送,就会在接收窗口看到相同的数据出现,即调试成功。串口调试助手软件界面如图 8-16 所示。

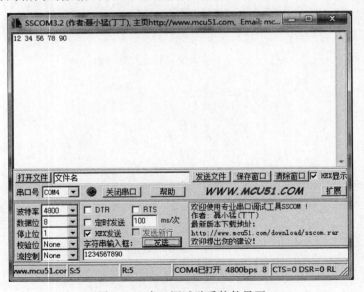

图 8-16   串口调试助手软件界面

由图 8-16 可见,实验中通过串口调试助手发送了十六进制数"1234567890",接收到的数据和输入数据相同。

【例 8-2】　单片机通过串口接收上位机发送的 **4** 个字节(十六进制数)。

要求:接收的第 4 个字节数据是前 3 个字节的校验和;接收到每个字节数据时,数码管同时显示这个数据;如果数据经校验无错误,数码管显示 AA;如果数据经校验有错,数码管显示 BB。

例 8-2 详解

```
# include < reg51.h >
unsigned char code led[ ] = {0x3f,0x06,0x5b,0x4f,0x66,0x6d,0x7d,0x07,0x7f,0x6f,
0x77,0x7c,0x39,0x5e,0x79,0x71};            //数码管显示代码
unsigned char a,b,c,d,e = 0;
delay()
{
    unsigned int i,j;
    for(i = 0;i < 1;i++)
    for(j = 0;j < 110;j++);
}
void main()
{
  TMOD = 0x20;                             //T1 初始化为定时方式 2
  PCON = 0x80;                             //波特率加倍
  TH1 = 0xf3;                              //T1 赋初值,波特率为 4800bps
  TL1 = 0xf3;
  TR1 = 1;                                 //启动 T1
  SM0 = 0;                                 //串口方式 1
  SM1 = 1;
  REN = 1;                                 //允许接收
  EA = 1;                                  //开中断
  ES = 1;
  c = 0;
  b = 0;
  d = 0;
  while(1)
   {
      P2 = 0xe3;                           //数码管最低两位显示接收到的数据
      P0 = led[c];
      delay();
      P2 = 0xe7;
      P0 = led[b];
      delay();
      P0 = 0;
   }
 }
void receive()interrupt 4                  //串口中断子程序
{
  ES = 0;                                  //关串口中断
  RI = 0;                                  //清除接收中断标志位
```

```
a = SBUF;                              //接收数据
b = a/16;                              //取接收数据的高位
c = a % 16;                            //取接收数据的低位
e++;                                   //记录接收数据的个数
if(e < 4){d = d + a;}                  //接收到的前三个数,用d累加求和
 else {
        e = 0;                         //接收到校验和
        if(d == a){c = 0x0a;b = 0x0a;} //如果校验和和d相等,显示AA
        else {c = 0x0b;b = 0x0b;}      //如果校验和和d不等,显示BB
        d = 0;
        }
   ES = 1;                             //开串口中断
}
```

本例程序通过校验和的形式,来检查一次通信中有没有数据传输错误。校验和是在发送数据的后面增加的一个字节数据,它把前面所有发送数据相加,结果保留最低字节,附加在发送信息的后面;接收时也用同样的方法相加,如果相加结果等于收到的校验和,证明通信正确,否则通信失败。通信失败可以请求发送端重发,实现纠错。校验和是在串行通信中常用的一种差错控制方法,它既简单,又有效。

本例主程序首先初始化了串行口为方式1,设置通信波特率为4800bps,并开放了串口中断。然后,主程序循环用数码管的最低两位显示接收到的十六进制数,在没有接收到数据之前,数码管显示00。

当串口接收到数据时,程序会自动跳转到串口中断子程序中。进入中断后,先关中断,清除中断标志,接收数据;然后把接收到的数据分成高位、低位存在b、c中;用变量e记录接收到的数据字节数;如果接收到的数据字节少于4个,就把它们的和累加到变量d中;如果接收到最后一个字节校验和,就把它的值和变量d比较,如果相等,证明传输正确,让数码管显示AA,否则让数码管显示BB。

【例8-3】 用串行口方式0扩展并行口控制流水灯状态。

让单片机工作在串口方式0,单片机外挂串/并转换芯片74LS164,该芯片的并行输出口驱动8个发光二极管,用单片机的串行口驱动8个LED流水点亮。电路如图8-17所示。由图可见,当74LS164给某个LED的控制端送低电平时,此LED点亮;送出高电平时,此LED熄灭。

程序如下:

```
# include < reg51. h>
# include < intrins. h>          //包含空操作和循环移位指令的头文件
sbit P17 = P1^7;                 //定义74LS164的清0控制端
# define uchar unsigned char
# define uint unsigned int
void send(uchar dat)             //发送数据子程序
{
```

```
    P17 = 0;                                //清 0 74LS164
    _nop_();
    _nop_();
    P17 = 1;                                //结束清 0
    SBUF = dat;                             //启动数据发送
    while(TI == 0);                         //等待发送完毕
    TI = 0;                                 //清 0 发送标志
}
void delay(uint x)                          //延时 xms
{
 uint i,j;
 for(i = x;i > 0;i-- )
 for(j = 110;j > 0;j-- );
}
void main()
{
 uchar k,i;
 k = 0xfe;
 SM0 = 0;                                   //串口方式 0
 SM1 = 0;
 while(1)
 {
  send(k);                                  //发送数据 k
  k = _crol_(k,1);                          //k 左移一位
  delay(100);
 }
}
```

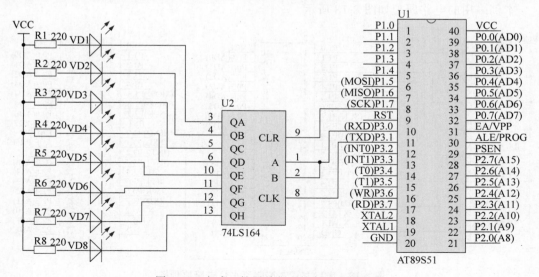

图 8-17　方式 0 扩展并行口控制流水灯电路

本例是一个用单片机的串行口扩展并行口的实例,如果单片机需要并行口的数量较多,可以用本例的方法增加并行口的数量。

要使单片机串口工作于方式0,通过指令"SM0＝0；SM1＝0；"即可选择串口方式0。主程序在初始化串口后,要循环不停地向串口发送数据,控制流水灯的点亮状态。

子函数 send()的作用是发送一个字节数据,发送数据之前先向 74LS164 发出一个清0信号,然后再将一个字节数据写入发送缓冲器 SBUF,此时单片机开始自动数据发送,但发送是否完成,则要通过标志位 TI 判断,发送未完成时 TI 为 0,一旦发送完成,TI 被置1,如果检测到 TI＝1,则证明发送完成,即退出发送过程,并将 TI 赋值为 0,为下次发送做准备。

程序中变量 k 用于控制流水灯状态,初始化时 k 赋初值为 0xfe,展开成二进制数为 1111 1110B,根据硬件接线可知,此时 k 送串口可使最低位的 LED 点亮。程序中每次在用指令"send(k);"将 k 送串口后,都用指令"k＝_crol_(k,1);"将 k 值循环左移一位,下次 k 值再送串口就会使点亮的 LED 再循环左移一位,直到最高位的 LED 点亮,完成一个循环,形成流水点亮的效果。

【例 8-4】　采用串口方式 3 发送数据控制流水灯点亮。

要求:两个单片机工作于串口方式 3,波特率为 9600bps,其中一个单片机通过串口发送流水灯控制码,另一个单片机接收,并用该控制码点亮它的并口的 8 位 LED。

本例的方式 3 比方式 1 多了一个第 9 位,该位可用作奇偶校验位,它在接收到的 8 位二进制数出错时进行奇偶校验,即将接收的第 9 位(RB8)与奇偶校验位比较,若相同,则接收数据,若不同,则不接收数据。

本例采用的电路原理如图 8-18 所示。

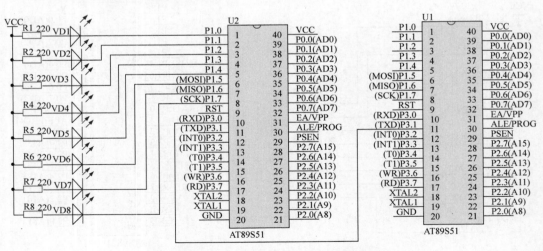

图 8-18　串口方式 3 控制流水灯电路原理图

图 8-18 中单片机 U1 串行发送数据程序如下：

```
# include < reg51.h >
# include < intrins.h >            //包含循环移位指令的头文件
# define uchar unsigned char
# define uint unsigned int
sbit p = PSW^0;                     //定义 PSW 的第 0 位,即奇偶校验位
void send(uchar a)                  //发送一个字节数据子程序
{
 ACC = a;                           //要发送的数据放入累加器
 TB8 = p;                           //奇偶校验位放入发送的第 9 位
 SBUF = a;                          //启动发送
 while(!TI);                        //等待发送完成
 TI = 0;                            //发送完毕,标志位清 0
}
void delay(uint x)                  //延时 xms
{
 uint i,j;
 for(i = x;i > 0;i -- )
 for(j = 110;j > 0;j -- );
}
void main()
{
 uchar i,k;
 TMOD = 0x20;                       //T1 为方式 2 定时
 SM1 = 1;                           //串口设为方式 3
 SM0 = 1;
 PCON = 0;                          //波特率不加倍
 TH1 = 0xfd;                        //设置 T1 初值
 TL1 = 0xfd;
 TR1 = 1;                           //启动 T1
 k = 0xfe;
 while(1)
 {
     send(k);                       //发送变量 k 的当前值
     k = _crol_(k,1);               //变量 k 循环左移一位
     delay(100);
 }
}
```

在串口方式 3 时,波特率取决于晶振频率、定时器 T1 的初值、SMOD 的值。本例程序设置了 PCON=0、TH1=TL1=0xfd,就决定了单片机串行通信的波特率为 9600bps。

因为方式 3 需要传送 9 位数据,并把奇偶校验位作为第 9 位,所以在程序的开始用指令"sbit p=PSW^0;"定义了程序状态字寄存器 PSW 的第 0 位,即奇偶校验位。因为奇偶校验位是针对累加器 a 的八位二进制数自动产生的,所以发送数据之前,发送数据先存入累加

器a,那么针对发送数据自动产生的奇偶校验位就保存在状态寄存器 PSW 的第 0 位里,即存放在 p 里。再用指令"TB8=p;"将奇偶校验位赋值给发送数据的第 9 位,启动发送,奇偶校验位就和 8 位数据位一起被发送出去了。

图 8-18 中单片机 U2 串行接收数据程序如下:

```
# include < reg51.h>
# define uchar unsigned char
# define uint unsigned int
sbit p = PSW^0;              //定义奇偶校验位
uchar receive()             //接收一个字节的子程序
{
 uchar a;
 while(!RI);                //等待接收完毕
 RI = 0;                    //接收完毕,清 0 标志位
 ACC = SBUF;                //接收数据存入累加器 a
 if(RB8 == p)               //接收的第 9 位数据和奇偶校验位比较是否相等
 {
  a = ACC;                  //正确接收数据
  return a;
 }
}
void main()
{
 TMOD = 0x20;               //T1 定时方式 2
 SM1 = 1;                   //串口方式 3
 SM0 = 1;
 REN = 1;                   //允许接收
 PCON = 0;                  //波特率不加倍
 TH1 = 0xfd;                //设置 T1 初值
 TL1 = 0xfd;
 TR1 = 1;                   //启动 T1
 while(1)
 {P1 = receive();}          //正确接收的数据送 P1 显示
}
```

单片机 U2 要接收单片机 U1 发送的串口数据,实现正确接收,必须要采用和 U1 相同的串口工作方式、相同的波特率,因此程序在初始化时,通过设置 SCON、PCON、TH1、TL1、TMOD 寄存器,选择了串口方式 3,并设置波特率为 9600bps。

接收子程序每执行一次,接收一个字节的串口数据。它首先根据接收标志位 RI 的状态,判断接收是否完毕。当 RI 为 1 时,证明接收完毕,此时清 0 接收中断标志位 RI,为下一次接收作准备。再通过指令"ACC=SBUF;"将接收的数据读到累加器 a 中,此时程序状态字寄存器 PSW 的第 0 位会根据累加器 a 的值,自动产生奇偶校验值。再将接收时自动产生的奇偶校验位 p 的值,和接收的第 9 位(TB8)比较,看是否相等。如果相等,认为接收正确,返回接收数据;否则认为接收出错,不返回接收数据。

习题

（1）串行口的控制寄存器有哪些？作用是什么？

（2）串行口四种工作方式有什么区别？

（3）串行口方式1和方式3的波特率与哪些因素有关？如何由波特率计算T1初值？

（4）用1台上位机通过串口同时接4台下位机，编写下位机程序，实现当上位机向下位机分别发送数字1、2、3、4时，4台下位机分别发送采集数据给上位机。采集数据可用随机函数rand()产生的随机数代替。

本章小结

本章主要讲解单片机串行口的硬件及软件设计方法，包括串行口的结构、特殊功能寄存器、工作方式、波特率的设置、串行接口芯片的硬件驱动，提供了单片机和上位机之间的通信程序、通过串口控制其他单片机程序、通过串口扩展并口的程序。单片机的串口工作方式较多，读者可以从实例中学习如何灵活应用和选择。

## 第 9 章

液晶显示器的驱动

普通的 LED 数码管只能用来显示数字,如果要显示英文、汉字或图像,必须使用液晶显示器。液晶显示器又称为 LCD,作为显示器件,它具有体积小、质量轻、功耗低等优点,所以 LCD 日渐成为各种便携式电子产品的理想显示器,如电子表、计算器的显示器等。

根据 LCD 显示内容划分,可分为段式 LCD、字符型 LCD 和点阵型 LCD。其中,字符式 LCD 以其价廉、显示内容丰富、美观、使用方便等特点,成为 LED 的理想替代品。

本章主要讲解字符型和图形液晶显示器的工作原理及程序设计方法。

9.1 字符型 LCD1602 的工作原理

字符型 LCD 专门用于显示数字、字母、图形符号及少量自定义符号。这类显示器把 LCD 控制器、点阵驱动器、字符存储器等集成在一块板上,再与液晶屏一起组成一个显示模块。因此,这类显示器的安装与使用都非常简单。

目前,字符型 LCD 常用的有 16 字×1 行、16 字×2 行、20 字×2 行、20 字×4 行等模块,型号通常用 XXX1602、XXX1604、XXX2002、XXX2004 等表示。以 XXX1602 为例,XXX 为商标名称,16 代表液晶每行可显示 16 个字符,02 表示共有 2 行,即这种显示器一共可显示 32 个字符。

1. 显示原理

液晶显示的原理是利用液晶的物理特性,通过电压对显示区域进行控制。只要输入所需的控制电压,就可以显示出字符。LCD 能够显示字符的关键在于其控制器,目前大部分字符型 LCD 都使用 HD44780 集成电路作为控制器。HD44780 集驱动器与控制器于一体,专用于字符显示的液晶显示控制驱动集成电路,它的特点如下。

- 显示缓冲区及用户定义区的字符发生器 CG RAM 全部藏在片内。
- 接口数据传输有 8 位和 4 位两种传输模式。
- 具有简单而功能很强的指令集,可以实现字符的移动、闪烁等功能。

HD44780 应用非常简单。只要待显字符的标准 ASCII 码放入内部数据显示用存储器 (DD RAM),内部控制线路就会自动将字符传送到显示器上。例如,要 LCD 显示字符 A,只需将 A 的 ASCII 码 41H 存入 DD RAM,控制线路就会通过 HD44780 的另一个部件字符产生器(CG ROM)将 A 的字型点阵数据找出来,显示在 LCD 上。

2. LCD1602 主要技术参数

- 显示容量:16×2 个字符;
- 芯片工作电压:4.5~5.5V;
- 工作电流:2.0mA(5.0V);
- 模块最佳工作电压:5.0V;
- 字符尺寸:2.95mm×4.35mm。

3. LCD1602 的引脚

1602 型 LCD 有标准的 14 引脚(无背光)或 16 引脚(带背光)接口,学习板上采用 16 引脚,其引脚和单片机的接口电路如图 9-1 所示。

LCD1602 的引脚功能如下。

- 引脚 1(GND):电源地;
- 引脚 2(VCC):电源正极;
- 引脚 3(VO):反视度调整,使用可变电阻调整,通常接地;
- 引脚 4(RS):寄存器选择,RS=1,选择数据寄存器;RS=0,选择指令寄存器;
- 引脚 5(R/$\overline{W}$):读/写选择。等于 1,读选择;等于 0,写选择;
- 引脚 6(E):模块使能端,当 E 由高电平跳变成低电平时,液晶模块开始执行命令;
- 引脚 7~14(DB0~DB7):双向数据总线的第 0~7 位;
- 引脚 15(BG VCC):背光显示器电源+5V(也可接地,此时无背光但不易发热);
- 引脚 16(BG GND):背光显示器接地。

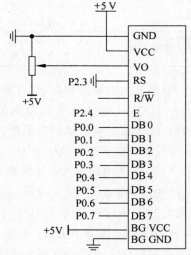

图 9-1 LCD1602 的引脚与单片机的接口电路

4. LCD1602 显示字符的过程

要用 LCD1602 显示字符必须解决以下 3 个问题。

1) 待显字符 ASCII 标准码的产生

常用字符的标准 ASCII 码无须人工输入,在程序中定义字符常量或字符串常量时,在经过 C 语言编译后会自动产生其标准 ASCII 码。只要将生成的标准 ASCII 码通过单片机的 I/O 口送入数据显示用存储器(DD RAM),内部控制线路就会自动将字符传送到显示器上。

2) 液晶显示模式的设置

要让液晶显示字符,必须对有无光标、光标的移动方向、光标是否闪烁及字符的移动方向等进行设置,才能获得所需的显示效果。LCD1602 液晶显示模式的设置是通过控制指令对内部的控制器控制而实现的,常用的控制指令见表 9-1。例如,要将显示模式设置为"16×2 显示,5×7 点阵,8 位数据接口",只要向液晶模块写二进制指令代码 0011 1000B,即十六进制代码 38H 就可以了。

表 9-1   LCD1602 液晶显示模式控制指令

指 令 名 称	指 令 功 能	二进制指令代码							
		D7	D6	D5	D4	D3	D2	D1	D0
显示模式设置	设置为 16×2 显示,5×7 点阵,8 位数据接口	0	0	1	1	1	0	0	0
显示开/关及光标设置	D=1,开显示;D=0,关显示; C=1,显示光标;C=0,不显示光标; B=1,光标闪烁;B=0,光标不闪烁	0	0	0	0	1	D	C	B
输入模式设置	N=1,光标右移;N=0,光标左移; S=1,文字移动有效;S=0,文字移动无效	0	0	0	0	0	1	N	S

如果要求液晶开始显示、有光标且光标闪烁,那么根据显示开/关及光标设置指令,只要令 D=1、C=1、B=1,也就是向液晶模块写入二进制指令代码 0000 1111B(十六进制数 0FH),就可以实现所需的显示模式。

3)字符显示位置的指定

LCD1602 内部 RAM 地址映射如图 9-2 所示。LCD1602 字符显示位置的确定方法规定为"80H+地址码(00~0FH,40~4FH)"。例如,要将某字符显示在第二行第六列,则确定地址的指令代码应为 80H+45H=C5H。当显示数据写入地址 00~0FH、40H~4FH 时,液晶可以立即显示出来;如果写入地址 10H~27H 或 50H~67H 处时,必须通过移屏指令将它们移入可显示区域方可正常显示。

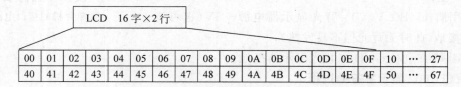

图 9-2   LCD1602 内部 RAM 地址映射

5. LCD1602 的读/写操作

LCD 是一个慢显示器件,所以在写每条指令前,一定要先读 LCD 的忙碌状态。如果 LCD 正忙于处理其他指令,就等待;如果不忙,再执行写指令。为此,LCD1602 专门设置了一个忙碌标志位 BF,该位连接在八位双向数据线的 DB7 位上。如果 BF 为低电平 0,表示 LCD 不忙;如果 BF 为高电平 1,则表示 LCD 处于忙碌状态,需要等待。假定 LCD1602 的八位双向数据线(DB0~DB7)是通过单片机的 P0 口进行数据传递的,那么只要检测 P0 口的 P0.7 引脚电平(DB7 连 P0.7)就可以知道忙碌标志位 BF 的状态。LCD1602 的读/写操作规定如表 9-2 所示。

表 9-2　LCD1602 的读/写操作规定

操作	输入规定	输出规定
读状态	RS=0,R/$\overline{\text{W}}$=1,E=1	DB0～DB7=状态字
写指令	RS=0,R/$\overline{\text{W}}$=0,DB0～DB7=指令码,E=高脉冲	无
读数据	RS=0,R/$\overline{\text{W}}$=1,E=1	DB0～DB7=数据
写数据	RS=1,R/$\overline{\text{W}}$=0,DB0～DB7=指令码,E=高脉冲	无

从 LCD1602 与单片机的接口电路如图 9-1 所示,LCD 的 RS、R/$\overline{\text{W}}$、E 3 个接口分别接在 P2.6、P2.5、P2.7 引脚上。只要编程对这 3 个引脚置 0 或 1,就可以实现对 LCD1602 的读/写操作。显示一个字符的操作过程为：读状态—写指令—写数据—自动显示。

1) 读状态(忙碌检测)

要将待显的字符(其标准 ASCII 码)写入液晶模块,首先就要检测 LCD 是否忙碌。这要通过读 LCD1602 的状态来实现,操作命令如下：

```
RS = 0;                        //选择指令寄存器
R/W = 1;                       //读选择
E = 1;                         //模块使能
_nop_();                       //空操作
_nop_();
_nop_();
_nop_();                       //空操作 4 个机器周期,给硬件反应时间
```

然后,可以检测忙碌标志位 BF 的电平(P0.7 引脚电平)。BF=1,表示忙碌,不能执行写命令；BF=0,表示不忙,可以执行写命令。其中,空操作指令也可以用延时子程序代替,如果用到空操作指令中,程序开头就必须声明包含空操作的头文件。

2) 写指令

写指令包括写显示模式控制指令和写入地址。例如,将指令或地址 order(两位十六进制代码)写入液晶模块,操作命令如下：

```
while(LcdBusy() == 1);         //如果忙就等待
RS = 0;                        //选择指令寄存器
RW = 0;                        //选择写操作,写入指令
E = 0;                         //E 置低,写指令时,E 要输出高脉冲,为此做准备
_nop_();
_nop_();                       //空操作两个机器周期,给硬件反应时间
P0 = order;                    //指令或地址送入 P0 口
_nop_();
_nop_();
_nop_();
_nop_();                       //空操作 4 个机器周期,给硬件反应时间
```

```
E = 1;                          //E 置高电平,产生正跳变
_nop_();
_nop_();
_nop_();
_nop_();                        //空操作 4 个机器周期,给硬件反应时间
E = 0;                          //E 恢复为低电平,LCD 开始执行命令
```

其中,控制信号 RS、RW、指令或地址送出后,1602 的时序要求延时不小于 40ns,再将 E 的信号变为高电平;E 变为高电平后,高电平的持续时间不小于 150ns。延时既可以用空操作指令,也可以用延时子程序,只要时序符合 1602 的操作要求即可。

3）写数据

将待显示字符的标准 ASCII 码写入 LCD 的数据显示用存储器(DD RAM),操作时序要求与写指令相同。例如,将数据 data(两位十六进制代码)写入液晶模块,操作命令如下:

```
while(LcdBusy() == 1);          //如果忙就等待
RS = 1;                         //选择数据存储器
RW = 0;                         //选择写操作
E = 0;                          //E 置低电平,为写数据时输出高脉冲做准备
P0 = data;                      //数据写入 P0 口
_nop_();
_nop_();
_nop_();
_nop_();                        //空操作 4 个机器周期,给硬件反应时间
E = 1;                          //E 置高电平
_nop_();
_nop_();
_nop_();
_nop_();                        //空操作 4 个机器周期,给硬件反应时间
E = 0;                          //E 返回低电平,LCD 开始执行命令
```

4）自动显示

数据写入液晶模块后,字符产生器(CG ROM)将自动读出字符的字形点阵数据,并将字符显示在液晶屏上。这个过程由 LCD 自动完成,无须人工干预。

6. LCD1602 的初始化过程

使用 LCD1602 前,需要对其显示模式进行初始化设置,过程如下:

(1) 延时 15ms(给 LCD1602 一段反应时间);

(2) 写指令 38H(尚未开始工作,所以不需检测忙信号,将液晶的显示模式设置为"16×2 显示,5×7 点阵,八位数据接口");

(3) 延时 5ms;

(4) 写指令 38H(不需检测忙信号);

（5）延时 5ms；

（6）写指令 38H（不需检测忙信号）；

（7）延时 5ms（连续设置 3 次，确保初始化成功）。

以后每次写指令，读/写数据操作均需要检测忙信号。

7. LCD1602 驱动程序流程

根据上述分析，可画出 LCD1602 的驱动程序流程图，如图 9-3 所示。其中，初始化主要是通过写模式设置指令实现；读状态的目的是进行忙碌检测；写入的数据是数码的 ASCII 码；最后一步读字符的字型点阵是硬件自动的，不用程序干预，将自动显示字符。

```
初始化
  ↓
读状态
  ↓
将显示地址写入
  ↓
将数据写入
  ↓
读出字形点阵
```

图 9-3　LCD1602 的驱动
程序流程

例 9-1 详解

9.2　LCD1602 的软件编程实现

【例 9-1】　用 LCD1602 显示字符串 Welcome to here。

```c
#include<reg51.h>
sbit LCDRS = P2^6;              //定义 LCD 的控制口
sbit LCDRW = P2^5;
sbit LCDE = P2^7;
unsigned char lcd[] = "Welcome to here";   //定义要显示的字符串
void delay(unsigned int x)      //延时子程序,延时 xms
{
 unsigned int i,j;
 for(i = x;i>0;i-- )
  for(j = 110;j>0;j-- );
}
void lcdwcom(unsigned char com)  //向 LCD 写命令子程序
{
    LCDE = 0;                   //设置 LCD 控制端
    LCDRS = 0;
    LCDRW = 0;
    P0 = com;                   //命令从 P0 写入
    delay(1);
    LCDE = 1;                   //E 端置高脉冲
    delay(5);
    LCDE = 0;
}
void lcdwdata(unsigned char dat)  //向 LCD 写数据子程序
{
    LCDE = 0;                   //设置 LCD 控制端
    LCDRS = 1;
    LCDRW = 0;
```

```
    P0 = dat;                //数据从 P0 写入
    delay(1);
    LCDE = 1;                //E 端置高脉冲
    delay(5);
    LCDE = 0;
}
void lcdinit()               //LCD 初始化子程序
{
    lcdwcom(0x38);           //开显示
    lcdwcom(0x0c);           //开显示不显示光标
    lcdwcom(0x06);           //写之后指针加一
    lcdwcom(0x01);           //清屏
    lcdwcom(0x80);           //设置指针起点
}
void main()
{
    unsigned char i;
    lcdinit();               //初始化 LCD
    for(i = 0;i < 15;i++)    //循环将字符串中的 15 个字符送显示
    lcdwdata(lcd[i]);
    while(1);
}
```

LCD 在需要显示某个字符时,要将该字符的 ASCII 码送入数据显示用存储器(DD RAM)。如果在程序中定义字符常量或字符串常量时,C 语言在编译后会自动产生其标准 ASCII 码,所以要显示的字符必须以字符常量或字符串常量的形式送 LCD 显示。因为一次只能向 LCD 写入一个字符,所以在程序中建立了一个字符串数组:

```
unsigned char lcd[ ] = "Welcome to here";
```

然后设置一个循环,从第一个数组元素开始写入 LCD。因为字符串里的字符(包含空格)一共有 15 个,所以循环取字符共取了 15 次。

在 LCD 初始化子程序中,用指令"lcdwcom(0x80);"设置第一个显示字符所在的位置;指令"lcdwcom(0x06);"的功能是显示完成后指针的值自动加一,指向下一个显示位置。如果显示是动态更新的,在主程序的最后,显示完成后,需要用指令"lcdwcom(0x80);"重置指针位置,让下次刷新显示时,显示值仍出现在原来的位置。如果不写重置指针位置指令,显示数据就会不稳定,影响显示效果。

本例程序下载到学习板上的实验效果如图 9-4 所示。

【例 9-2】 用 **LCD1602 实现液晶时钟显示功能,循环 24 小时显示小时、分钟、秒。**

例 9-2 详解

图 9-4 LCD 显示字符串的显示效果

```c
#include < reg51.h>
sbit LCDRS = P2^6;                        //定义 LCD 的控制引脚
sbit LCDRW = P2^5;
sbit LCDE = P2^7;
unsigned char code string[] = "0123456789"; //定义数字显示字符串
unsigned char i,s,m,h;
void delay(unsigned int x)                //延时子程序,延时 xms
{
 unsigned int i,j;
 for(i = x;i > 0;i -- )
 for(j = 110;j > 0;j -- );
}
void lcdwcom(unsigned char com)           //向 LCD 写命令子程序
{
LCDE = 0;
LCDRS = 0;
LCDRW = 0;
P0 = com;
delay(1);
LCDE = 1;
delay(5);
LCDE = 0;
}
void lcdwdata(unsigned char dat)          //向 LCD 写数据子程序
{
LCDE = 0;
LCDRS = 1;
LCDRW = 0;
P0 = dat;
delay(1);
LCDE = 1;
delay(5);
LCDE = 0;
}
void lcdinit()                            //LCD 初始化子程序
{
 lcdwcom(0x38);
 lcdwcom(0x0c);
 lcdwcom(0x06);
 lcdwcom(0x01);
 lcdwcom(0x80);
}
void main()
{
EA = 1;                                   //开总中断和 T0 定时中断
ET0 = 1;
TMOD = 0x01;                              //设置 T0 为定时方式 1
TH0 = (65536 - 50000)/256;                //设置 T0 初值
TL0 = (65536 - 50000) % 256;
TR0 = 1;                                  //启动 T0
```

```
  i = 0;
  s = 0;
  m = 0;
  h = 0;
  lcdinit();                              //LCD 初始化
  while(1)
   {
    lcdwdata(string[h/10]);              //显示小时
      lcdwdata(string[h%10]);
      lcdwdata('_');                     //显示小时和分钟之间的间隔线
      lcdwdata(string[m/10]);            //显示分钟
      lcdwdata(string[m%10]);
      lcdwdata('_');                     //显示分钟和秒之间的间隔线
      lcdwdata(string[s/10]);            //显示秒
      lcdwdata(string[s%10]);
      lcdwcom(0x80);                     //指针返回初始位置
   }
  }
  void timer0()interrupt 1               //T0 中断处理子程序
  {
   i++;
   if(i == 20)                           //当定时时间达到 1 秒
   {
    i = 0;                               //清 0 中断计数器
    s++;                                 //秒值加 1
   }
   if(s == 60){s = 0;m++;}               //秒值满 60 清 0,分钟加 1
   if(m == 60){m = 0;h++;}               //分钟值满 60 清 0,小时加 1
   if(h == 24)h = 0;                     //小时值满 24,清 0
   TH0 = (65536 - 50000)/256;            //重置 T0 初值
   TL0 = (65536 - 50000)%256;
  }
```

本例通过 T0 的定时中断,控制更新显示的时间。时间每到 1s,秒显示值加 1,如果累计达到 60,再向分钟进位;如果分钟值累计达到 60,再向小时进位;小时值累计达到 24,则清 0,重新显示。主程序除了 T0 初始化、LCD 初始化外,就是循环显示秒、分钟、小时,在定时时间到时,进入中断子程序修改显示值。

本例时钟只能在定时时间到时,循环更新显示,不能手动调节显示时间,如果要实现时间可调的时钟,需要增加按键的操作。读者可以自己试着参考例 6-4,把程序稍加改动,基于 LCD 的显示原理,实现 LCD 显示的数码时钟功能。

本例程序下载到学习板上的显示效果如图 9-5 所示,电子时钟每隔 1s 更新一次显示,图中显示上电 0 分 32 秒时的显示效果。

图 9-5　LCD 电子时钟显示效果

9.3　图形 LCD12864 工作原理

点阵字符液晶显示模块只能显示英文字符和简单的汉字,要想显示较为复杂的汉字或图形,就必须采用点阵图形液晶显示模块。FYD12864-0402B 是一种常用的点阵图形液晶显示模块,具有四位/八位并行、两线或三线串行多种接口方式,内部含有国标一级、二级简体中文字库,显示分辨率为 128 像素×64 像素,内置 8192 个 16×16 点阵汉字和 128 个 16×8 点阵 ASCII 码字符集。利用该模块灵活的接口方式和简单、方便的操作指令,可构成全中文人机交互图形界面。可以显示 8×4 行 16×16 点阵的汉字,也可完成图形显示。低电压、低功耗是其显著特点。与同类型的图形点阵液晶显示模块相比,由该模块构成的液晶显示方案的硬件电路结构或显示程序都要简洁得多,且该模块的价格也略低于相同点阵的图形液晶模块。

学习板 FYD12864 与单片机采用并行接口,它的并口引脚的功能如表 9-3 所示。

表 9-3　LCD12864 并口引脚的功能

引脚序号	符号	功　　能	引脚序号	符号	功　　能
1	GND	地	15	PSB	1:并口方式；0:串口方式
2	VCC	+5V 电源	16	NC	空脚
3	VO	显示对比度调节端	17	/RESET	复位信号,低电平有效
4	RS	1:数据输入；0:命令输入	18	VOUT	LCD 驱动电压输出端
5	R/$\overline{\text{W}}$	1:数据读取；0:数据写入	19	A	背光电源正极
6	E	使能信号,负跳变有效	20	K	背光电源负极
7~14	DB0~DB7	数据信号,三态并行总线			

其中,RS、R/$\overline{\text{W}}$ 的配合选择决定控制界面的 4 种模式。

(1) RS=0,R/$\overline{\text{W}}$=0,单片机将指令写入指令暂存器(IR);

(2) RS=0,R/$\overline{\text{W}}$=1,读出忙标志(BF)及地址计数器(AC)的状态;

(3) RS=1,R/$\overline{\text{W}}$=0,单片机将数据写入数据暂存器(DR);

(4) RS=1,R/$\overline{\text{W}}$=1,单片机从数据暂存器(DR)中读出数据。

E 信号状态从高电平变为低电平时,配合写指令进行写数据或指令;E 信号状态保持高电平时,配合读指令进行读数据或指令。

模块控制芯片提供两套控制命令,基本指令和扩充指令如表 9-4 和表 9-5 所示。

表 9-4　基本指令表(RE=0)

指　令	指　令　码									功　　能
	RS	R/$\overline{\text{W}}$	D7	D6	D5	D4	D3	D2	D1	D0	
清除显示	0	0	0	0	0	0	0	0	0	1	将 DDRAM 填满 20H,并且设定 DDRAM 的地址计数器(AC)到 00H

续表

指 令	指 令 码										功 能
	RS	R/W̄	D7	D6	D5	D4	D3	D2	D1	D0	
地址归位	0	0	0	0	0	0	0	0	1	X	设定 DDRAM 的地址计数器到 0,并且将游标移到开头原点位置,这个指令不改变 DDRAM 的内容
显示状态开/关	0	0	0	0	0	0	1	D	C	B	D=1:整体显示 ON;C=1:游标 ON;B=1:游标位置反白允许
进入点设定	0	0	0	0	0	0	0	1	I/D	S	指定在数据的读取与写入时,设定游标的移动方向及指定显示的移位
游标或显示移位控制	0	0	0	0	0	1	S/C	R/L	X	X	设定游标的移动与显示的移位控制位;这个指令不改变 DDRAM 的内容
功能设定	0	0	0	0	1	DL	X	RE	X	X	DL=0/1:4/8 位数据;RE=1/0:扩充/基本指令操作
设定 CGR AM 地址	0	0	0	1	AC5	AC4	AC3	AC2	AC1	AC0	设定 CGRAM 地址
设定 DDR AM 地址	0	0	1	0	AC5	AC4	AC3	AC2	AC1	AC0	设定 DDRAM 地址。第一行:80H~87H;第二行:90H~97H
读取忙标志和地址	0	1	BF	AC6	AC5	AC4	AC3	AC2	AC1	AC0	读取忙标志(BF)可以确认内部动作是否完成,同时可以读出 AC 值
写数据到 RAM	1	0	数据								将数据写入内部 RAM
读出 RAM	1	1	数据								从内部 RAM 读取数据 D7~D0

表 9-5 扩充指令表(RE=1)

指 令	指 令 码										功 能
	RS	R/W̄	D7	D6	D5	D4	D3	D2	D1	D0	
待命模式	0	0	0	0	0	0	0	0	0	1	进入待命模式,执行其他指令都将终止待命模式
卷动地址开关开启	0	0	0	0	0	0	0	0	1	SR	SR=1:允许输入垂直卷动地址;SR=0:允许输入 IRAM 和 CGRAM 地址
反白选择	0	0	0	0	0	0	0	1	R1	R0	选择两行的任一行作反白显示,并可决定反白与否,初值 R1R0=00
睡眠模式	0	0	0	0	0	1	SL	X	X		SL=0:进入睡眠模式;SL=1:脱离睡眠模式
扩充功能设定	0	0	0	0	1	CL	X	RE	G	0	CL=0/1:4/8 位数据;RE=1/0:扩充/基本指令操作;G=1/0:绘图开关
设定绘图 RAM 地址	0	0	1	0	0	0	AC3	AC2	AC1	AC0	设定绘图 RAM 先设定垂直(列)地址:AC6…AC0
				AC6	AC5	AC4	AC3	AC2	AC1	AC0	再设定水平(行)地址:AC3…AC0 将以上 16 位地址连续写入即可

其中,CGROM 是字形产生 ROM,存放原有定义的字型;CGRAM 是字形产生 RAM,提供图像定义(造字)功能,可以提供四组 16×16 点的自定义图像空间,使用者可以将内部字形没有提供的图像字型自行定义到 CGRAM 中,便可和 CGROM 中定义的一样,通过 DDRAM 显示在屏幕中;DDRAM 是显示数据 RAM,提供 64×2 个位元组的空间,最多可控制四行 16 字(64 个字)的中文字型显示,每屏最多可实现 32 个中文字符或 64 个 ASCII 码字符的显示,可分别显示 CGROM 及 CGRAM 的字形;AC 是地址计数器,用来储存 DDRAM 或 CGRAM 的地址,它可由设定指令暂存器来改变,只要读取或写入 DDRAM、CGRAM 的值时,AC 的值就会自动加 1。

字符显示 RAM 在液晶模块中的地址 80H~9FH,字符显示的 RAM 地址与 32 个字符显示区域有着一一对应的关系,如表 9-6 所示。

表 9-6 DDRAM 地址与字符显示区域对应关系

80H	81H	82H	83H	84H	85H	86H	87H
90H	91H	92H	93H	94H	95H	96H	97H
88H	89H	8AH	8BH	8CH	8DH	8EH	8FH
98H	99H	9AH	9BH	9CH	9DH	9EH	9FH

在模块用于图形显示时要注意,先设垂直地址,再设水平地址,连续写入两个字节来完成垂直与水平的坐标地址输入,垂直地址范围为 0~31,水平地址范围为 0~15。绘图 RAM 的地址计数器(AC)只会对水平地址自动加 1,当水平地址达到上限时,会重新设为 0H,但不会对垂直地址自动加 1,当连续写入多次时,程序需自行判断垂直地址是否需重新设定。

应用该显示模块时,应注意如下几点:

(1) 要在某一个位置显示中文字符时,应先设定显示字符位置,即先设定显示地址,再写入中文字符编码。

(2) 在显示连续字符时,只需设定一次显示地址,由模块自动对地址加 1,指向下一个字符位置。

(3) 当字符编码为两字节,应先写入高位字节,再写入低位字节。

(4) 当 LCD 在接受指令前,单片机必须先确认其内部处于非忙碌状态,即读取 BF 标志时,BF 需为 0,方可接受新的指令;如果在送出一个指令前,并不检查 BF 标志,那么在前一个指令和这个指令中间必须延长一段较长的时间,即等待前一个指令确实已经执行完成。

(5) RE 为基本指令集与扩充指令集的选择控制位,当变更 RE 后,以后的指令集将维持在最后的状态,除非再次变更 RE 位,否则,使用相同指令集时,无须每次重设 RE 位。

如图 9-6 所示为 LCD12864 与单片机的接口电路。

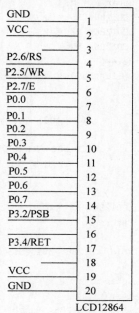

图 9-6 LCD12864 与单片机的接口电路

9.4 LCD12864 的软件编程实现

【例 9-3】 用 LCD12864 显示汉字字符串。

```c
# include < reg51.h >
# define uint unsigned int
# define uchar unsigned char
sbit LCD12864_RS = P2^6;                    //定义 LCD 数据、命令选择输入端
sbit LCD12864_RW = P2^5;                    //定义 LCD 读/写控制端
sbit LCD12864_EN = P2^7;                    //定义 LCD 使能控制端
sbit LCD12864_PSB = P3^2;                   //定义 LCD 串、并方式控制端
sbit LCD12864_RST = P3^4;                   //定义 LCD 复位端
unsigned char code id1[] = "欢迎来到单片机的世界!";
unsigned char code id2[] = "让我们一起玩转单片机!";
void delay(uint x)                          //延时子程序,延时 xms
{
uint i,j;
for(i = 0;i < x;i++)
for(j = 0;j < 110;j++);
}
uchar LCD12864_Busy(void)                   //LCD 忙状态检测子程序
{
uchar i = 0;
LCD12864_RS = 0;                            //选择对命令操作
LCD12864_RW = 1;                            //选择读操作
LCD12864_EN = 1;
delay(1);
while((P0&0x80) == 0x80)                     //当检测为忙状态时
    {
        i++;
        if(i > 100)
        {
         LCD12864_EN = 0;
         return 0;                           //超过等待时间仍是忙,返回 0
        }
    }
LCD12864_EN = 0;
return 1;                                    //不忙,返回 1
}
void LCD12864_WriteCmd(uchar cmd)           //LCD 写命令子程序
{
uchar i;
i = 0;
while( LCD12864_Busy() == 0)                 //当 LCD 为忙状态时
{
 delay(1);
```

```
i++;
  if( i > 100)
   {
     return;                                //等待一段时间后,仍为忙则退出
   }
}
LCD12864_RS = 0;                            //选择写命令
LCD12864_RW = 0;
LCD12864_EN = 0;

P0 =  cmd;                                  //命令写入并行总线
LCD12864_EN = 1;                            //写时序
delay(5);
LCD12864_EN = 0;
}
void LCD12864_Init()                        //LCD 初始化子程序
{
    LCD12864_PSB = 1;                       //选择并行输入方式
    LCD12864_RST = 1;                       //复位 LCD
    LCD12864_WriteCmd(0x30);                //选择基本指令操作
    LCD12864_WriteCmd(0x0c);                //开显示,关光标
    LCD12864_WriteCmd(0x01);                //清除 LCD 显示内容
}
void LCD12864_SetWindow(uchar x, uchar y)   //基本指令模式下设置显示坐标
{
    uchar pos;
    if(x == 0) x = 0x80;                    //第一行显示地址 80H
    else if(x == 1) x = 0x90;               //第二行显示地址 90H
    else if(x == 2) x = 0x88;               //第三行显示地址 88H
    else if(x == 3) x = 0x98;               //第四行显示地址 98H
    pos = x + y;
    LCD12864_WriteCmd(pos);                 //设定 DDRAM 地址
}
void LCD12864_WriteData(uchar dat)          //LCD 写数据子程序
{
uchar i;
i = 0;
while( LCD12864_Busy() == 0)                //当 LCD 处于忙状态
{
delay(1);
i++;
if( i > 100)
 {
   return;                                  //等待一段时间后仍忙,则返回
 }
}
LCD12864_RS = 1;                            //选择写数据
LCD12864_RW = 0;
LCD12864_EN = 0;
```

```
    P0 = dat;                                    //写的数据输入并行总线
    LCD12864_EN = 1;                             //写时序
    delay(5);
    LCD12864_EN = 0;
    }
    void main()
    {
    unsigned char i = 0;
    LCD12864_Init();                             //LCD 初始化
    LCD12864_SetWindow(0, 0);                    //设置显示光标的位置从第一行开始
    while(id1[i]!= '\0')                         //循环显示数组 id1[]字符
    {
        LCD12864_WriteData(id1[i]);              //显示数组第 i 个字符
        i++;
        if(i == 16) LCD12864_SetWindow(1,0);     //第一行写满光标移到第二行
    }
    i = 0;
    LCD12864_SetWindow(2, 0);                    //设置显示光标位置从第三行开始
    while(id2[i]!= '\0')                         //循环显示数组 id2[]字符
    {
    LCD12864_WriteData(id2[i]);                  //显示数组第 i 个字符
    i++;
    if(i == 16) LCD12864_SetWindow(3,0);         //第三行写满后,光标移到第四行
    }
    while(1);
    }
```

本例程序主要由主程序、LCD 写命令子程序、LCD 写数据子程序、LCD 初始化子程序、LCD 的忙状态检测子程序、LCD 设置显示坐标子程序、延时子程序等组成。因为本例使用的 LCD 内置汉字字库,所以显示的汉字只需要以字符的形式存储,需要时按顺序调用。另外,还需要设置显示的位置,因为每显示完一个字符,光标会自动移到下一个显示字符所在的位置,所以只需要在显示之前将光标设置到初始位置即可。

主程序首先在显示之前对 LCD 初始化,并设置显示的初始位置在第一行的开始。要显示的字符串共有两个,先循环显示第一个字符串在 LCD 的第一、第二行,因为 LCD 每行最多能显示 8 个汉字,当显示不下时,再设置显示光标的位置到第二行的开始位置,就可以接着在第二行显示。同理,第二个字符串显示在 LCD 的第三行和第四行。

习题

(1) 简述 LCD1602 的软件驱动方法。

(2) 编程:用 LCD1602 和按键实现时间可调的电子时钟,显示小时、分钟、秒,可以用按键控制加一、减一、移位操作。

(3) 编程:用 LCD1602 显示字符串 Welcome to here,并使其可以循环向左移动。

本章小结

本章主要讲解液晶显示器字符型 LCD1602、图形型 LCD12864 的工作原理和软件编程驱动方法。提供的软件可以实现用液晶显示字符串、显示时间,这些程序非常实用,读者在编写有关系统程序时,略微改动即可应用。

第 10 章

常用功能器件的应用

组成单片机系统的典型器件,除了前面各章节介绍的以外,还有一些常用的器件,如 EEPROM、时钟芯片、温度传感器、红外检测、点阵显示器等。本章选取了一些有代表性的典型器件,通过具体实例,讲解它们的驱动和应用。本章内容对于设计单片机应用系统的读者具有一定参考价值。

10.1 IIC 总线 AT24C02 芯片的应用

10.1.1 AT24C02 的工作原理

在一些应用系统设计中,有时需要对工作数据进行掉电保护,如电子式电能表等智能化产品。若采用普通存储器,在掉电时需要备用电池供电,并需要在硬件上增加掉电检测电路。这样做虽然可以实现功能,但存在电池不可靠、扩展存储芯片占用单片机过多口线的缺点。采用具有 IIC 总线接口的串行 EEPROM 器件可以很好地解决掉电数据保存问题,且硬件电路简单。

具有 IIC 总线接口的 EEPROM 有多个厂家的多种类型产品。其中,ATMEL 公司生产的 AT24C 系列 EEPROM,主要型号有 AT24C01/02/04/08/16 等,不同型号产品的区别仅在于存储容量上,以上型号的存储容量分别为 128×8/256×8/512×8/1024×8/2048×8字节。采用这类芯片可解决掉电数据保存问题,可对所存数据保存 100 年,并可多次擦写,擦写次数可达 10 万次以上。下面先了解 AT24C 系列 EEPROM 通信采用的 IIC 总线。

1. IIC 总线

IIC 总线由 PHILIPS 公司推出,是近年来微电子通信控制领域广泛采用的一种新型总线标准,它具有接口线少、控制简单、器件封装形式小、通信速率较高等优点。在主从通信中,可以有多个 IIC 总线器件同时接到 IIC 总线上,每个总线上的器件都有不同的地址,可以形成一对一和一对多的通信。

IIC 总线由数据线 SDA 和时钟线 SCL 两条线构成,既可发送数据,也可接收数据。在 CPU 与被控 IC 之间、IC 与 IC 之间都可进行双向传送,最高传送速率为 400kbps。各种被控器件均并联在总线上,在信息传输过程中,IIC 总线上并联的每一个器件既可以是发送器,又可以是接收器。主控器发出的控制信号分为地址码和数据码两部分,主控器只和地址对应的设备通信,使得各台设备虽然挂在同一条总线上,却彼此独立。

如图 10-1 所示为 IIC 总线系统的硬件结构。其中,SCL 是时钟线,SDA 是数据线。总线上各器件都是漏极开路输出,所以 SCL 和 SDA 均需接上拉电阻。在空闲状态下,总线保持高电平,连到总线上的任一器件输出的低电平都将使总线的信号变低。在主从工作方式中,单片机作为主器件,发出启动信号,产生时钟信号,发出停止信号。

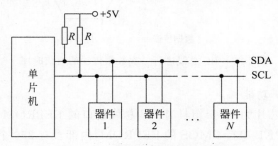

图 10-1   IIC 总线系统的硬件结构

IIC 总线在传送数据过程中共有 3 种类型信号:开始信号、结束信号和应答信号。

(1) 开始信号:SCL 为高电平时,SDA 由高电平向低电平跳变,开始传送数据。

(2) 结束信号:SCL 为高电平时,SDA 由低电平向高电平跳变,结束传送数据。在 SDA 的整个变化期间,SCL 是一直保持稳定的高电平的。

(3) 应答信号:SCL 监视 SDA 的整个变化,一旦在 SCL 高电平期间,SDA 出现跳变,它就认为是开始或结束信号;如果在 SCL 高电平期间,SDA 一直保持低电平或高电平,此时表示传输的数据就是逻辑 0 或 1。因为单片机的工作速度快,而 IIC 总线的传输速度相对较慢,所以在编写 IIC 通信程序时,一定要加入一些延时程序,来配合通信时序。IIC 总线部分时序如图 10-2 所示。

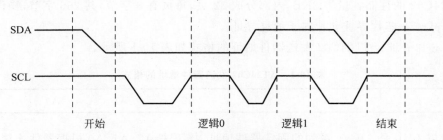

图 10-2   IIC 总线部分时序

IIC 总线进行一次数据传输的通信时序如图 10-3 所示。SCL 信号为单片机发出的,SDA IN 是从机接收数据情况,SDA OUT 是从机发送数据情况。由图 10-3 可见,在开始信号之后,从器件在 8 个时钟脉冲的控制下接收数据,在此期间从机不发出信号。而在第 9 个时钟期间,从机将 SDA 线拉低,表示应答。应答信号是接收数据的设备在接收到 8 位数据后,向发送数据的设备发出特定的低电平脉冲,表示已收到数据。

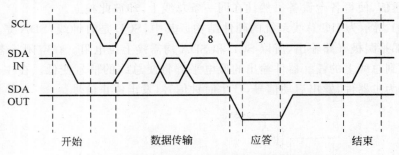

图 10-3　IIC 总线进行一次数据传输的通信时序

2. AT24C02 的引脚功能

这里以 AT24C02 芯片为例,介绍具有 IIC 总线接口的 EEPROM 的具体应用。

AT24C02 是一个 2KB 串行 CMOS 的 EEPROM,内部含有 256 个 8 位字节。各引脚功能如下。

- 1、2、3(E0、E1、E2)——可编程地址输入端,用来设置设备在总线上的地址;
- 4(VSS)——电源地;
- 5(SDA)——串行数据输入、输出端;
- 6(SCL)——串行时钟输入端;
- 7(WE)——写保护输入端,用于硬件数据保护。当其为低电平时,可以对整个存储器进行正常的读/写操作;当其为高电平时,存储器具有写保护功能,但读操作不受影响;
- 8(VDD)——电源正端。

3. AT24C02 的存储结构与寻址

AT24C02 的存储容量为 2KB,内部分成 32 页,每页有 8 字节,共 256 字节,操作时有两种寻址方式——芯片寻址和片内子地址寻址。

(1)芯片寻址:AT24C02 发送器件地址的格式如表 10-1 所示。

表 10-1　AT24C02 发送器件地址的格式

1	0	1	0	A2	A1	A0	R/$\overline{\text{W}}$

高四位 1010 是 24Cxx 系列的固定器件地址,接下来 A2、A1、A0 根据器件连接决定,为可编程地址选择位。A2、A1、A0 引脚接高、低电平后得到确定的三位编码,与 1010 形成 7 位编码,即为该器件的地址码。R/$\overline{\text{W}}$ 为芯片读/写控制位,如果该位为 0,表示对芯片进行写操作;如果该位为 1,表示对芯片进行读操作。

(2)片内子地址寻址:芯片寻址可对内部 256B 中的任一个字节进行读/写操作,其寻址范围为 00～FFH。共 256 个寻址单元。

4. AT24C02 读/写操作时序

串行 EEPROM 一般有两种写入方式：一种是页写入方式，另一种是字节写入方式。

对页写入方式需要说明的是，它允许在一个写周期内（约为 10ms）对一个字节到一页的若干字节进行编程写入。AT24C02 的页面大小为 8 字节，采用页写方式可提高写入效率，但也容易发生事故。AT24C 系列片内地址在接收到某一个数据字节后自动加 1，故装载一页以内数据字节时，只需输入首地址，如果写到此页的最后一个字节，主器件继续发送数据，数据将重新从该页的首地址写入，进而造成原来的数据丢失，这就是页地址空间的"上卷"现象。解决"上卷"的方法是：在第 8 个数据后，将地址强制加 1，或是将下一页的首地址重新赋给寄存器。

（1）页写入方式：单片机在一个数据写周期内可以连续访问 1 页（8 个）EEPROM 存储单元。在该方式中，单片机先发送启动信号，接着送一个字节器件地址，再送 1 个字节的存储器起始单元地址。如果得到 EEPROM 应答后就可以发送最多 1 页的数据，并顺序存放在存储器起始单元地址开始的相继单元中，最后以停止信号结束。

（2）字节写入方式：单片机一次只访问 EEPROM 一个单元。其他数据发送过程同页写入方式，不同的是，每次只能发送 8 位数据，写入存储器的一个单元中。

串行 EEPROM 一般有两种读出方式：一种是指定地址读操作，另一种是指定地址连续读。

（1）指定地址读操作：读指定地址单元的数据。单片机在启动信号后，先发送含有器件地址的写操作控制字；EEPROM 应答后，再发送 1 个（2KB 以内的 EEPROM）字节的指定存储器单元的地址；EEPROM 应答后，再发送 1 个含有器件地址的读操作控制字；此时，如果 EEPROM 做出应答，被访问单元的数据就会在 SCL 信号控制下，出现在串行数据/地址线 SDA 上。

（2）指定地址连续读：它的读地址控制与前面指定地址读相同。单片机接收到每个字节数据后应做出应答，只要 EEPROM 检测到应答信号，其内部的地址寄存器就自动加 1，指向下一单元，并顺序将指向的单元的数据送到 SDA 串行数据线上。当需要结束读操作时，单片机接收到数据后，在需要应答的时刻发送一个非应答信号，接着再发送一个停止信号即可。

5. AT24C02 与单片机的接口

AT24C02 与单片机的接口电路如图 10-4 所示。

其中，E0、E1、E2 三个引脚为 AT24C02 的硬件地址线，根据引脚上的电平决定当前器件在总线中的地址。因为这 3 个引脚都接地，所以该芯片在总线中的地址为 0。WE 为 AT24C02 的写保护引脚，当该引脚为高电平时，器件只读不

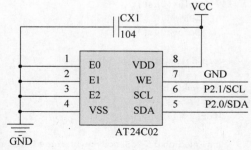

图 10-4　AT24C02 的引脚与单片机的接口电路图

写。图 10-4 中 WE 接地,单片机可以对它进行读/写访问。SCL、SDA 分别为器件的 IIC 协议接口,用于传输时钟和数据信号。

10.1.2 AT24C02 的编程应用

【例 10-1】 用 AT24C02 暂存液晶时钟的显示数据,使得一旦学习板断电并恢复后,液晶时钟能从原来断电时刻接着计时显示。

```c
# include < reg51.h >
sbit LCDRS = P2^6;                          //定义 LCD1602 的控制引脚
sbit LCDRW = P2^5;
sbit LCDE = P2^7;
sbit SCL = P2^1;                            //定义 AT24C02 的控制引脚
sbit SDA = P2^0;
unsigned char code string[] = "0123456789"; //定义显示用数字字符
unsigned char i,s,m,h,n;
void Delay10μs()                            //延时子程序,延时 10μs
{
    unsigned char a,b;
    for(b = 1;b > 0;b -- )
        for(a = 2;a > 0;a -- );
}
void I2cStart()                             //IIC 起始信号子程序
{
    SDA = 1;
    Delay10μs();
    SCL = 1;
    Delay10μs();                           //当时钟为高电平时,数据端负跳变为启动信号
    SDA = 0;
    Delay10μs();
    SCL = 0;
    Delay10μs();
}
void I2cStop()                             //IIC 结束信号子程序
{
    SDA = 0;
    Delay10μs();
    SCL = 1;
    Delay10μs();                           //当时钟为高电平,数据端正跳变为停止信号
    SDA = 1;
    Delay10μs();
}
void delay(unsigned int x)                 //延时子程序,延时时间 xms
{
unsigned int i,j;
for(i = x;i > 0;i -- )
 for(j = 110;j > 0;j -- );
}
unsigned char I2cSendByte(unsigned char dat)//IIC 发送字节子程序
```

```
{
    unsigned char a = 0, b = 0;
    for(a = 0;a < 8;a++)                            //发送8位,从最高位开始
    {
        SDA = dat >> 7;                             //发送数据的最高位输出到SDA数据线
        dat = dat << 1;                             //下一位发送数据移到最高位
        Delay10μs();
        SCL = 1;
        Delay10μs();                                //时钟高电平时,数据被发送
        SCL = 0;
        Delay10μs();
    }
    SDA = 1;                                        //发送完数据线置高,等待接收方的应答
    Delay10μs();
    SCL = 1;
    while(SDA)                                      //接收方无应答时,等待
    {
        b++;
        if(b > 200)                                 //等待时间后,无应答,表示发送失败或发送结束
        {
            SCL = 0;
            Delay10μs();
            return 0;                               //无应答时,返回0
        }
    }
    SCL = 0;
    Delay10μs();
    return 1;                                       //接收方有应答时,返回1
}
unsigned char I2cReadByte()                         //IIC读字节子程序
{
    unsigned char a = 0, dat = 0;
    SDA = 1;
    Delay10μs();
    for(a = 0;a < 8;a++)                            //接收8字节
    {
        SCL = 1;
        Delay10μs();
        dat <<= 1;                                  //接收字节左移一位
        dat| = SDA;                                 //接收数据位存放在dat最低位中
        Delay10μs();
        SCL = 0;
        Delay10μs();
    }
    return dat;
}
void at24c02w(unsigned char addr,unsigned char dat)     //向AT24C02某地址写数据
{
    I2cStart();
    I2cSendByte(0xa0);                              //发送要写入的器件地址
    I2cSendByte(addr);                              //发送要写入的内存单元地址
```

```
        I2cSendByte(dat);                                //写入数据
        I2cStop();
}
unsigned char at24c02r(unsigned char addr)               //从AT24C02某地址读数据子程序
{
        unsigned char num;
        I2cStart();
        I2cSendByte(0xa0);                               //发送写器件地址
        I2cSendByte(addr);                               //发送写器件内存单元地址
        I2cStart();
        I2cSendByte(0xa1);                               //发送读器件地址
        num = I2cReadByte();                             //从指向的内存单元读数据
        I2cStop();
        return num;
}
void lcdwcom(unsigned char com)                          //向LCD写命令子程序
{
        LCDE = 0;
        LCDRS = 0;
        LCDRW = 0;
        P0 = com;
        delay(1);
        LCDE = 1;
        delay(5);
        LCDE = 0;
}
void lcdwdata(unsigned char dat)                         //向LCD写数据子程序
{
        LCDE = 0;
        LCDRS = 1;
        LCDRW = 0;
        P0 = dat;
        delay(1);
        LCDE = 1;
        delay(5);
        LCDE = 0;
}
void lcdinit()                                           //LCD初始化子程序
{
        lcdwcom(0x38);
        lcdwcom(0x0c);
        lcdwcom(0x06);
        lcdwcom(0x01);
        lcdwcom(0x80);
}
void main()
{
EA = 1;                                                  //开T0中断
ET0 = 1;
TMOD = 0x01;                                             //T0设为定时方式1
TH0 = (65536 - 50000)/256;                               //设置T0初值
```

```
    TL0 = (65536 - 50000) % 256;
    i = 0;
    s = 0;
    m = 0;
    h = 0;
    lcdinit();                          //LCD 初始化
    if(at24c02r(20) == 0x33)            //如果 AT24C02 被写入过,将存储的值赋给显示时间
        {
            h = at24c02r(1);
            m = at24c02r(2);
            s = at24c02r(3);
        }
    else{h = 0;s = 0;m = 0;}            //如果 AT24C02 没有写入,显示时间从 0 开始
    TR0 = 1;                            //启动 T0
    while(1)
        {
        lcdwdata(string[h/10]);         //显示小时
        lcdwdata(string[h % 10]);
        lcdwdata('_');
        lcdwdata(string[m/10]);         //显示分钟
        lcdwdata(string[m % 10]);
        lcdwdata('_');
        lcdwdata(string[s/10]);         //显示秒
        lcdwdata(string[s % 10]);
        lcdwcom(0x80);                  //重置显示位置
        }
}
void timer0()interrupt 1               //T0 中断子程序
{
    i++;
    if(i == 19)
    {
        i = 0;
        s++;                            //定时时间到 1s,秒显示值加 1
        if(s == 60){s = 0;m++;}         //显示值达到上限时,修改显示值
        if(m == 60){m = 0;h++;}
        if(h == 24)h = 0;
        at24c02w(20,0x33);              //显示数据存入 AT24C02
        at24c02w(20,0x33);
        at24c02w(3,s);
        at24c02w(3,s);
        at24c02w(2,m);
        at24c02w(2,m);
        at24c02w(1,h);
        at24c02w(1,h);
    }
    TH0 = (65536 - 50000)/256;          //T0 重置初值
    TL0 = (65536 - 50000) % 256;
}
```

本例程序主要用到 IIC 总线设备 AT24C02 存储时钟的秒、分钟、小时显示值,每次定时时间到 1s 时,在中断子程序里除了更新显示值外,还要把秒、分钟、小时的当前值分别存入 24C02 地址分别为 3、2、1 的字节。为了保证数据可靠地存入 24C02,这里存入数据时都是连续存了两次。其中,指令"at24c02w(20,0x33);"的作用是,在 24C02 的一个固定单元中写入一个特定的值,目的是把这个值作为数据是否写入 AT24C02 的标志。在主程序初始化之后,如果读 AT24C02 地址为 20 的单元值恰好是 0x33,证明在掉电之前已经有数据成功写入,此时就将写入的秒、分钟、小时值读出,并送显示;如果该单元值不是 0x33,证明 AT24C02 未有效地写入数据,则给所有的显示赋初值为 0,让显示计时值从 0 开始,防止将 AT24C02 原来存储的数据错误地读出,造成显示出错。

由于在 T0 的定时中断子程序中,当定时时间达到 1s 时,增加了一些 AT4C02 写入数据子程序,带来了额外的延时,所以将中断次数计数器缩短为中断 19 次更新显示,以保证时钟显示时间的准确。实际上,为了保证准确的定时,可以在 Keil μVision 5 软件环境下调试。调试之前,先把模拟晶振频率设为 12MHz;在中断子程序中秒更新的位置 s++ 设置断点;进入调试状态后,全速运行,同时观察 Register 窗口中 sec 的值,计算程序在连续两次全速运行到断点位置的 sec 值之差,这个值是两次秒更新显示的时间差,准确值应该是 1s。可以根据实际计算的值和 1s 的偏差值,调整中断次数计数器 i 的值,使每次更新秒显示的时间最接近 1s。sec 的值为程序在已知模拟晶振频率下的实际运行时间,单位为秒。程序调试界面如图 10-5 所示。图中断点设在了指令 s++ 的位置,界面的左侧可以看到 sec 的值,它是当前程序运行的时间。

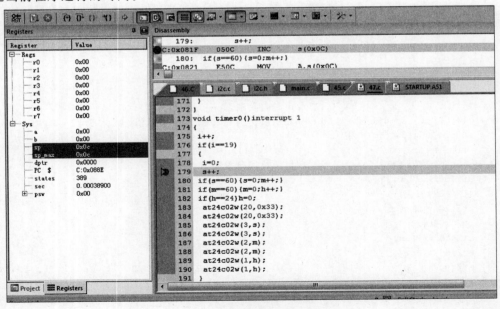

图 10-5　定时时间程序调试界面

10.2 DS1302 时钟芯片的应用

10.2.1 DS1302 时钟芯片的工作原理

DS1302 是 DALLAS 公司推出的涓流充电时钟芯片,内含有一个实时时钟/日历和 31 字节静态 RAM,通过简单的串行接口与单片机进行通信。实时时钟/日历电路提供秒、分、时、日、周、月、年的信息,每月的天数和闰年的天数可自动调整,时钟可采用 24 或 12 小时格式。DS1302 与单片机之间通信仅需用到 3 个口线:RES 复位、I/O 数据线、SCLK 串行时钟。时钟/RAM 与 CPU 之间的数据通信一次可以是一个字节,或多达 31 个字节的字符组。DS1302 工作时功耗很低,保持数据和时钟信息时功率小于 1mW。

DS1302 主要功能如下:

* 时钟计数功能,可以对秒、分钟、小时、日、月、星期、年计数,年计数可达到 2100 年;
* 有 31 字节的数据暂存寄存器;
* 与 CPU 之间数据传输采用 3 个引脚控制;
* 工作电压范围:2.0～5.5V;
* 工作电压为 2.0V 时,工作电流小于 320mA;
* 读/写时钟寄存器或内部 RAM 可以采用单字节模式或突发模式;
* 兼容 DS1202,与 DS1202 相比,增加的功能有:可通过 VCC1 进行涓流充电,双重电源补给,备用电源可采用电池或者超级电容。

DS1302 在学习板上的接口电路如图 10-6 所示。

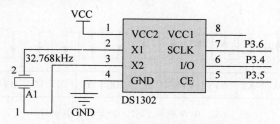

图 10-6 DS1302 在学习板上的接口电路

DS1302 的 1 脚是电源正极,4 脚是电源负极,8 脚是备用电源端;2 脚和 3 脚外接晶振,这个晶振可以为芯片的工作提供稳定的时钟;引脚 5、6、7 是芯片的 SPI 接口,通过该接口芯片和单片机之间进行双向通信。其中,5 脚是 SPI 接口的复位端,接到单片机的 P3.5 口;6 脚是双向数据输入输出端,接到单片机的 P3.4 口;7 脚是时钟输入端,接到单片机的 P3.6 口。

DS1302 工作过程如下:在进行任何数据传输时,RST(5 脚)必须置为高电平;如果在传送过程中,RST 置为低电平,则会停止当前数据传送,I/O 引脚(6 脚)变为高阻态;只有在 SCLK(7 脚)为低电平时,才能将 RST(5 脚)置为高电平。

在每个 SCLK(7 脚)上升沿时,数据(6 脚的信号)被写入 DS1302,下降沿时数据(6 脚信号)从 DS1302 读出,一次只能读/写一位,是读还是写,则需要通过串行控制字节来控制。通过 8 个脉冲控制可读/写 8 个位,即一个字节,实现串行输入与输出。无论是读或写,首先在 8 个时钟脉冲的控制下,将控制字节写入 DS1302;如果选择的是单字节模式,写入控制字节后,连续的 8 个时钟脉冲可以控制 8 位数据的写或读。DS1302 的另一种工作模式就是突发模式,这种模式通过连续的脉冲一次性读/写完 7 个字节的时钟/日历寄存器(时钟/日历寄存器要读/写完),也可以一次性读/写 1～31 字节 RAM 数据(可按实际需要读/写一定量的位,不必全部读/写完)。

其中,在 DS1302 读或写时都要首先传递的控制字节格式如表 10-2 所示。

表 10-2　DS1302 控制字节格式

BIT7	BIT6	BIT5	BIT4	BIT3	BIT2	BIT1	BIT0
1	RAM/$\overline{CK}$	A4	A3	A2	A1	A0	RD/$\overline{W}$

控制字节的最高位 BIT7 必须是 1,否则 DS1302 写入将被禁止。因此,如果将这位置 0,可以禁止 DS1302 写入。BIT6 为 0 时,指定对时钟/日历寄存器读/写,为 1 时,指定对 RAM 区数据读/写。BIT1～BIT5 指定要读/写的寄存器地址。最低位 BIT0 指定对寄存器是读或写,为 0 是写,为 1 是读。将这个控制字节写入 DS1302 后,每个数据位的读或写,就在时钟脉冲的上升沿或下降沿进行。

单片机从 DS1302 读单字节的时序如图 10-7 所示。

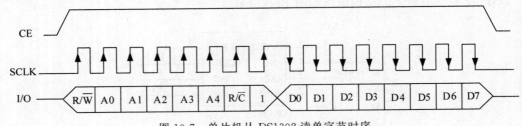

图 10-7　单片机从 DS1302 读单字节时序

DS1302 的一个字节数据读出时,要操作两个字节。首先要写控制字节,控制字节就是一个命令字节,告诉 DS1302 是读操作还是写操作,是对 RAM 还是对时钟寄存器操作。第二个字节就是要读的数据了。

单字节读:只有在 SCLK 为低电平时,才能将 CE 置为高电平。所以在进行操作之前先将 SCLK 置低电平,然后将 CE 置为高电平,接着开始在 I/O 上面放入要传送的电平信号,然后跳变 SCLK。数据在 SCLK 上升沿时,DS1302 读取数据,在 SCLK 下降沿时,DS1302 输出数据。注意:命令字节和数据字节的传送都是从低位到高位。图 10-7 中 SCLK 时钟信号上的箭头表示了时钟信号是上升沿还是下降沿起作用的。当传输第一个命令字节时,命令字节要写入 DS1302,所以其中的每个命令位是在时钟上升沿被 DS1302 读取的;当传输第二个数据字节时,数据从 DS1302 被读出,其中的每位数据是在时钟下降沿被单片机读取的;两个字节传输时,数据流向相反,SCLK 时钟信号分别是在上升沿和下降沿控制读和写。

单片机向 DS1302 写单字节的时序如图 10-8 所示。

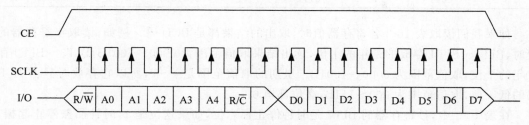

图 10-8 单片机向 DS1302 写单字节的时序

DS1302 的一个字节数据写入时,也要操作两个字节,先要写一个控制字节,再写一个数据字节,命令字节和数据字节的传送也都是从低位到高位。和单字节读不同的是,命令字节后,一个数据字节是写入 DS1302 的,所以 SCLK 在传送两个字节时都是上升沿有效。

时钟/日历数据存储在 7 个寄存器中,这 7 个寄存器分别存储秒、分钟、小时、日、月、星期、年的数据,数据在时钟/日历寄存器中是以 BCD 码格式存储的。时钟/日历寄存器存储格式及读/写寄存器命令如表 10-3 所示。

表 10-3 时钟/日历寄存器存储格式及读/写寄存器命令

读命令	写命令	BIT7	BIT6	BIT5	BIT4	BIT3	BIT2	BIT1	BIT0	范围
81H	80H	CH		秒的 10 位			秒			0~59
83H	82H			分的 10 位			分钟			0~59
85H	84H	12/24	0	时的 10 位	时 10 位		小时			0~23
				AM/PM						0~11
87H	86H	0		日期的 10 位			日			1~31
89H	88H	0	0	0	10 月		月			1~12
8BH	8AH	0	0	0	0	0	星期			1~7
8DH	8CH			年的 10 位			年			0~99
8FH	8EH	WP	0	0	0	0	0	0	0	—

BCD 码以四位二进制数表示 0~9 的一位十进制数,如果十进制数的位数是两位,每位十进制数都要用四位二进制数来表示。如十进制数 12,转换成 BCD 码就是 0001 0010。二进制码如果大于 10,转换成 BCD 码要加 6。例如,二进制码 1100B,转换成 BCD 码的方法为:1100B+6 = 0001 0010B,因为 1100B = 12D,其中 1 和 2 转换成的二进制码分别为0001B、0010B。十进制码和 BCD 码的对应关系如表 10-4 所示。

表 10-4　十进制码和 BCD 码的对应关系

十进制码	BCD 码	十进制码	BCD 码	十进制码	BCD 码	十进制码	BCD 码
0	0000	4	0100	8	1000	12	00010010
1	0001	5	0101	9	1001	13	00010011
2	0010	6	0110	10	00010000	14	00010100
3	0011	7	0111	11	00010001	15	00010101

如果我们读取表 10-3 各寄存器值时,取出的结果都是 BCD 码。例如,读取年寄存器的值时,BIT7～BIT4 存放的是年的十位,读出结果取值范围为 0000～1001B,BIT3～BIT0 存放年的个位,取值范围为 0000～1001B。星期的取值范围是 1～7,所以它存放时只占 BCD 码的低三位,取值范围为 000～111B,高位都填 0。

在表 10-3 中,秒寄存器的 BIT7 是时钟停止标志位,如果这位是 1,时钟晶振停止起振,DS1302 进入低功耗待命模式;如果这位是 0,晶振开始起振。小时寄存器的 BIT7 是 12/24 小时模式选择位,这一位为 1 时,选择了 12 小时制;为 0 时,选择了 24 小时制;在 12 小时制下,BIT5 为 1 时,选择了 PM,为 0 时,选择了 AM;在 24 小时制下,BIT5 存放的是小时值的最高位数据。时钟寄存器的第 8 个字节是写保护寄存器,当 WP 为 1 时,开启写保护,这时禁止对 DS1302 进行写操作;当 WP 为 0 时,关闭写保护,这时才能对 DS1302 进行写操作。

DS1302 内部还有一个涓细电流充电设置寄存器,当 DS1302 掉电时,可以马上调用外部电源保护时间数据。该寄存器就是配置备用电源的充电选项的。其中高四位只有在 1010 的情况下才能使用充电选项;低四位的情况,与 DS1302 内部电路有关,用于调整涓细充电电流的大小。

DS1302 内部有批量读/写操作设置寄存器,设置该寄存器后,可以对 DS1302 的各个寄存器进行连续写入。DS1302 有 31 个字节的存储空间,这 31 个存储空间的最后一个是 RAM 批量读/写操作设置的寄存器,设置该寄存器可以达到对 RAM 连续读/写的作用。DS1302 的可用存储空间实际上为 30 个字节。

10.2.2　带闹钟的电子万年历设计

要求:用 LCD1602 和 DS1302 实现时间可调的电子万年历,并可以通过按键设定闹钟开关。电路如图 10-9 所示,单片机的复位电路和晶振电路没有画出。对其中 4 个按键定义如下:K1 按下选择要调整的显示值;K2 按下对显示值加一;K3 控制进入或退出调整时间状态,在闹钟开启状态下控制退出闹钟状态;K4 按下进入闹钟设置状态、开启闹钟。没有进入调整显示时间状态时,单片机循环从 DS1302 中读取时间,并送 LCD 实时更新显示;进入时间调整状态时,响应按键操作,并且只有在按键 K3 控制进入调整时间状态时,其他按键才能被响应。

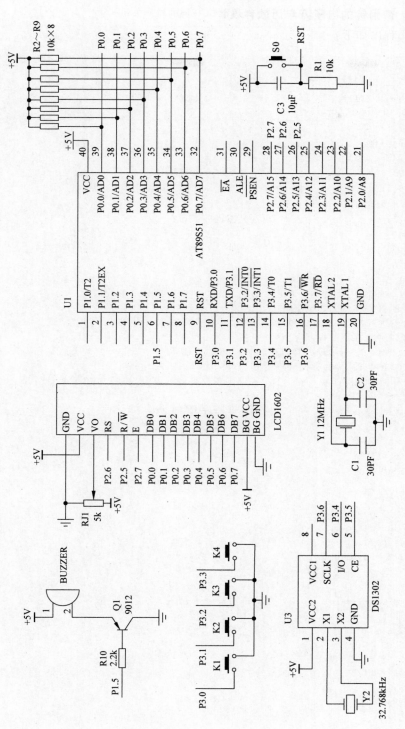

图 10-9　带闹钟的电子万年历电路

【例 10-2】 带闹钟的电子万年历软件设计。

电子万年历程序如下:

```c
#include <reg51.h>
#include <intrins.h>
#define uchar unsigned char
#define uint unsigned int
sbit LCD1602_E = P2^7;               //定义 LCD 控制口
sbit LCD1602_RW = P2^5;
sbit LCD1602_RS = P2^6;
sbit DSIO = P3^4;                    //定义 DS1302 的控制口
sbit RST = P3^5;
sbit SCLK = P3^6;
sbit K1 = P3^1;                      //定义按键的端口
sbit K2 = P3^0;
sbit K3 = P3^2;
sbit K4 = P3^3;
sbit LS1 = P1^5;
uchar code R_ADDR[7] = {0x81, 0x83, 0x85, 0x87, 0x89, 0x8b, 0x8d};
//读 DS1302 时钟寄存器的控制字节
uchar code W_ADDR[7] = {0x80, 0x82, 0x84, 0x86, 0x88, 0x8a, 0x8c};
//写 DS1302 时钟寄存器的控制字节
uchar TIME[7] = {0, 0, 0x12, 0x01, 0x03, 0x05, 0x17};
//写入 DS1302 的初始时间,存储顺序为秒、分钟、小时、日、月、星期、年
uchar SD[3] = {0,0,0};               //存储闹钟设定值的数组,顺序为秒、分钟、小时
uchar s1,s2,s3,s4,s5;
void delay(uint x)                   //延时子程序,延时 xms
{
 uint i,j;
 for(i = 0;i < x;i++)
 for(j = 0;j < 110;j++);
}
void delay10ms()
{
    unsigned char a,b,c;
    for(c = 1;c > 0;c--)
        for(b = 38;b > 0;b--)
            for(a = 130;a > 0;a--);
}
void lcdwcom(uchar com)              //LCD 写命令子程序
{
    LCD1602_E = 0;
    LCD1602_RS = 0;
    LCD1602_RW = 0;
    P0 = com;
    delay(1);
    LCD1602_E = 1;
    delay(5);
```

```
    LCD1602_E = 0;
}
void lcdwdata(uchar dat)            //LCD 写数据子程序
{
    LCD1602_E = 0;
    LCD1602_RS = 1;
    LCD1602_RW = 0;
    P0 = dat;
    delay(1);
    LCD1602_E = 1;
    delay(5);
    LCD1602_E = 0;
}
void lcdinit()                      //LCD 初始化子程序
{
    lcdwcom(0x38);
    lcdwcom(0x0c);
    lcdwcom(0x06);
    lcdwcom(0x01);
    lcdwcom(0x80);
}
void LcdDisplay()                   //LCD 显示时间子程序
{
    if(s3 == 1)                     //当 K4 键按下一次,设定闹钟的小时、分钟、秒送显示
    {
     TIME[2] = SD[2];
     TIME[1] = SD[1];
     TIME[0] = SD[0];
     s3++;
  }
    lcdwcom(0x80 + 0X40);           //显示坐标移到第 2 行
    lcdwdata('0' + TIME[2]/16);     //显示小时
    lcdwdata('0' + (TIME[2]&0x0f));
    lcdwdata('h');
    lcdwdata('0' + TIME[1]/16);     //显示分钟
    lcdwdata('0' + (TIME[1]&0x0f));
    lcdwdata('m');
    lcdwdata('0' + TIME[0]/16);     //显示秒值
    lcdwdata('0' + (TIME[0]&0x0f));
    lcdwdata('s');

    lcdwcom(0x80);                  //显示坐标移到第 1 行
    lcdwdata('2');
    lcdwdata('0');
    lcdwdata('0' + TIME[6]/16);     //显示年
    lcdwdata('0' + (TIME[6]&0x0f));
    lcdwdata('y');
    lcdwdata('0' + TIME[4]/16);     //显示月
    lcdwdata('0' + (TIME[4]&0x0f));
```

```
    lcdwdata('m');
    lcdwdata('0' + TIME[3]/16);              //显示日期
    lcdwdata('0' + (TIME[3]&0x0f));;
    lcdwdata('d');
    lcdwcom(0x8C);                           //重置显示坐标
    lcdwdata('w');
    lcdwdata('0' + (TIME[5]&0x07));          //显示星期
}
void ds1302w(uchar addr, uchar dat)         //DS1302 写单字节子程序
{
    uchar n;
    RST = 0;
    _nop_();
    SCLK = 0;
    _nop_();
    RST = 1;
    _nop_();
    for (n = 0; n < 8; n++)                  //传送八位命令字节
    {
        DSIO = addr & 0x01;                  //数据从低位开始传送
        addr >>= 1;
        SCLK = 1;                            //命令写入 DS1302
        _nop_();
        SCLK = 0;
        _nop_();
    }
    for (n = 0; n < 8; n++)                  //八位数据写入 DS1302
    {
        DSIO = dat & 0x01;
        dat >>= 1;
        SCLK = 1;
        _nop_();
        SCLK = 0;
        _nop_();
    }
    RST = 0;                                 //传送数据结束,RST 恢复低电平
    _nop_();
}
uchar ds1302r(uchar addr)                    //DS1302 读单字节子程序
{
    uchar n,dat,dat1;
    RST = 0;
    _nop_();
    SCLK = 0;
    _nop_();
    RST = 1;
    _nop_();
    for(n = 0; n < 8; n++)                   //向 DS1302 写八位命令字节
    {
```

```c
        DSIO = addr & 0x01;
        addr >>= 1;
        SCLK = 1;
        _nop_();
        SCLK = 0;
        _nop_();
    }
    _nop_();
    for(n = 0; n < 8; n++)          //从 DS1302 读 8 个字节数据
    {
        dat1 = DSIO;                //从低位开始接收
        dat = (dat >> 1) | (dat1 << 7);
        SCLK = 1;
        _nop_();
        SCLK = 0;
        _nop_();
    }
    RST = 0;
    _nop_();                        //DS1302 固定复位稳定时间
    SCLK = 1;
    _nop_();
    DSIO = 0;
    _nop_();
    DSIO = 1;
    _nop_();
    return dat;
}
void ds1302init()                   //DS1302 初始化子程序
{
    uchar n;
    ds1302w(0x8E,0X00);             //关闭 DS1302 写保护
    for (n = 0; n < 7; n++)         //7 个时钟数据写入 DS1302
    {
        ds1302w(W_ADDR[n],TIME[n]);
    }
    ds1302w(0x8E,0x80);             //打开写保护
}
void ds1302rtime()                  //读 DS1302 存储的时钟信号子程序
{
    uchar n;
    for (n = 0; n < 7; n++)         //读取时钟数据,存入 TIME 数组
    {
        TIME[n] = ds1302r(R_ADDR[n]);
    }
}
void Int0() interrupt 0             //K3 的外部中断 0 子程序
{
    delay10ms();                    //消抖
    if(K3 == 0)                     //确认 K3 键按下
```

```
    {
        if(s3 == 3)                          //如果是闹钟开状态
        {
            lcdwcom(0x8E);                   //按下K3键显示闹钟进入关状态
            lcdwdata('O');
            lcdwdata('F');
            s3 = 0;                          //退出闹钟状态
            s1 = 0;
            s5 = 1;                          //进入关闹钟状态指示
        }
        else
        {
            s4 = 0;                          //清0开闹钟状态指示
            s1 = ~s1;                        //进入或退出设置状态指示
            s2 = 0;                          //设置调整位置的序号
            ds1302init();                    //TIME数组写入DS1302
            if(s1 == 0)lcdwcom(0x0c);        //退出调整状态停止光标显示
        }
    }
}
void main()
{
    unsigned char i,a;
    a = 0x47;                                //秒显示坐标位置
    IT0 = 1;                                 //允许外部中断0
    EA = 1;
    EX0 = 1;
    lcdinit();                               //LCD初始化
    ds1302init();                            //TIME数组数据写入DS1302
    lcdwcom(0x8E);                           //显示闹钟状态为关
    lcdwdata('O');
    lcdwdata('F');
    while(1)
    {
        s4 = 0;                              //清0开闹钟状态
        s5 = 0;                              //清0关闹钟状态
        if(s1 == 0)                          //未进入时间调整状态
        {
            ds1302rtime();                   //读DS1302计时值,准备送显示
        }
        else                                 //进入时间调整状态
        {
            lcdwcom(0x80 + a);               //光标停在秒显示位上闪烁
            lcdwcom(0x0f);
            if(K1 == 0)                      //按下K1键,选择要调整的显示参数
            {
                delay10ms();                 //消抖
                if(K1 == 0)                  //确认K1键按下
                {
```

```
            s2++;                                    //显示位置序号加 1
            switch(s2)                               //调整不同的参数,光标移动相应位置
            {
                case 1:a = 0x44;break;               //调整分钟
                case 2:a = 0x41;break;               //调整小时
                case 3:a = 0x09;break;               //调整日期
                case 4:a = 0x06;break;               //调整月份
                case 5:a = 0x0e;break;               //调整星期
                case 6:a = 0x03;break;               //调整年
                default:s2 = 0;a = 0x47;break;       //否则调整秒,序号清 0
            }
        }
        while((i < 50)&&(K1 == 0))                   //检测 K1 键是否释放
        {
            delay10ms();
            i++;
        }
        i = 0;                                       //延时后未释放跳出
    }
    if(K2 == 0)                                      //按下 K2 键显示值加 1
    {
        delay10ms();                                 //消抖
        if(K2 == 0)                                  //确认按下 K2 键
        {
            TIME[s2]++;                              //选择位的显示值加 1
            if((TIME[s2]&0x0f)> 9)                   //加一后,低四位大于 9,加 6
            {
                TIME[s2] = TIME[s2] + 6;             //转换成 BCD 码
            }
            if((TIME[s2]> = 0x60)&&(s2 < 2))         //显示分钟和秒
            {
                TIME[s2] = 0;                        //显示值大于等于 60 就清 0
            }
            if((TIME[s2]> = 0x24)&&(s2 == 2))        //显示小时
            {
                TIME[s2] = 0;                        //显示值大于等于 24 就清 0
            }
            if((TIME[s2]> = 0x32)&&(s2 == 3))        //显示日期
            {
                TIME[s2] = 1;                        //显示值大于等于 32 就置 1
            }
            if((TIME[s2]> = 0x13)&&(s2 == 4))        //显示月份
            {
                TIME[s2] = 1;                        //显示值大于等于 13 就置 1
            }
            if((TIME[s2]> = 0x8)&&(s2 == 5))         //显示星期
            {
                TIME[s2] = 1;                        //显示值大于等于 8 就置 1
            }
```

```
                    if((TIME[s2]> = 100)&&(s2 == 6))              //显示年
                    {
                        TIME[s2] = 0;                             //显示值大于等于 100 就清 0
                    }
                }
            while((i < 50)&&(K2 == 0))                            //检测 K2 键是否释放
            {
                Delay10ms();
                i++;
            }
            i = 0;                                                //延时未释放跳出
        }
        if(K4 == 0)                                               //按下 K4 键设置闹钟
        {
            delay10ms();                                          //消抖
            if(K4 == 0)                                           //确认按下 K4 键
            {
                s3++;
//K4 键按下一次,小时、分钟、秒显示设定值,可用 K1 键、K2 键调整闹钟定时值
                if(s3 == 3)                                       //K4 键按下两次,开启闹钟
                {
                    uchar n;
                    for (n = 0; n < 3; n++)SD[n] = TIME[n];//保存设定值
                    lcdwcom(0x8E);                                //显示闹钟状态为开
                    lcdwdata('O');
                    lcdwdata('N');
                    s1 = 0;                                       //进入正常计时显示
                }
            }
            while((i < 50)&&(K4 == 0))                            //等待 K4 键释放或延时退出
            {
                delay10ms();
                i++;
            }
            i = 0;
        }
    }
LcdDisplay();                                                     //调用时钟显示子程序
if(s3 == 3)                                                       //当闹钟为开状态
{
    uchar n;
    for(n = 2;n > 0;n-- )//比较计时值与小时、分钟设定值是否相等
    {
        TIME[n] = ds1302r(R_ADDR[n]);                             //读出计时值
        if(TIME[n] == SD[n])s4 = 2;                              //比较相等,令 s4 = 2
        else{s4 = 0;goto l1;}                                     //不相等则退出比较
    }
    l1:i = 10;                                                    //变量 i 控制鸣响的时间
        while((s4 == 2)&&(s5 == 0))//分钟、小时相等时闹钟鸣响
```

```
                {
                    LS1 = 0;
                    delay(1);
                    LS1 = 1;
                    delay(1);
                    i--;
                    if(i == 0)s4 = 0;              //延时暂停鸣响
                }
            }
        }
    }
```

本例程序已经在学习板上调试通过。主程序先进行初始化,将数组 TIME 的初始值写入 DS1302,使得程序一上电就从 TIME 设置的初始日历时钟开始计时显示;K3 键接外部中断 INT0 的引脚 P3.2,程序设置开放了 INT0 中断,以中断方式控制进入或退出显示时间的调整,以中断方式退出闹钟设置状态或停止闹钟鸣响。如果未进入显示时间的调整状态,循环读出 DS1302 的当前计时值,并送 LCD 显示。

如果在 K3 键控制下进入了显示时间调整状态,先确认 K1 键是否按下,若按下则时间序号加一;这里秒、分钟、小时、日、月、星期、年的序号分别是 0~6,K1 键每按下一次,要调整的显示内容就移到下一位,光标也移到要调整的位置,并把显示坐标的地址赋给变量 a,控制光标总是在调整显示值的位置上闪烁。当 K2 键每按下一次,由 K1 键选择调整的显示位显示值加一,如果加一后的值不符合 BCD 码格式,要进行编码转换;当上述 7 个时间值加一后达到或超过上限,对它们重置最小有效值,循环显示。

在显示设置状态下,当 K4 键按下第一次,小时、分钟、秒的闹钟设定值送显示器显示,此时 DS1302 的计时值被设定值覆盖;此时可以通过 K1 键、K2 键设置闹钟闹响的时间,设置完成后,按下 K4 键确认设置完成,并进入闹钟开启状态,显示器右上角显示 ON,表示闹钟开启;当读取的 DS1302 计时值和闹钟设定值分钟、小时值相等时,闹钟鸣响,此时按下 K3 键可停止鸣响状态,并进入闹钟关闭状态。如果需要再次设置闹钟定时功能,可以重复上述过程,先按 K3 键,然后按 K4 键,再按 K1 键和 K2 键设置闹钟设定值,之后按 K4 键启动闹钟。

处理完以上任意一个按键状态之后,都要检测按键是否释放,如果延时一段时间未释放,就跳出检测过程,防止出现死循环。在显示值调整后,调用 LCD 显示子程序显示当前值。

K3 键用于控制进入或退出时钟调整状态,如果按下 K3 键,程序会自动进入外部中断 0 的处理子程序,先判断是否处于闹钟鸣响状态,若是,则设置闹钟开、关标志,并显示 OF 表示闹钟状态关。如果不是设置闹钟,则用变量 s1 作为进入或退出计时调整状态的标志;若 s1 不为零,表示进入调整状态;否则表示未进入调整状态。进入中断后,还要把显示序号(变量 s2)清 0,使得显示调整的初始位置从秒开始;再把 TIME 数组的数据写入 DS1302,并在退出调整状态后关闭光标显示。

对 DS1302 的操作主要通过 4 个子程序进行：DS1302 的单字节读、单字节写、初始化（给定的原始数据写入 DS1302）、读 DS1302 存储的时钟信号子程序。其中单字节的读和写是关键，必须按照 DS1302 的时序要求严格进行；另外两个程序都是在单字节操作程序基础上得到的，如初始化要将 7 个时钟数据写入 DS1302，调用 7 次单字节写子程序；读时钟要将 7 个时钟信号读出，调用 7 次读单字节子程序。

对于 LCD1602 来说，输入的显示的数据都是字符形式的，字符的编码又是按顺序排列的，要显示某个数据时，只要在字符"0"的基础上偏移几位，就可以得到几的字符。例如，要显示 6 时，6 的字符可以由"'0'＋6"得到。所以在本例的 LCD 显示时间子程序中，用指令"lcdwdata('0'＋TIME[2]/16);"就可以显示小时的十位（DS1302 时钟值是以 BCD 码形式存储的）。其中 2 是序号，在 TIME 数组中第二个元素是小时值，TIME[2]是小时的数值，再除以 16，就是小时值的高四位，即 BCD 码的十位值；TIME[2]&0x0f 是小时值和 0x0f 相与，即只取小时值的低四位。

本例调试过程如下。

（1）初始上电时，液晶界面上显示秒、分钟、小时、日、月、星期、年，同时在右上角显示闹钟的开关状态，显示界面如图 10-10 所示。如图第一行显示年、月、日、星期，最右面用"OFF"或"ON"显示闹钟的开关状态；第二行显示小时、分钟、秒。

| 2 | 0 | × | × | y | × | × | M | × | × | d | | w | × | O | OFF/ON |
| × | × | h | × | × | m | × | | × | × | s | | | | | |

图 10-10　LCD 上电显示界面

（2）需要设置显示时间时，按如下过程操作：按 K3 键进入设置状态，按 K1 键选择要设置的参数，此时光标在设置位上闪烁，再按 K2 键对设置值加一，修改参数；修改完成后，按 K3 键退出设置状态，返回正常显示状态。

（3）需要设置闹钟时，按如下过程操作：按 K3 键进入设置状态，按 K4 键显示闹钟设定值，此时设定值在 LCD 界面第二行显示，覆盖了小时、分钟、秒计时值；此时按 K1 键、K2 键修改设定值，修改完成后按 K4 键退出，第二行重新显示小时、分钟、秒计时值，同时 LCD 界面右上角显示 ON，表示进入闹钟闹响状态。

（4）闹钟闹响状态下，当设定值的小时、分钟和当前计时值的小时、分钟值相等时，闹钟鸣响，此时可按 K3 键退出鸣响状态并关闭闹钟，或等待一分钟后闹钟自动停止鸣响。

本例程序下载到学习板上的显示效果如图 10-11 所示。

图 10-11　电子万年历的显示效果

10.3　温度传感器 DS18B20 的应用

10.3.1　DS18B20 的工作原理

1．单总线概述

DS18B20 采用单总线的接口方式与微处理器连接,单总线将地址线、数据线、控制线合为 1 根信号线,既传输时钟又传输数据,而且数据传输是双向的。它允许在这根信号线上挂接多个单总线器件。

单总线适用于单个主机控制一个或多个从机的情况。当只有一个从机位于总线上时,系统可按照单节点系统操作;而当多个从机位于总线上时,则系统按照多节点系统操作。所有的总线器件都具有一个共同的特征:在出厂时,每个器件都有一个与其他任何器件互不重复的固定的序列号,通过它自己的序列号可以区分同一总线上的多个器件。

单总线只有一根数据线,主机或从机通过一个漏极开路或三态端口,连接至该数据线,单总线要求外接一个阻值约 5kΩ 的上拉电阻,允许设备在不发送数据时释放总线,以便总线被其他设备所使用,总线的闲置状态为高电平。如果总线保持低电平超过 480μs 总线上的所有器件将复位。另外,在寄生方式供电(DS18B20 由总线供电)时,为了保证单总线器件在某些工作状态下(如温度转换期间、EPROM 写入等)具有足够的电源电流,必须在总线上提供强上拉。

2．温度传感器 DS18B20 性能与资源

DS18B20 是能够直接输出数字量的温度传感器,集温度测量和 A/D 转换于一体,传输距离远,可以很方便地实现多点测量,硬件电路结构简单,与单片机接口几乎不需要外围元件。它可采用总线供电和电源供电,在同一根总线上可接多个传感器,构成多点测温网络,是温度场监控系统的理想选择。

它的测温范围在 −55 ~ +125℃。当被测温度在 −10 ~ +85℃ 时,测量精度可达 ±0.5℃,稳定度为 1%。通过编程可实现 9、10、11、12 位分辨率读取温度,其中包括一个符号位,对应显示温度的最小变化量分别为 0.5℃、0.25℃、0.125℃、0.0625℃,芯片出厂时默认为 12 位的转换精度。

学习板上 DS18B20 的接口电路如图 10-12 所示。

DS18B20 内部共有 3 种形态的存储器资源,它们分别是:

(1) ROM 只读存储器:用于存放 DS18B20 的 ID 编码,其前 8 位是单线系列产品编码,后面 48 位是芯片唯一的序列号,最后 8 位是以上 56 位的 CRC 码。数据在出厂时设置,用户不能更改,共 64 位 ROM。

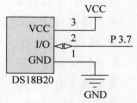

图 10-12　DS18B20 的
接口电路

(2) RAM 数据暂存器:数据在掉电后丢失,DS18B20 共 9 字节 RAM,每字节为 8 位。配置如表 10-5 所示。第 1、第 2 个字节是温度转换后的数据信息;第 3 和第 4 字节是高温

触发器 TH 和低温触发器 TL 的易失性复制,用于设置温度报警值;第 5 个字节为配置寄存器,它的内容用于确定温度值的数字转换分辨率。

表 10-5 DS18B20 数据暂存器配置

温度 低位	温度 高位	TH 高温 触发器	TL 低温 触发器	配置 寄存器	保留	保留	保留	八位 CRC

配置寄存器字节各位的定义如表 10-6 所示。低 5 位一直为 1;TM 是工作模式位,用于设置 DS18B20 在工作模式还是在测试模式,出厂时该位被设置为 0,用户不要去改动;R1 和 R0 用来设置分辨率,决定温度转换的精度位数。

表 10-6 配置寄存器各位定义

TM	R1	R0	1	1	1	1	1

配置寄存器中 R1、R0 的作用如表 10-7 所示。出场设置默认 R0、R1 为 11,也就是 12 位分辨率,即 1 位代表 0.0625℃。

表 10-7 配置寄存器中 R1、R0 的作用

R0	R1	温度分辨率/b	最大转换时间/ms
0	0	9	93.75
0	1	10	187.5
1	0	11	375
1	1	12	750

为了保证数据可靠地传输,任一时刻单总线上只能有一个控制信号或数据,进行数据通信时,应符合单总线协议。访问 DS18B20 的操作顺序遵循以下 3 步:

第一步:初始化;

第二步:ROM 命令;

第三步:存储器操作命令。

基于单总线上的所有数据传输过程都是以初始化开始的,在初始化过程中,主机发出复位脉冲,从机响应发出应答脉冲。应答脉冲使主机知道,总线上有从机设备,且准备就绪。

ROM 指令为 8 位长度,功能是对片内的 64 位光刻 ROM 进行操作。其主要目的是分辨一条总线上挂接的多个器件并作处理。单总线上可以同时挂接多个器件,并通过每个器件上独有的 ID 号来区别;当只挂接单个 DS18B20 芯片时,可以在这一步直接采用跳过 ROM 命令。对于只有一个温度传感器的单点系统,跳过 ROM 命令特别有用,控制器不必发送 64 比特序列号,从而节约了大量时间。对于单总线的多点系统,通常先把每一个单总线器件的 64 比特序列号测出,要访问某一个从属节点时,发送匹配 ROM 命令,然后发送 64 比特序列号,这时可以对指定的从属节点进行操作。ROM 操作指令如表 10-8 所示。

表 10-8　ROM 操作指令

指令名称	指令代码	指令功能
读 ROM	33H	读 DS18B20 中 ROM 的编码(即读 64 位地址)
ROM 匹配	55H	发出此命令之后,接着发出 64 位 ROM 编码,访问单总线上与编码相对应 DS18B20,使之做出响应,为下一步对该 DS18B20 的读/写做准备
搜索 ROM	0F0H	用于确定挂接在同一总线上 DS18B20 的个数和识别 64 位 ROM 地址,为操作各器件做好准备
跳过 ROM	0CCH	忽略 64 位 ROM 地址,直接向 DS18B20 发温度变换命令,适用于单个 DS18B20 的情况
警报搜索	0ECH	该指令执行后,只有温度超过设定值上限或下限的 DS18B20 才做出响应

搜索 ROM 命令的功能是找出总线上所有的从机设备。如果总线只有一个从机设备,则可以采用读 ROM 命令来替代搜索 ROM 命令。读 ROM 命令仅适用于总线上只有一个从机设备的情况,允许主机直接读出从机的 64 位 ROM 代码,无须执行搜索 ROM 过程。

主机能够采用跳过 ROM 命令同时访问总线上的所有从机设备,无须发出任何 ROM 代码信息。例如,主机通过在发出跳过 ROM 命令后跟随转换温度命令[44H],就可以同时命令总线上所有的 DS18B20 开始转换温度,这样大大节省了主机的时间。值得注意的是,如果跳过 ROM 命令跟随的是读暂存器[BEH]的命令(包括其他读操作命令),则该命令只能应用于单节点系统,否则将由于多个节点都响应该命令而引起数据冲突。

存储器操作指令同样为 8 位,共 6 条,功能是向 DS18B20 的内部 RAM 发出控制命令,它是芯片控制的关键。存储器操作指令如表 10-9 所示。

表 10-9　存储器操作指令

指令名称	指令代码	指令功能
温度变换	44H	启动 DS18B20 进行温度转换,转换时间最长为 500ms,结果存入内部 9 字节 RAM 中
读暂存器	0BEH	读内部 RAM 中 9 字节的内容
写暂存器	4EH	发出向内部 RAM 的第 3、第 4 字节写上、下限温度数据命令,紧跟该命令之后,是传送两字节的数据
复制暂存器	48H	将 RAM 中第 3、第 4 字节的内容复制到 EEPROM 中
重调 EEPROM	0B8H	EEPROM 中的内容恢复到 RAM 中的第 3、第 4 字节
读供电方式	0B4H	读 DS18B20 的供电模式,寄生供电时 DS18B20 发送 0,外接电源供电 DS18B20 发送 1

每次访问单总线器件,必须严格遵守这个命令序列,如果出现序列混乱,则单总线器件不会响应主机。但是,这个准则对于搜索 ROM 命令和报警搜索命令例外,在执行两者中任何一条命令之后,主机不能执行其后的功能命令,必须返回至第一步。

3．控制器对 DS18B20 操作流程

1）复位

控制器首先要对 DS18B20 芯片进行复位，复位就是由控制器（单片机）给 DS18B20 单总线至少 480μs 的低电平信号，这个过程就是"初始化"。当 DS18B20 接到此复位信号后，则会在 15～60μs 后回发一个低电平的存在脉冲。

在复位电平结束之后，控制器应该将数据单总线拉高，以便于在 15～60μs 后接收存在脉冲，存在脉冲是一个周期为 60～240μs 的低电平信号。至此，通信双方已经达成了基本的协议，接下来将会是控制器与 DS18B20 间的数据通信。如果复位低电平的时间不足或单总线的电路断路都不会接到存在脉冲，在设计时要注意意外情况的处理。DS18B20 的复位时序如图 10-13 所示。

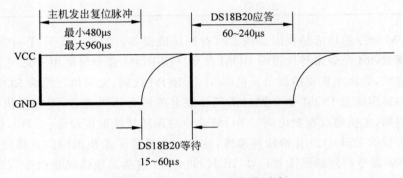

图 10-13　DS18B20 的复位时序

2）读数据

读数据时先由主机产生至少 1μs 的低电平，它是由控制器发出的一个起始信号，表示读时间的起始。随后在总线被释放后的 15μs 中，DS18B20 会发送内部数据位，这时控制器如果发现总线为高电平，表示读出 1，如果总线为低电平，则表示读出数据 0。必须在读起始信号出现后的 15μs 内读取数据位，才可以保证通信的正确。DS18B20 的读 0 和读 1 时序如图 10-14 所示。

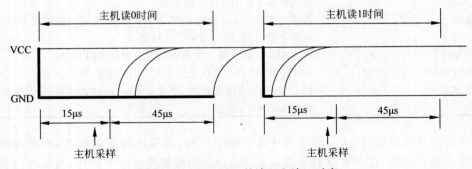

图 10-14　DS18B20 的读 0 和读 1 时序

3）写数据

写数据分为写 0 和写 1，时序见图 10-15。在写数据的前 15μs，控制器要将总线拉至低电平，而后是 DS18B20 芯片对总线数据的采样时间，采样时间为 15～60μs，采样时间内如果控制器将总线拉高，则表示写 1，如果控制器将总线拉低，则表示写 0。每一位的发送都应该有一个至少 15μs 的低电平起始位，随后的数据 0 或 1 应该在 45μs 内完成。整个位的发送时间应该保持在 60～120μs，否则不能保证通信的正常。

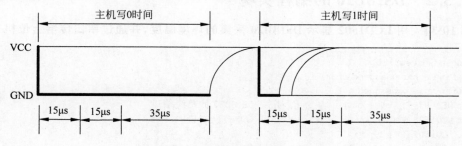

图 10-15　DS1820 的写 0 和写 1 时序

若要读出当前的温度数据，需要执行两个工作周期：第一个周期为复位、跳过 ROM 指令、执行温度转换指令、等待 500μs 温度转换时间；第二个周期为复位、跳过 ROM 指令、执行读 RAM 的指令、读数据。读数据最多能读出 9 个字节，中途可停止，如果只读温度值，读前 2 个字节即可。

4. 温度数据的处理

DS18B20 温度转换完成后的温度值，以 16 位带符号扩展的二进制补码形式（高 5 位是符号位）存储在 DS18B20 的 RAM 暂存器第 1、第 2 字节里。单片机可以通过单线接口读出该数据，读数据时，低位在先，高位在后，当采用 12 位分辨率时，每位二进制数表示 0.0625℃。当符号位 S=0 时，表示测得的温度值为正值，可以直接将二进制位转换为十进制；当符号位 S=1 时，表示测得的温度值为负值，要先将补码变成原码，再计算十进制数值。

什么是补码？正数的补码是正数本身；负数的补码是原码取反，然后再加 1。DS18B20 存储的温度值是以补码的形式存储的，所以读出来的温度值是实际温度值的补码，要把该值转换为原码。正温度原码就是补码本身，在 12 位分辨率下，温度的计算公式是：

温度值＝读取值×0.0625

负温度原码是补码减 1 再取反，所以在 12 位分辨率下，计算公式为：

温度值＝－（读取值减 1 再取反）×0.0625

数据处理的简化方法为：由于 12 位转化时，每位的精度为 0.0625℃，可以把转换得到的温度最高四位（符号位）与最低四位（小数位）舍去，这样可获得一个新的字节，这个字节就是实际测量的温度值，且无须乘以 0.0625（因为去掉低四位相当于原数值除以 16，和乘以 0.0625 是相等的），简化了计算过程。这样得到的温度值最低位是 1℃。

5. 应用 DS18B20 时需要注意的问题

（1）对 DS18B20 读/写编程时，必须严格保证读/写时序，否则将无法读取测温结果。

（2）当单总线上挂接的 DS18B20 超过 8 个时，就需要考虑微处理器的总线驱动问题，这一点在进行多点测温系统设计时要加以注意。

（3）连接 DS18B20 的总线电缆有长度限制。当采用普通信号电缆传输长度超过 50m 时，读取的测温数据将发生错误。当将总线电缆改为屏蔽双绞线电缆时，正常通信距离可达 150m。

10.3.2　DS18B20 的编程实现

【**例 10-3**】　用 LCD1602 显示 DS18B20 采集的环境温度，并通过串口传给上位机。

```c
# include < reg51.h >
# define uchar unsigned char
# define uint unsigned int
sbit DS = P3^7;                        //定义 DS18B20 的总线端口
sbit LCD1602_E = P2^7;                 //定义 LCD 控制端口
sbit LCD1602_RW = P2^5;
sbit LCD1602_RS = P2^6;
uchar a = 0;
uchar CNCHAR[6] = "摄氏度";
uchar datas[] = {0, 0, 0, 0, 0};       //定义数组,存放检测温度的各位
void delay(uint x)                     //延时子程序,延时 xms
{
 uint i,j;
 for(i = x;i > 0;i -- )
 for(j = 110;j > 0;j -- );
}
void lcdwcom(uchar com)                //LCD 写命令子程序
{
    LCD1602_E = 0;
    LCD1602_RS = 0;
    LCD1602_RW = 0;
    P0 = com;
    delay(1);
    LCD1602_E = 1;
    delay(5);
    LCD1602_E = 0;
}
void lcdwdata(uchar dat)               //LCD 写数据子程序
{
    LCD1602_E = 0;
    LCD1602_RS = 1;
    LCD1602_RW = 0;
    P0 = dat;
    delay(1);
    LCD1602_E = 1;
    delay(5);
    LCD1602_E = 0;
}
```

```
void lcdinit()                 //LCD 初始化子程序
{
    lcdwcom(0x38);
    lcdwcom(0x0c);
    lcdwcom(0x06);
    lcdwcom(0x01);
    lcdwcom(0x80);
}
uchar ds18b20init()            //DS18B20 初始化子程序
{
    uint i;
    DS = 0;                    //单片机先将 DS18B20 总线拉低 480～960μs
    i = 70;
    while(i -- );              //延时
    DS = 1;                    //再拉高总线,如果 DS18B20 做出应答,会在 15～60μs 后拉低总线
    i = 0;
    while(DS)                  //如果 DS18B20 不应答,就一直循环
    {
        i++;
        if(i > 5000)           //当循环时间大于 5ms
            return 0;          //返回 0,表示初始化失败
    }
    return 1;                  //等待时间内,DS18B20 有应答,返回 1,表示初始化成功
}
void ds18b20wbyte(uchar dat)   //向 DS18B20 写一个字节子程序
{
    uint i,j;
    for(j = 0;j < 8;j++)
    {
        DS = 0;                //先把 DS18B20 总线拉低 1μs
        i++;
        DS = dat&0x01;         //将最低位的数据写入总线
        i = 6;
        while(i -- );          //延时最少 60μs
        DS = 1;                //总线拉高,释放总线至少 1μs
        dat >> = 1;            //下一个要发的数据移到最低位,准备发送
    }
}
uchar ds18b20rbyte()          //从 DS18B20 读一个字节子程序
{
    uchar byte,bi;
    uint i,j;
    for(j = 8;j > 0;j -- )
    {
        DS = 0;                //先把 DS18B20 总线拉低 1μs
        i++;
        DS = 1;                //释放总线
        i++;
        i++;                   //延时等待数据稳定
```

```
        bi = DS;                        //将总线上的数据读入单片机,从最低位开始读
        byte = (byte >> 1)|(bi << 7);   //byte 先右移一位,再把它的最高位放置读到的数
        i = 4;                          //延时 48μs 再读下一个数
        while(i -- );
    }
    return byte;                        //返回读到的一个字节
}
int ds18b20rtemp()                      //读 DS18B20 温度子程序
{
    int temp = 0;
    unsigned char tmh, tml;
    ds18b20init();                      //DS18B20 初始化
    delay(1);
    ds18b20wbyte(0xcc);                 //向 DS18B20 发出跳过 ROM 命令
    ds18b20wbyte(0x44);                 //向 DS18B20 发出温度转换命令
    delay(100);
    ds18b20init();                      //DS18B20 初始化
    delay(1);
    ds18b20wbyte(0xcc);                 //跳过 ROM 命令
    ds18b20wbyte(0xbe);                 //向 DS18B20 发出读取温度命令
    tml = ds18b20rbyte();               //读取温度的低位字节
    tmh = ds18b20rbyte();               //读取温度的高位字节
    temp = tmh;
    temp << = 8;
    temp| = tml;                        //把两个字节的温度值合并为一个整型数 temp
    return temp;
}
void tempusart(int temp)                //温度计算显示子程序
{
    float tp;
    if(temp < 0)                        //温度为负值时
      {
        a = 1;
        lcdwcom(0x80);                  //设置显示坐标的位置
        lcdwdata(' - ');                //在当前位置显示负号
        temp = temp - 1;                //求温度原码并保留两位小数
        temp = ~ temp;
        tp = temp;
        temp = tp * 0.0625 * 100 + 0.5;
      }
    else
    {
        lcdwcom(0x80);                  //设置显示坐标的位置
        lcdwdata(' + ');                //在当前位置显示正号
        a = 0;
        tp = temp;                      //计算温度值保留两位小数
        temp = tp * 0.0625 * 100 + 0.5;
    }
    datas[0] = temp / 10000;            //检测温度从高位到低位分成五位存放
```

```c
        datas[1] = temp % 10000 / 1000;
        datas[2] = temp % 1000 / 100;
        datas[3] = temp % 100 / 10;
        datas[4] = temp % 10;
        lcdwcom(0x82);                      //设置显示坐标的位置
        lcdwdata('0' + datas[0]);           //显示百位
        lcdwdata('0' + datas[1]);           //显示十位
        lcdwdata('0' + datas[2]);           //显示个位
        lcdwdata('.');                      //显示小数点
        lcdwdata('0' + datas[3]);           //显示第一位小数
        lcdwdata('0' + datas[4]);           //显示第二位小数
}
void main()
{
    lcdinit();                              //LCD 初始化
    lcdwcom(0x88);                          //设置显示坐标位置
    lcdwdata('C');                          //显示字母 C,表示显示数据是温度值
    SCON = 0X50;                            //串口初始化为方式 1,允许接收
    TMOD = 0X20;                            //设置 T1 为方式 2
    PCON = 0X80;
    TH1 = 0XF3;                             //设置 T1 初值,波特率 4800bps
    TL1 = 0XF3;
    TR1 = 1;
    EA = 1;                                 //开串口中断
    ES = 1;
    while(1)
    {
        tempusart(ds18b20rtemp());          //检测温度,计算温度
    }
}
void receive()interrupt 4                   //串口中断子程序
{
uchar i;
ES = 0;                                     //关中断
i = SBUF;                                   //接收数据
RI = 0;                                     //清 0 接收中断标志位
if(i == '1')
{
    if(a == 1)                              //当温度为负
    {
    SBUF = '-';                             //发送负号
    while(!TI);                             //等待发送完成
    TI = 0;                                 //清 0 发送标志位
    }
    SBUF = '0' + datas[0];                  //检测温度的百位送串口
    while (!TI);                            //等待发送完成
    TI = 0;
    SBUF = '0' + datas[1];                  //检测温度的十位送串口
```

```
        while (!TI);
        TI = 0;
        SBUF = '0' + datas[2];          //检测温度的个位送串口
        while (!TI);
        TI = 0;
        SBUF = '.';                     //小数点送串口
        while (!TI);
        TI = 0;
        SBUF = '0' + datas[3];          //温度小数位送串口
        while (!TI);
        TI = 0;
        SBUF = '0' + datas[4];          //温度小数位送串口
        while (!TI);
        TI = 0;
        for(i = 0; i < 6; i++)
        {
            SBUF = CNCHAR[i];           //温度单位"摄氏度"送串口
            while (!TI);
            TI = 0;
        }
    }
    ES = 1;                             //开串口中断
}
```

本例程序主要由主程序、LCD 操作子程序、DS18B20 操作子程序、串口中断子程序组成。其中 DS18B20 的初始化、读写字节数据子程序要严格按照时序要求编写,否则会造成单片机和 DS18B20 之间的通信失败。

如果单片机要读取 DS18B20 采集的温度,过程主要分成两步:①DS18B20 初始化、跳过 ROM、发出温度转换命令,并等待转换结果;②DS18B20 再次初始化、跳过 ROM、发出读温度命令。经过这两步就可以用读字节命令读取温度值了。因为温度数据是双字节的,转换后的结果保存在 DS18B20 的暂存 RAM 中的前两字节,所以在两次读出温度值后,要将它们合并成一个整型数,才是完整的温度值。

DS18B20 转化以后的温度值以补码形式存储在暂存 RAM 中,负值首先要转化成原码,再计算温度值。所以 LCD 显示温度值时,要分成两种情况处理。当温度是负数时,要把读到的数据减一,再取反,就是原码;因为在分辨率是 12 位时,每位二进制数表示温度值为 0.0625℃,所以再把读到的值乘以 0.0625 就是实际温度。因为显示时要一位一位地显示,计算的结果还要转化成整型数再显示,这里想保留两位小数点,就要把原数据扩大 100 倍。单片机在将浮点数化成整型数时,小数位是直接舍去的,所以为了让小数位四舍五入,在计算的温度值后面再加 0.5。当温度是正数时,不用进行补码到原码的转换,因为正数的原码和补码相同,直接按照上述方法计算温度值即可。LCD1602 每次只能显示一个字符,所以在温度值送显示时,先设置好显示的起始位置,再一位一位地显示,并注意在显示数据中插入小数点。

本例 LCD 显示温度值的显示效果如图 10-16 所示。

图 10-16 LCD 显示温度值的显示效果

本例串口通信功能可以实现：需要某点温度检测值的上位机，通过串口发送字符"1"，即可从下位单片机获得温度检测值。如果上位机通过串口连接了多台下位机时，只要各台下位机响应上位机呼叫的代码不同，例如上位机分别发送 1、2、3…时，各有不同的下位机响应发送数据，就不会产生冲突。这样就可以构成远程多点检测系统。

为实现串口通信功能，主程序初始化串口为方式 1、允许接收、开串口中断，波特率为 4800bps。当上位机向下位机发送字符"1"时，下位单片机产生接收中断，程序跳到串口中断子程序里。进入中断子程序后，首先关中断、接收数据、清 0 中断标志位；如果接收的字符为"1"时，从高位到低位发送检测温度值（包含小数点），每位在发送时通过 TI 位的状态判断是否发送完，若发送完，则清中断标志位；最后发送温度单位"摄氏度"，因为每位汉字字符由两个字节的代码组成，所以发送时共循环发送 6 次；中断处理完成后，最后开放串口中断允许，返回主程序。

如果上位机要正确接收下位机的数据，必须采用和下位机相同的串口设置。当上位机发送字符"1"时，下位机向上位机发送温度检测值的界面如图 10-17 所示。

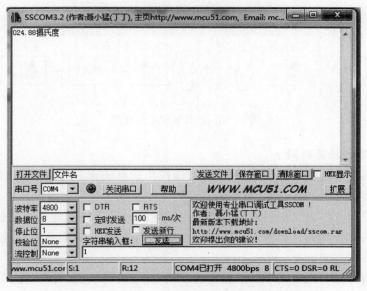

图 10-17 下位机向上位机发送温度检测值的界面

10.4 红外检测的应用

10.4.1 红外检测原理

在光谱中,波长为 760nm～400μm 的电磁波称为红外线,它是一种不可见光。目前,几乎所有的视频和音频设备都可以通过红外遥控的方式进行遥控,如电视机、空调、影碟机等,都使用了红外遥控。这种技术应用广泛,相应的应用器件都十分廉价,因此红外遥控是我们日常设备控制的理想方式。

红外光的发光源有很多。太阳光是其中最强的一个光源,其他的有诸如白炽灯、蜡烛、热系统中心(如散热器件),甚至我们的身体。实际上,只要有热量的物体,都会发出红外光。因此,须保证红外遥控传送的信息准确无误地发射到接收器上。调制能使需要的信号区别于噪声,通过调制可以使红外光以特定的频率闪烁,红外接收器会适配这个频率,其他噪声信号都将被忽略。

1. 红外遥控系统

通用红外遥控系统由发射和接收两大部分组成。它应用编/解码专用集成电路芯片来进行控制操作,如图 10-18 所示。发射部分包括矩阵键盘、编码调制、LED 红外发送器;接收部分包括光/电转换放大器、解调/解码电路。为了使信号更好地被传输,发送端将基带二进制信号调制为脉冲串信号,通过红外发射管发射。常用的方法有两种,通过脉冲宽度来实现信号调制的脉宽调制(PWM)和通过脉冲串之间的时间间隔来实现信号调制的脉时调制(PPM)。

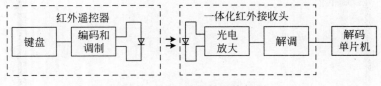

图 10-18 红外遥控系统框图

2. 遥控发射器及其编码

在同一个遥控电路中,通常要实现不同的遥控功能或区分不同的机器类型,这样就要求信号按一定的编码传送,编码则会由编码芯片或电路完成。对应于编码芯片,通常会有相配对的解码芯片或包含解码模块的应用芯片。在实际的产品设计或业余电子制作中,需要了解所使用的编码芯片到底是如何编码的。只有知道编码方式,我们才可以使用单片机或数字电路去定制解码方案。

遥控发射器专用芯片很多,根据编码格式可以分成两大类,学习板上采用的是日本NEC 公司研发的由 uPD6121G 组成的发射电路,以下对它的编码原理(一般家庭用的DVD、VCD、音响都使用这种编码方式)进行说明。

用户码或数据码中的每一个位可以是位 1,也可以是位 0。区分 0 和 1 是利用脉冲的时间间隔来实现的,这种编码方式称为脉冲位置调制方式(Pulse Position Modulation,PPM)。当按下发射器按键后,即发出遥控码,所按的键不同,遥控编码也不同。这种遥控码具有以下特征:采用脉宽调制的串行码,以脉宽为 0.56ms、间隔 0.565ms、周期为 1.125ms 的组合表示二进制数 0;以脉宽为 0.56ms、间隔 1.685ms、周期为 2.25ms 的组合表示二进制数 1,其波形如图 10-19 所示。其中,接收端的波形与发射端的波形相反。

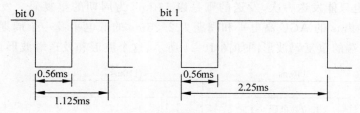

图 10-19　遥控码的 0 和 1

上述由 0 和 1 组成的 32 位二进制码,经频率为 38kHz 的载频进行二次调制,以达到提高发射效率,降低电源功耗的目的。再通过红外发射二极管产生红外线向空间发射,如图 10-20 所示为接收端遥控信号编码波形。

图 10-20　接收端遥控信号编码波形

UPD6121G 采用 NEC 协议,该协议的主要特征有:
- 采用 8 位地址码,8 位命令码;
- 可以完整发射两次用户码和命令码,以提高可靠性;
- 脉冲时间长短调制方式;
- 38kHz 载波频率;
- 每一位时间为 1.12ms 或 2.25ms。

根据 NEC 协议的规定,低位首先发送,如图 10-20 所示,八位用户码的最高位是 S7,最低位是 S0;八位数据码的最高位是 D7,最低位是 D0。首先发送 9ms 的 AGC(Automatic Gain Control,自动增益控制)的高脉冲,接着发送 4.5ms 的起始低电平,然后发送四个字节的用户码和数据码,前 16 位用户码能区别不同的电器设备,防止不同机种遥控码互相干扰。其中的 AGC 起到限幅的作用,使信号有稳定的脉冲电平,使得在遥控距离不同的情况下不会出现接收信号强弱变化。接收到的信号与发送的信号正好反向。

NEC 协议编码数据格式包括了引导码、用户码、数据码和数据码反码,编码总长占 32 位。数据反码是数据码反相后的编码,编码时可用于对数据的纠错。注意:第二段的用户码也可以设置成第一段用户码的反码。

位 1 和位 0 的位时间长短是有区别的,如果用户码和数据码第二个字节都发送第一字节的反码,即每位都发送一次它的反码,那么总体的发送时间是恒定的(即每次发送时,无论是 1 或 0,发送的时间都是发送它及它反码时间的总和)。如果不采用这种以发送反码验证可靠性的手段,可以扩展用户码和命令码为 16 位,就可以扩展整个系统的命令容量。

uPD6121G 按键输出有两种方式:一种是每次按键都输出完整的一帧数据;另一种是按下相同的按键后每发送完整的一帧数据后,再发送重复码,再到按键松开。如果一直按着按键,一串信息也只能发送一次,发送的则是以 110ms 为周期的重复码。发送端重复码的格式是由周期为 9ms 的 AGC 高电平和周期为 2.25ms 的低电平及一个周期为 560μs 的高电平组成。接收端的重复码波形图如图 10-21 所示,这个波形和发送端波形正好相反。

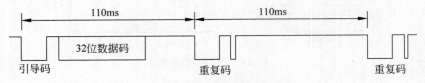

图 10-21　接收端的重复码波形图

当按下一个键的时间超过 36ms,振荡器使芯片激活,将发射一组周期为 110ms 的编码脉冲,其发射代码由一个引导码(周期为 9ms)、一个结束码(周期为 4.5ms)、低 8 位地址码(周期为 9～18ms)、高 8 位地址码(周期为 9～18ms)、8 位数据码(周期为 9～18ms)和这 8 位数据的反码(周期为 9～18ms)组成。如果键按下超过 108ms 仍未松开,接下来将发射重复码。

3. 遥控信号接收

学习板上的接收电路使用一种集红外线接收和放大于一体的一体化红外线接收器,不需要任何外接元器件,就能完成从红外线接收、输出、与
TTL 电平信号兼容的所有工作,其体积和普通的塑封三极管大小一样,它适合于各种红外遥控和红外数据传输。接收器对外只有 3 个引脚:OUT、GND、VSS 与单片机接口非常方便,学习板上的红外线接收器接口电路如图 10-22 所示。

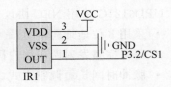

图 10-22　红外线接收器接口电路

其中,接收器的脉冲信号输出端接单片机的 P3.2 口,其他两个引脚接电源正极和地。
P3.2 口是单片机的外部中断引脚,通过触发外部中断,可以使单片机以中断方式对接收到的信号进行解码。

10.4.2　红外检测的软件编程实现

【例 10-4】　用数码管低两位显示接收到的红外线数据。

```
# include< reg51.h>
# define uchar unsigned char
# define uint unsigned int
```

```
sbit IRIN = P3^2;                           //定义红外线接收器端口
sbit LSA = P2^2;                            //定义数码管的位码控制端
sbit LSB = P2^3;
sbit LSC = P2^4;
unsigned char lr[6];                        //定义数组暂存红外线接收数据
unsigned char t;
unsigned char code DIG_CODE[17] = {
0x3f,0x06,0x5b,0x4f,0x66,0x6d,0x7d,0x07,
0x7f,0x6f,0x77,0x7c,0x39,0x5e,0x79,0x71};   //定义数码管的 0～F 显示代码
void delay(unsigned int x)                  //延时子程序
{
  unsigned char i;
  while(x-- )
 {
  for(i = 0;i < 13;i++);
 }
}
void main()
{
    unsigned char i,j;
    IT0 = 1;                                //开放外部中断 0
    EA = 1;
    EX0 = 1;
    IRIN = 1;                               //设置端口的初始状态
    while(1)
    {
        lr[4] = lr[2]>> 4;                  //数组第五个字节保存接收数据的高四位
        lr[5] = lr[2]&0x0f;                 //数组第六个字节保存接收数据的低四位
        LSA = 0;LSB = 0;LSC = 0;            //数码管最低位点亮
        P0 = DIG_CODE[lr[5]];               //接收数据的低四位送数码管
        j = 50;                             //延时
        while(j-- );
        P0 = 0x00;                          //数码管熄灭
        LSA = 1;LSB = 0;LSC = 0;            //数码管次低位点亮
        P0 = DIG_CODE[lr[4]];               //接收数据的高四位送数码管
        j = 50;                             //延时
        while(j-- );
        P0 = 0x00;                          //数码管熄灭
    }
}
void lrr() interrupt 0                       //红外线接收中断处理子程序
{
    unsigned char j,k;
    unsigned int r;
    t = 0;
    delay(70);
    if(IRIN == 0)                           //延时接收信号仍为低电平,说明接收到正确的引导码
    {          r = 1000;                    //1000 * 10μs = 10ms,超过 9ms 引导码仍为低电平,说明出错
```

```
        while((IRIN==0)&&(r>0))                //等待9ms引导码低电平过去
        {
            delay(1);
            r--;
        }
        if(IRIN==1)                            //如果9ms后正确地翻转为高电平
        {
            r=500;
            while((IRIN==1)&&(r>0))            //等待4.5ms的高电平过去
            {
                delay(1);
                r--;
            }
            for(k=0;k<4;k++)                   //接收信息共4个字节
            {
                for(j=0;j<8;j++)               //每个字节有8个位
                {
                    r=60;
                    while((IRIN==0)&&(r>0))    //等待数据位前560μs低电平过去
                    {
                        delay(1);
                        r--;
                    }
                    r=500;
                    while((IRIN==1)&&(r>0))    //计算高电平长度,确定数值
                    {
                        delay(1);
                        t++;
                        r--;
                        if(t>30)              //高电平过长,出错退出
                        {
                            EX0=1;
                            return;
                        }
                    }
                    lr[k]>>=1;                 //接收的第k个字节向低位移一位
                    if(t>=8)                   //接收到逻辑1
                    {
                        lr[k]|=0x80;           //接收字节的最高位置1
                    }
                    t=0;                       //接收完每一位计时变量清0
                }
            }
            if(lr[2]!=~lr[3])lr[2]=0x00;       //检验数码原码和反码不符时,数据清0
        }
    }
}
```

　　程序中定义了一个数组 lr[6]用于存放从红外线接收器接收到的数据,lr[6]的前 4 个元素存放的是接收到的两个用户码、一个数据码、一个数据反码,最后两个元素低四位分别存放接收数据码的高四位和低四位。

　　因为红外线接收器的输出端接到了单片机的 P3.2 口,所以红外数据接收可以以中断方式进行。主程序在一开始就设置了开放外部中断 0,就是为红外线接收做准备。然后,主程序的主要工作就是把接收数据的高四位和低四位分别送 LED 的低两位显示。

　　程序中的红外线接收部分都是在外部中断 0 的处理子程序中完成。首先,程序如果进入中断就是周期为 9ms 的引导码的低电平下跳沿引起的。延时之后检测 I/O 口是否还是低电平,如果是,就等待周期为 9ms 的低电平过去,再等待 4.5ms 的高电平过去。当整个引导码过去后,接着开始接收传送的 4 组数据(用户码两个、一个数据码、一个数据反码)。因为数据位中 1 和 0 的区别在于周期为 $560\mu s$ 的低电平后,高电平的持续时间;所以在接收每个数据位时,都先等待周期为 $560\mu s$ 的低电平过去,再检测高电平的持续时间,如果超过 1.12ms,则是数据 1。高电平的持续时间为 1.69ms,低电平的持续时间为 $565\mu s$。因为接收到的数据是从最低位开始接收的,根据接收到的数据位是 1 或是 0,将接收字节的最高位置 1 或清 0,再向低位移位,接收 8 次,整个数据就都存入接收字节中。最后,当 4 个字节接收完毕,将接收到的数据和数据反码进行比较,看数据接收是否有错误,如果有错,就将接收的数据清 0。

10.5　LED 点阵显示的应用

10.5.1　LED 点阵显示原理

　　LED 点阵显示屏广泛应用于汽车报站器、广告屏等方面。8×8LED 点阵是最基本的点阵显示模块,理解 8×8LED 点阵的工作原理就可以基本掌握 LED 点阵显示技术。

　　8×8 点阵 LED 结构如图 10-23 所示。

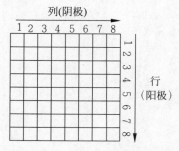

图 10-23　8×8 点阵 LED 结构

　　从图中可以看出,8×8 点阵由 64 个发光二极管组成,且每个发光二极管是放置在行线和列线交叉点上,当对应的某一列置 0 电平,某一行置 1 电平,则相应行列交叉位置的二极管就点亮。要实现显示图形或字体,只需考虑应该让哪些二极管按规律点亮。通过编程控制各显示点对应 LED 阳极和阴极端的电平,就可以有效地控制各显示点的亮灭。

　　学习板上点阵的列接到单片机的 P0 口,如果图 10-23 中第 1～8 列分别接到 P0.7～P0.0 口;行线通过串并转换芯片 74HC595 接到该芯片的并行输出口上,点阵的第 1～8 行分别接 74HC595 的并行口 QA～QH。对于点阵显示的驱动,可以采用列扫描的方式。例如,首先扫描第 1 列,此时给 P0 口送的代码就是 0x7F,即所有 8 列中只有第 1 列是 0 电平,只有该列的 LED 会点亮;再配合行线送显示代码。这个显示代码是通过字模软件生成的显示代码,例如,要实现字符点阵显示,可以在字模生成软件上输入要显示的字符,并设置取模方式为 C51 格式,把生成的字模数据设置为 8×8,确认输入后,字模数据会自动生成,再把这些数据复制到程序中即可。因为每个显示字符在点阵上对应 64 个 LED 的状态,而每列有 8 个 LED,按列扫描方式工作时,每次送出一列显示代码,即 8 个点,对应一个字节,共有 8 列,所以每个字符的生成字模数据都是由 8 个字节的显示代码组成。依次给某列送出低电平,同时送出该列的显示代码,并循环扫描,就会看到 LED 点阵上显示相应的字符了。

其中,芯片 74HC595 是 8 位串行输入转并行输出移位寄存器。引脚 SER(14)是串行移位输入引脚,串行数据从低位到高位均在该引脚输入;引脚 SRCLK(11)移位时钟输入引脚,该引脚的上升沿可以使 14 脚的数据输入芯片内,即该引脚的上升沿控制数据串行移入;引脚 RCLK(12)并行输出时钟端,通常情况下,该引脚保持低电平,当串行数据移入完成时,该引脚产生一个上升沿,将刚才移入的数据在 QA~QH 端并行输出。由 74HC595 的工作原理可见,仅用这一个芯片就可以只占用单片机的 3 个 I/O 口(P3.4~P3.6)来驱动一个 8 位的并行口,大大节省了硬件资源。单片机的 P3.4 接该芯片的引脚 SER(14);P3.5 接引脚 RCLK(12);P3.6 接引脚 SRCLK(11)。所以,在向点阵输入显示代码时,只需要按 74HC595 芯片的时序操作,控制这 3 个引脚即可。具体电路图见图 3.1。

10.5.2　LED 点阵显示的编程实现

【例 10-5】 用 LED 点阵滚动显示字符串 **2017-1-1**。

```
# include < reg51.h >
# include < intrins.h >
sbit SRCLK = P3^6;                                          //定义 74HC595 的控制引脚
sbit RCLK = P3^5;
sbit SER = P3^4;
unsigned char code TAB[8] = {0x7f,0xbf,0xdf,0xef,0xf7,0xfb,0xfd,0xfe};    //列选
unsigned char code CODE[8][8] =                            //点阵显示代码
{
{0x0E,0x11,0x11,0x08,0x04,0x02,0x01,0x1F},    //2
{0x0E,0x11,0x11,0x11,0x11,0x11,0x11,0x0E},    //0
{0x04,0x06,0x04,0x04,0x04,0x04,0x04,0x0E},    //1
{0x1F,0x09,0x08,0x04,0x04,0x04,0x04,0x04},    //7
{0x00,0x00,0x00,0x1F,0x00,0x00,0x00,0x00},    //-
{0x04,0x06,0x04,0x04,0x04,0x04,0x04,0x0E},    //1
{0x00,0x00,0x00,0x1F,0x00,0x00,0x00,0x00},    //-
{0x04,0x06,0x04,0x04,0x04,0x04,0x04,0x0E},    //1
};
void delay(unsigned int t)                                 //延时子程序,延时 tms
```

```
{
    unsigned int i,j;
    for(i = 0;i < t;i++)
    for(j = 0;j < 110;j++);
}
void hc595byte(unsigned char dat)                //74HC595 数据串入并出子程序
{
    unsigned char a;
    SRCLK = 0;
    RCLK = 0;
    for(a = 0;a < 8;a++)                          //数据从高位开始输入
    {
        SER = dat >> 7;
        dat << = 1;
        SRCLK = 1;
        _nop_();
        _nop_();
        SRCLK = 0;
    }
    RCLK = 1;                                     //并行输出
    _nop_();
    _nop_();
    RCLK = 0;
}
void main()
{
    unsigned char tab,i,j,m,n;
    while(1)
    {
      do{
        for(i = 0;i < 20;i++)                     //循环延长显示时间
        {
            for(tab = 0;tab < 8;tab++)            //扫描 8 列
            {
                hc595byte(0x00);                  //显示熄灭
                P0 = TAB[tab];                    //送出列电平
                if((tab + n)< 7){hc595byte(0x00);}    //滚动显示控制
                else{hc595byte(CODE[j][tab + n - 7]);}
                delay(2);
            }
        }
        n++;                                      //每显示完 1 屏,让显示字符上移 1 列
        }while(n < 7);                            //移位 8 次,整个字符在点阵上显示
        n = 0;                                    //清 0 为下次移位做准备
        do{
        for(i = 0;i < 20;i++)
```

```
        {
            for(tab = 0;tab < 8;tab++)              //扫描 8 列
            {
                hc595byte(0x00);
                P0 = TAB[tab];
                if((tab + m) > 7){hc595byte(0x00);}    //滚动显示控制
                else{hc595byte(CODE[ j][tab + m]);}
                delay(2);
            }
        }
    m++;

        }while(m < 7);                 //每显示完 1 屏,让显示字符上移 1 列
        j++;                            //移位 8 次,整个字符移出显示屏
        m = 0;                          //为显示下一个字符做准备
        if(j == 8)j = 0;                //清 0 为下次移位做准备
    }                                   //如果显示完 8 个字符,再从第 1 个字符显示
}
```

本例程序可实现字符串的向上滚动显示。点阵的列线接 LED 的阴极,列扫描要控制点阵的第 1~8 列轮流置低电平,程序设计上先把列选通控制信号依次存在数组 TAB[8]里,方便在滚动显示控制时,依次调用送端口 P0。本例要显示的字符串共有 8 个字符,每个字符的点阵显示代码有 8 个字节,它们和各列需要点亮的 LED 状态是对应的。根据硬件接线和 74HC595 的工作原理,每个显示代码从高位到低位依次对应点阵的第 1~8 行,如果某行是高电平(逻辑 1),它和列线是低电平(逻辑 0)交叉点的 LED 将点亮。如字符 2 的第 1 个显示代码是 0x0E,展成二进制数是 0000 1110B,把它送到点阵的行线上,如果此时第 1 根列线为低电平,那么第 1 列上就会有第 5、第 6、第 7 个灯被点亮,其他灯熄灭。这样每列被点亮的 LED 不同,显示完 1 屏时就会有字符显示出来。

在 74HC595 的输出子程序里,数据从高位开始串行输入芯片,并在每个移位时钟脉冲的上升沿输入,当所有 8 个位都输入后,再通过并行输出时钟脉冲的上升沿控制 8 个数据在并口 QA~QH 上输出,即输出到点阵的行线上。

主程序中为了实现滚动显示的效果,先控制显示代码从第 8 列开始顺序移入显示屏,没有移入的列显示是黑屏的。每显示完 1 屏,移入显示代码向上移动 1 列,直到整个字符都显示在点阵上。再控制字符移出显示屏,移出字符后,没有显示的列设置为黑屏。最后如果 8 个字符都显示完,让字符计数值重新清 0,再从第一个字符开始显示。

10.6 蓝牙模块的应用

10.6.1 蓝牙模块 HC-05 的工作原理

在无线通信技术中,蓝牙有效通信距离为 10m,不需要申请频率,作为短距传输有着比

较明显的优势。同时由于蓝牙技术的不断成熟,各种蓝牙模块的出现使得应用蓝牙技术变得方便快捷。HC-05 是一种常用的蓝牙模块,该模块内置硬件协议,只需要通过一些外部控制和串口即可实现透明传输。HC-05 模块具有两种工作模式,一种是 AT 模式,这种模式用于传输数据之前执行模块初始化;另一种是数据传输模式,这种模式在初始化结束后,根据设定的方式进行数据传输。HC-05 主要引脚功能如表 10-10 所示。

表 10-10 HC-05 主要引脚功能

引脚序号	引脚名称	引脚功能
1	TXD	串口发送输出线,TTL 电平
2	RXD	串口接收输入线,TTL 电平
31	PIO8	模块工作状态指示
34	PIO11	AT 模式使能信号,高电平时进入 AT 模式
12	VCC	3.3V 电源
13、21、22	GND	地线

HC-05 模块电路原理图如图 10-24 所示。

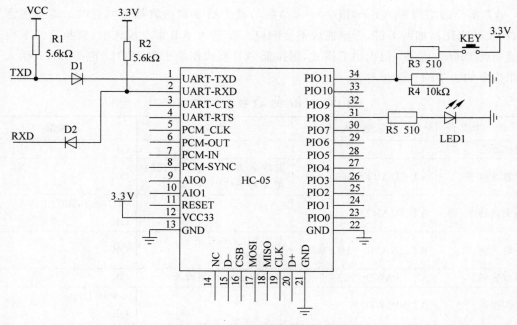

图 10-24 HC-05 模块电路原理图

其中 1 号引脚 UART-TXD 和 2 号引脚 UART-RXD 用来和蓝牙相连的微处理器串口数据交换,微处理器发送的数据将会通过蓝牙模块 HC-05 的内置射频天线传输给接收端的 Android 终端或其他微处理器的蓝牙模块接收。34 号引脚 PIO11 用于设置是否进入 AT

模式,当此引脚被置高电平(按下复位键 KEY)时,蓝牙模块 HC-05 将会进入 AT 模式。LED1 灯用来指示蓝牙模块的工作状态。当模块上电时,若 PIO11 引脚为高电平,则 LED1 将会以 1s 1 次的频率慢闪,代表此时模块进入 AT 模式;若 PIO11 引脚为低电平,则 LED1 将会以 1s 2 次的频率快闪,代表此时模块进入可配对模式,此时若再将 PIO11 引脚拉高,虽然模块还会进入 AT 模式,但 LED1 会继续保持快闪。如果模块匹配成功,LED1 将会 2s 闪烁一次,一次闪烁两下。给此模块上电,通过 AT 指令初始化并设置为从机模式之后,就能够被接收终端的蓝牙搜索到,完成密码匹配即可进行数据传输。

如果蓝牙通信过程以单片机端为从机,以安卓手机为主机,AT 模式的初始化过程如下:在对 HC-05 模块进行初始化之前,首先将单片机的蓝牙模块 RXD 端接到计算机的 USB 转 TTL 模块的 TXD 端,TXD 端接计算机转换模块的 RXD 端。(注:一定注意是交叉相连!)然后,按住 HC-05 上的复位键 KEY,再接通电源,发现指示灯缓慢闪灭,表示进入 AT 模式,此时打开计算机上的串口调试助手。设置波特率为 38400bps,数据位 8 位,停止位 1 位,无校验位。此时在串口调试助手界面上可以输入各种指令:如测试通信、设置波特率、查询波特率是否正确、修改蓝牙名称和密码、设置蓝牙的主从模式、实现主从模块的通信绑定等。输入指令后,一定要加上回车、换行,输入成功后可以收到返回的 OK 标志。

AT 指令的结构为 AT+<指令>=<参数>,其中指令和参数都是可选的。需要注意的是,在发送末尾添加回车符,否则模块不会响应。在进入 AT 指令模式前,应拉高 AT 模式使能引脚 PIO11 电平;退出 AT 模式,则拉低 AT 模式使能引脚 PIO11 电平。AT 模式下常用指令如表 10-11 所示。

表 10-11 HC-05 AT 模式下常用指令

指令功能	指令发送内容	参数说明	返回值
测试通信	AT		OK
设置波特率	AT+UART=9600,0,0	波特率为 9600bps,无校验位,1 停止位	OK
查询波特率	AT+UART?		+UART:9600,0,0 OK
修改名称	AT+NAME=HC-05	名字 HC-05 可更换,20 字符以内	OK
修改密码	AT+PSWD=200305	密码为 200305 可修改	OK
查询密码	AT+PSWD?		+PSWD:200305 OK
设置主从模式	AT+ROLE=0	0 为从,1 为主	OK
查询主从模式	AT+ROLE?		+ROLE:0 OK
设定连接模式	AT+CMODE=0	指定地址连接模式	OK

续表

指令功能	指令发送内容	参数说明	返回值
查询自身地址	AT＋ADDR?		＋ADDR:<地址> OK
绑定对方地址	AT＋BIND=<地址>		OK

表 10-11 中的内容可以在硬件连接好后,在计算机的串口调试助手发送窗口输入,再按 Enter 键,如果发送成功,就会在接收窗口收到表中的返回值。

两台设备在通过蓝牙通信之前必须要进行通信绑定。实现绑定的条件是:两个蓝牙模块必须设置成一个主模块和一个从模块;密码必须一致;设定蓝牙地址连接模式;互相绑定对方地址。这些设置都可以通过表 10-11 的指令进行。绑定成功后即可开始蓝牙数据传输了。

假如蓝牙通信过程中以安卓手机为主模块,以单片机为从模块,用单片机及其外挂硬件实现电子秤的功能,设定从模块蓝牙名称为 HC-05,密码为 1234。在安卓手机上安装任意蓝牙管理 App,单击图标进入后,首先要寻找蓝牙设备,某蓝牙 App 界面如图 10-25 所示。

图 10-25 寻找蓝牙设备界面

主从模块成功连接后,电子秤的手机控制界面如图 10-26 所示。这个手机界面可以在安卓手机的开发者模式下编程实现。

10.6.2 蓝牙模块的程序设计

HC-05 是主从一体的蓝牙串口模块,当单片机的蓝牙设备与手机蓝牙绑定成功后,可以直接忽视蓝牙内部的通信协议,直接将蓝牙当作全双工串口使用。它支持 8 位数据位、1 位停止位、可设置奇偶校验位的通信格式,不支持其他格式。建立连接后,两设备共同使用同一个串口,例如手机发送数据到串口通道中,单片机从串口接收数据,反之同理。

以具有蓝牙功能的电子秤为例,假设电子秤可以通过蓝牙模块 HC-05 接收安卓手机发送的控制命令并回传信息。因为在 AT 模式初始化后,蓝牙通信等同于串口通信,所以在应用蓝牙通信之前,在单片机端首先要对串口初始化,可以采用如下初始化程序。

```
TMOD = 0x20;      //设置 T1 为自动重装初值的八位定时器
TH1 = 0xfd;       //初值决定串口的波特率
```

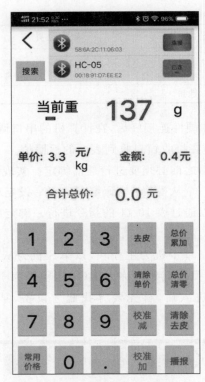

图 10-26　电子秤的手机控制界面

```
TL1 = 0xfd;
SCON = 0x50;          //八位异步通信,一对一,波特率 9600bps
EA = 1;
ES = 1;               //串口中断允许
TR1 = 1;
```

这里将串口设置为方式 1,即八位异步收发,波特率可变,波特率取决于 T1 的溢出率;并且 T1 设置为初值是 0xfd 的自动重装初值的八位定时器,此时可以保证当单片机的晶振为 11.0592MHz 时,通信波特率为 9600bps。初始化同时开放了串口中断,如果单片机接收到蓝牙数据时,可以采用串口中断方式接收,串口中断接收子程序如下:

```
void UART_4() interrupt 4                //中断接收子程序
{
        Receive_dat[Receive_Add] = SBUF;       //接收数据存入数组,数组容量 50
        Receive_Add = (Receive_Add + 1) % 50;
//指向数组中下一个地址,地址在 0~49 之间循环
        Receive_dat[Receive_Add] = 0;          //接收的数据最后加上 0
```

```
        if(Receive_dat[(Receive_Add + 50 - 1) % 50] == '\n'&&Receive_dat
[(Receive_Add + 50 - 2) % 50] == '\r')            //接收的最后是回车换行
        {
            Receive_Add = 0;                        //地址清 0
            Read_OK = 1;                            //置成功接收标志
            Read_dat();                             //接收数据
        }
}
```

进入接收中断后,首先将接收缓冲区的数据存入容量为 50 的数组,再指向数组里的下一个地址;如果接收到的是回车换行时,证明本次数据被接收完,就将数组地址清 0,下一次接收从数组的第一个元素开始存放;同时置成功接收标志,并开始接收数据。

本例单片机进行蓝牙数据收发时,经常需要调用的子程序如下。

```
void Uart1_SData(uchar dat)        //发送一个字节子程序
{
    SBUF = dat;
    while(!TI);                    //等待发送完毕
    TI = 0;                        //发送标志清 0
}


void Uart_Sfigure(uint dat)        //发送多位数据子程序
{
    if(dat > 9999)Uart1_SData(0x30 + dat/10000 % 10);    //发万位
    if(dat > 999)Uart1_SData(0x30 + dat/1000 % 10);      //发千位
    if(dat > 99)Uart1_SData(0x30 + dat/100 % 10);        //发百位
    if(dat > 9)Uart1_SData(0x30 + dat/10 % 10);          //发十位
    Uart1_SData(0x30 + dat % 10);                        //发个位
}
void Uart1Data_Byte(uchar * byte)                        //发送一个字符串子程序
{
    while( * byte != '\0')
    {
        Uart1_SData( * byte++);                          //每次发送一个字节的字符
    }
}
uchar verify_Uartdat(uchar * dat,uchar * dat1)          //数据比较子程序
//比较两组数据 dat 和 dat1,相同则返回 1,不同则返回 0
{
  uchar i = 0;
  while( * dat != '\ 0')
  {
    if( * dat != dat1[i])
```

```
        {
           return 0;
        }
        i++;
        dat++;
    }
    dat1[0] = 0;
    return 1;
}
```

单片机通过调用上述子程序实现蓝牙发送和接收功能。

【例 10-6】 电子秤蓝牙接收子程序。

```
void Read_dat(void)                   //蓝牙接收数据子程序
{
    uint dat;
    uchar i;
    if(Read_OK == 1 && verify_Uartdat("OK",Receive_dat))
//成功接收,接收字符为 OK
    {
        Read_OK = 0;                  //成功接收标志清 0
        Send_flag = 1;                //置标志位为 1,接收状态
    }
    else if(Read_OK == 1 && verify_Uartdat("QP_",Receive_dat))
//成功接收,字符为 QP_
    {
        Read_OK = 0;
        dat = 0;
        i = 3;                        //接收数据 0~2 位是已接收的字符,从第 3 位开始处理
        while(Receive_dat[i]!= '\r')  //接收的数据没有全部处理完
        {
            dat = dat * 10 + (Receive_dat[i] - 0x30);    //接收数据从左到右排列
            i++;
        }
        if(dat == 78)                 //接收数据为 78 时修改去皮值
        {
            if(qupi == 0)
                qupi = Weight_Shiwu;  //当前称重值用于去皮
            else
                qupi = 0;
            Display_Price();          //显示单价
            DotPos = 0;               //标记调整个位单价
        }
    }
    else if(Read_OK == 1 && verify_Uartdat("LJ_",Receive_dat))
```

```
//成功接收,字符为 LJ_
    {
        Read_OK = 0;
        dat = 0;
        i = 3;
        while(Receive_dat[i]!= '\r')
        {
            dat = dat * 10 + (Receive_dat[i] - 0x30);
            i++;
        }
        if(dat == 79) //接收数据为 79 时总价累加
        {
            total_money += money;
            Display_Money(); //显示单价和总价
        }
    }
    else if(Read_OK == 1 && verify_Uartdat("QL_",Receive_dat))
//成功接收,字符为 QL_
    {
        Read_OK = 0;
        dat = 0;
        i = 3;
        while(Receive_dat[i]!= '\r')
        {
            dat = dat * 10 + (Receive_dat[i] - 0x30);
            i++;
        }
        if(dat == 80) //接收数据为 80 时总价清 0
        {
            total_money = 0;
            Display_Money();
        }
    }
    else if(Read_OK == 1 && verify_Uartdat("DQ_",Receive_dat))
    //成功接收,字符为 DQ_
    {
        Read_OK = 0;
        dat = 0;
        i = 3;
        while(Receive_dat[i]!= '\r')
        {
            dat = dat * 10 + (Receive_dat[i] - 0x30);
            i++;
```

```
    }
    if(dat == 23)                               //接收数据为23时单价清0,标记调整个位单价
    {
        price = 0;
        DotPos = 0;
        Display_Price();                        //显示单价
    }
}
else if(Read_OK == 1 && verify_Uartdat("CY_",Receive_dat))
//成功接收,字符为CY_
{
    Read_OK = 0;
    dat = 0;
    i = 3;
    while(Receive_dat[i]!= '\r')
    {
        dat = dat * 10 + (Receive_dat[i] - 0x30);
        i++;
    }
    if(dat == 45)                               //接收数据为45,调用单价常用价格
    {
        count_danjia++;                         //指向下一个常用单价
        if(count_danjia > 7)                    //常用单价8个
        count_danjia = 0;
        price = danjia[count_danjia]; //调用数组中的价格
        Display_Price();                        //显示单价
    }
}
else if(Read_OK == 1 && verify_Uartdat("JZ_",Receive_dat))
//成功接收,字符为JZ_
{
    Read_OK = 0;
    dat = 0;
    i = 3;
    while(Receive_dat[i]!= '\r')
    {
        dat = dat * 10 + (Receive_dat[i] - 0x30);
        i++;
    }
    if(dat == 36)                               //接收数据为36时,传感器转换值加1
    {
        if(GapValue < 10000)
        GapValue++;                             //转换值未超过10000时加1
    }
}
```

```
    else if(Read_OK == 1 && verify_Uartdat("WT_",Receive_dat))
//成功接收,字符为 WT_
    {
        Read_OK = 0;
        dat = 0;
        i = 3;
        while(Receive_dat[i]!= '\r')
        {
            dat = dat * 10 + (Receive_dat[i] - 0x30);
            i++;
        }
        if(dat == 39)                     //接收数据为 39 时,传感器转换值减 1
        {
            if(GapValue > 1)
            GapValue -- ;
        }
    }
    else if(Read_OK == 1 && verify_Uartdat("YI_",Receive_dat))
//成功接收,字符为 YI_
    {
        Read_OK = 0;
        dat = 0;
        i = 3;
        while(Receive_dat[i]!= '\r')
        {
            dat = dat * 10 + (Receive_dat[i] - 0x30);
            i++;
        }
        if(i!= 3)                         //接收到数据时,变量的值不等于 3
        {
            keycode = dat;                //将接收数据作为键值进行按键处理
            KeyPress(keycode);            //调用按键处理子程序
        }
    }
    else if(Read_OK == 1 && verify_Uartdat("DI_",Receive_dat))
    //成功接收,字符为 DI_
    {
        Read_OK = 0;
        dat = 0;
        i = 3;
        while(Receive_dat[i]!= '\r')
        {
            dat = dat * 10 + (Receive_dat[i] - 0x30);
            i++;
        }
        if(dat == 20)                     //接收数据为 20 时,调整小数点后一位单价
```

```
            {
                DotPos = 1;
            }
        }
    }
```

　　假设手机通过蓝牙向单片机发送控制命令,单片机的蓝牙接收子程序功能如下:当单片机接收到字符 OK 时,单片机接收标志置 1,表示当前处于接收状态;当单片机接收字符为 QP_,并且后面的接收数据为 78 时,修改电子秤去皮值;当单片机接收字符为 LI_,并且后面的接收数据为 79 时,执行电子秤总价累加;当单片机接收字符为 QL_,并且后面的接收数据为 80 时,执行电子秤总价清 0;当单片机接收字符为 DQ_,并且后面的接收数据为 23 时,执行电子秤单价清 0,并且单价调整位置设为个位(该电子秤单价可调且每次只能调整一位);当单片机接收字符为 CY_,并且后面的接收数据为 45 时,执行调用电子秤常用单价(电子秤常用单价一共设置了 8 个,如果需要用到,可以从存放常用单价的数组中按顺序取出,就不必从键盘输入当前单价了);当单片机接收字符为 JZ_,并且后面的接收数据为 36 时,执行电子秤转换值加一的操作(传感器的输出是数字量,不能直接作为质量值显示输出,所以要将此数字量乘转换值变成实际质量值显示输出,这个功能可以在电子秤定标时用到,用标准砝码作为称重对象,通过微调整转换值使电子秤显示输出更准确);当单片机接收字符为 WT_,并且后面的接收数据为 39 时,执行电子秤转换值减一的操作;当单片机接收字符为 YI_,只要后面接收到数据,就作为键值进行按键处理,如输入单价等;当单片机接收字符为 DI_,并且后面的接收数据为 20 时,单价调整位置设置到小数点后一位。

【例 10-7】　电子秤蓝牙发送子程序。

```c
void send_dat(void)                              //蓝牙发送子程序
{
    if(Send_flag)
    {
        Send_flag = 0;                           //标志为 0 表示发送状态
        switch(Send_mode)                        //类型标志值不同发送内容不同
        {
            case 0:
                Uart1Data_Byte("1ZL,");          //发送 kg 值
                Uart_Sfigure(Weight_Shiwu);      //发送数据
                Send_mode = 1;                   //更新标志,为发送后面数据做准备
            break;
            case 1:
                Uart1Data_Byte("1DY,");          //发送单价
                if(price > 99)Uart1_SData(0x30 + price/100 % 10);
                //发送数据的百位,即单价的十位
                if(price > 9)Uart1_SData(0x30 + price/10 % 10);   //发送单价个位
```

```
            else Uart1_SData('0');                 //单价整数无数据时,发送 0
            Uart1_SData('.');                       //小数点
            Uart1_SData(0x30 + price % 10);         //发送小数位
            Send_mode = 3;
        break;
        case 3:
            Uart1Data_Byte("1EY,");                 //发送消费金额元
            if(money > 999)Uart1_SData(0x30 + money/1000 % 10);
            //发送数据的千位,即元的十位
            if(money > 99)Uart1_SData(0x30 + money/100 % 10);
            //发送数据的百位,即元的个位
            else Uart1_SData(' ');
            Send_mode = 4;
        break;
        case 4:
            Uart1Data_Byte("1EJ,");                 //发送消费金额角
            if(money > 9)Uart1_SData(0x30 + money/10 % 10);
            //发送数据的十位,即角的个位
            else Uart1_SData('0');
            Uart1_SData('.');
            Uart1_SData(0x30 + money % 10);         //发送数据的个位,即分的个位
            Send_mode = 5;
        break;
        case 5:
            Uart1Data_Byte("1ZP,");                 //发送累计总金额元
            if(total_money > 999)Uart1_SData(0x30 + total_money/1000 % 10);
            //发送数据的千位,即总金额元的十位
            if(total_money > 99)Uart1_SData(0x30 + total_money/100 % 10);
            //发总金额的百位,即总金额元的个位
            else Uart1_SData(' ');
            Send_mode = 6;
        break;
        case 6:
            Uart1Data_Byte("1ZF,");                 //发送总金额角
            if(total_money > 9)Uart1_SData(0x30 + total_money/10 % 10);
            //发送数据的十位,即角的个位
            else Uart1_SData('0');
            Uart1_SData('.');
            Uart1_SData(0x30 + total_money % 10);   //发送分的个位
            Send_mode = 0;
        break;
        case 2:
            Uart1Data_Byte("1CZ,");                 //发送超重标志
            Uart1_SData('5');
            Send_mode = 0;
        break;
```

```
                    default:Send_mode = 0;        //标志值不在上述范围时清 0
                    break;
            }
        }
    }
```

发送子程序的功能为:进入发送子程序后,首先将发送标志位清0,表示处于发送状态;然后根据发送类型标志值的不同,确定发送的内容,类型标志值在初始化时设置为0;当类型标志为 0 时,发送字符 1ZL 且发送此次称重值;当类型标志为 1 时,发送字符 1DY 且发送单价(其中单价共 3 位,含一个小数位,而用来表示单价的存储数据中没有小数,所以发送存储数据的百位即为单价的十位,以此类推);当类型标志为 3 时,发送字符 1EY 且发送当前的消费金额元(其中消费金额存储数据共 4 位,含元两位和角、分各位,所以存储数据的千位、百位就是元的十位、个位);当类型标志为 4 时,发送字符 1EJ 且发送当前消费金额的角和分;当类型标志为 5 时,发送字符 1ZP 且发送累计总金额元(其中总金额存储数据共 4 位,含元两位和角、分各位,所以数据的千位、百位就是元的十位、个位);当类型标志为 6 时,发送字符 1ZF 且发送总金额的角和分;当类型标志为 2 时,发送字符 1CZ 且发送数据 5,提示已超重。上述每一步发送完字符和数据后,都更新类型标志,为下一个数据的发送做准备。其中主程序中传感器在检测到超重时,将类型标志值置为 2,程序将发送超重标志。

10.7　片内 EEPROM 的应用

10.7.1　单片机内部 EEPROM 的工作原理

51 系列单片机 STC89C51、52 内部自带有 2KB 的 EEPROM,STC89C54、55 和 58 自带有 16KB 的 EEPROM。本节将介绍如何利用单片机片内自带的 EEPROM 保存数据,实现数据的掉电不丢失。

STC89 系列单片机片内的 EEPROM 与普通的 EEPROM 不同。普通的 EEPROM 有字节读/写功能,不需要擦除,在字节写的时候自动擦除。而 STC89 系列单片机片内的 EEPROM 具有 Flash 的特性,只能在擦除了扇区后进行字节写,写过的字节中不能重复写,只有待扇区擦除后才能重新写,而且没有字节擦除功能,只能扇区擦除。

STC 单片机利用 IAP 技术实现 EEPROM,内部 Flash 擦写次数可达 100 000 次以上。下面介绍 ISP 与 IAP 的区别和特点。

ISP(In System Programming)是指在系统编程,即单片机已经安装在电路板上了,不用取下,就可以对其进行编程。例如通过计算机给 STC 单片机下载程序,或给 AT89S51 单片机下载程序,这就是利用了 ISP 技术。

IAP(In Application Programming)是指在应用编程,就是单片机在运行程序时可以提供一种改变 Flash 数据的方法,也就是程序自己可以往程序存储器里写数据或修改程序,如微处理器可以在系统中获取新代码,并对自己重新编程,即可用程序来改变程序。实际上单片机的 ISP 功能就是通过 IAP 技术来实现的,单片机在出厂前就已经有一段小程序固化在芯片里面,芯片上电后,开始运行这段程序,当检测到上位机有下载要求时,就和上位机通信,然后下载数据到存储区。

STC 单片机内部有几个专门的特殊功能寄存器负责管理 ISP/IAP 功能。这些寄存器的功能如下。

① ISP_DATA:ISP/IAP 操作时的数据寄存器。ISP/IAP 从 Flash 读出的数据放在此处,向 Flash 写入的数据也需放在此处。

② ISP_ADDRH:ISP/IAP 操作时的地址寄存器高八位。

③ ISP_ADDRL:ISP/IAP 操作时的地址寄存器低八位。

④ ISP_CMD:ISP/IAP 操作时的命令模式寄存器,必须命令触发寄存器触发方可生效。用此寄存器可设置的命令模式如表 10-12 所示。其中模式选择只用到了这个寄存器中的低三位,从高位到低位分别用 D2~D0 标记。

表 10-12 命令模式寄存器的模式设置

D2	D1	D0	模 式 选 择
0	0	0	待机模式,无 ISP 操作
0	0	1	对用户的应用程序 Flash 区及数据 Flash 区字节读
0	1	0	对用户的应用程序 Flash 区及数据 Flash 区字节编程
0	1	1	对用户的应用程序 Flash 区及数据 Flash 区扇区擦除

程序在系统 ISP 程序区时可以对用户应用程序区、数据 Flash 区(EEPROM)进行字节读、字节编程、扇区擦除;程序在用户应用程序区时,仅可以对数据 Flash 区(EEPROM)进行字节读、字节编程、扇区擦除。

⑤ ISP_TRIG:ISP/IAP 操作时的命令触发寄存器。

⑥ SP_CONTR:ISP/IAP 控制寄存器。

在 ISP/IAP 控制寄存器 SP_CONTR 的最高位 ISPEN=1 时,对 ISP_TRIG 先写入 46H,再写入 B9H,ISP/IAP 命令才会生效。

单片机 STC89C51 内部 EEPROM 的扇区分布如下。

- 第一扇区:1000H~11FFH;
- 第二扇区:1200H~13FFH;
- 第三扇区:1400H~15FFH;
- 第四扇区:1600H~17FFH;
- 第五扇区:1800H~19FFH;
- 第六扇区:1A00H~1BFFH;
- 第七扇区:1C00H~1DFFH;
- 第八扇区:1E00H~1FFFH。

单片机 STC89C52 内部 EEPROM 的扇区分布如下。

- 第一扇区：2000H～21FFH；
- 第二扇区：2200H～23FFH；
- 第三扇区：2400H～25FFH；
- 第四扇区：2600H～27FFH；
- 第五扇区：2800H～29FFH；
- 第六扇区：2A00H～2BFFH；
- 第七扇区：2C00H～2DFFH；
- 第八扇区：2E00H～2FFFH。

每个扇区为 512 字节,写程序时可以将同一次修改的数据放在同一个扇区,以方便修改。因为在执行擦除命令时,一次最少要擦除一个扇区的数据,每次在更新数据前都必须擦除原数据方可重新写入新数据,不能直接在原来数据的基础上更新内容。

10.7.2   片内 EEPROM 的编程应用

【例 10-8】 利用 STC 单片机自带的 EEPROM 存储两位十进制数,该数据每计时满 1s 时加 1,同时送数码管显示实时数据,并且数据在 0～59 循环。数据每更新一次,就往 EEPROM 中写入一次,当关闭学习板电源并再次上电时,可以从 EEPROM 中读取原来存储的数据,继续递增显示。实现上述功能的单片机程序如下所示。

```
# include < reg52. h >            //片内 EEPROM
# include < intrins. h >
# define uchar unsigned char
# define uint unsigned int
# define RdCommand 0x01          //定义 ISP 的操作命令,功能同表 10－12
# define PrgCommand 0x02
# define EraseCommand 0x03
# define Error 1
# define Ok 0
# define WaitTime 0x01           //定义 CPU 的等待时间
sfr ISP_DATA = 0xe2;             //ISP/IAP 特殊功能寄存器声明
sfr ISP_ADDRH = 0xe3;
sfr ISP_ADDRL = 0xe4;
sfr ISP_CMD = 0xe5;
sfr ISP_TRIG = 0xe6;
sfr ISP_CONTR = 0xe7;
sbit le = P1^0;                  //数码管的段码锁存端,低电平时锁存
uchar code[ ] = {0x3f,0x06,0x5b,0x4f,0x66,0x6d,0x7d,0x07,0x7f,0x6f};
//数码管共阴极显示代码 0～9
uchar num = 0;
void delayms(uint xms)           //延时 xms 子程序
{
```

```c
  uint i,j;
  for(i = xms;i > 0;i -- )
    for(j = 110;j > 0;j -- );
}
void display(uchar k)                    //显示子函数
{
  le = 1;                                //数码管段码不锁存
  P2 = 0xe3;                             //个位数码管点亮
  P0 = table[k % 10];                    //个位段码送 P0 口
  le = 0;                                //段码锁存
  delayms(1);
  le = 1;
  P2 = 0xe7;                             //十位数码管点亮
  P0 = tab[k/10];                        //十位段码送 P0 口
  le = 0;                                //锁存
  delayms(1);
  P0 = 0;                                //消隐
}
void ISP_IAP_enable(void)                // 打开 ISP、IAP 功能子程序
{
  EA = 0;                                /* 关中断 */
  ISP_CONTR = ISP_CONTR & 0x18;          /* 0001,1000 */
  ISP_CONTR = ISP_CONTR | WaitTime;      /* 写入硬件延时 */
  ISP_CONTR = ISP_CONTR | 0x80;          /* ISPEN = 1 */
}
void ISP_IAP_disable(void)               // 关闭 ISP、IAP 功能子程序
{
  ISP_CONTR = ISP_CONTR & 0x7f;          /* ISPEN = 0 */
  ISP_TRIG = 0x00;
  EA = 1;                                /* 开中断 */
}
void ISPgoon(void)                       //触发执行子程序
{
  ISP_IAP_enable();                      /* 打开 ISP、IAP 功能 */
  ISP_TRIG = 0x46;                       /* 触发 ISP_IAP 命令字节 1 */
  ISP_TRIG = 0xb9;                       /* 触发 ISP_IAP 命令字节 2 */
  _nop_();
}
uchar byte_read(uint byte_addr)          // 字节读子程序
{
  EA = 0;
  ISP_ADDRH = (uchar)(byte_addr >> 8);   /* 地址赋值 */
  ISP_ADDRL = (uchar)(byte_addr & 0x00ff);
  ISP_CMD = ISP_CMD & 0xf8;              /* 清除低三位 */
  ISP_CMD = ISP_CMD | RdCommand;         /* 写入读命令 */
  ISPgoon();                             /* 触发执行 */
```

```c
    ISP_IAP_disable();                          /* 关闭 ISP、IAP 功能 */
    EA = 1;
    return(ISP_DATA);                           /* 返回读到的数据 */
}
void SectorErase(uint sector_addr)              // 扇区擦除子程序
{
    uint iSectorAddr;
    iSectorAddr = (sector_addr & 0xfe00);       /* 取扇区地址 */
    ISP_ADDRH = (uchar)(iSectorAddr >> 8);
    ISP_ADDRL = 0x00;
    ISP_CMD = ISP_CMD & 0xf8;                    /* 清空低三位 */
    ISP_CMD = ISP_CMD | EraseCommand;            /* 擦除命令 3 */
    ISPgoon();                                   /* 触发执行 */
    ISP_IAP_disable();                           /* 关闭 ISP、IAP 功能 */
}
void byte_write(uint byte_addr, uchar original_data)    //字节写子程序
{
    EA = 0;
    ISP_ADDRH = (uchar)(byte_addr >> 8);         /* 取地址 */
    ISP_ADDRL = (uchar)(byte_addr & 0x00ff);
    ISP_CMD = ISP_CMD & 0xf8;                    /* 清低三位 */
    ISP_CMD = ISP_CMD | PrgCommand;              /* 写命令 2 */
    ISP_DATA = original_data;                    /* 写入数据准备 */
    ISPgoon();                                   /* 触发执行 */
    ISP_IAP_disable();                           /* 关闭 IAP 功能 */
    EA = 1;
}
void main()                                      //主程序
{
    uchar num1;
    TMOD = 0x01;                                 //设置定时器 0 为方式 1,16 位
    TH0 = (65536 - 50000)/256;                   //定时 50ms
    TL0 = (65536 - 50000) % 256;
    EA = 1;
    ET0 = 1;
    TR0 = 1;
    num1 = byte_read(0x2000);                    //读 EEPROM 中数据
    if(num1 >= 60)                               //读出数据不小于 60 清 0
    num1 = 0;
    while(1)
    {
        if(num >= 20)
        {
            num = 0;                             //定时器溢出次数清 0
```

```
    num1++;                         //定时 1s 时间到显示数据加一
    SectorErase(0x2000);            //擦除扇区
    byte_write(0x2000,num1);        //重新写入数据
     if(num1 == 60)                 //显示数据等于 60 时清 0
     {
      num1 = 0;
     }
    }
    display(num1);
   }
  }
void timer0() interrupt 1           //定时器中断子程序
 {
  TH0 = (65536 - 50000)/256;        //重赋初值
  TL0 = (65536 - 50000) % 256;
  num++;                            //记录中断次数
 }
```

该程序的具体功能为：单片机上电或复位后，先读取 EEPROM 地址 2000 单元中的数据，实现继续递增显示的功能。定时器设置为定时时间 50ms，中断方式工作。当定时时间达到 1s 时，显示数据加 1 并存入 EEPROM 地址 0X2000 的单元里，当显示数据等于 60 时清 0，使数据在 0~59 之间循环显示。因为两位显示数据采用学习板上的动态数码管显示，所以主程序要不断调用显示子程序。关于显示子程序如何编写，可参考第 5 章。

需要注意的是，本例中的一些 EEPROM 操作子程序都是典型程序，读者可以在编程中用到 EEPROM 时调用。例如，打开和关闭 ISP/IAP 功能子程序，触发执行子程序，字节读、写子程序，扇区擦除子程序。本书后面的综合实例——电子秤的设计(见 11.7 节)中，还需要用 EEPROM 保存传感器的转换值，程序中将会调用此处的 EEPROM 子程序。

10.8 无线通信芯片的应用

10.8.1 nRF24L01 的工作原理

nRF24L01 是 NORDIC 公司生产的一种工作在 2.4~2.5GHz、世界通用 ISM 频段的无线通信收发芯片，采用 GFSK 调制，内部集成增强型 Short Burst TM 协议。nRF24L01 通过 SPI 与单片机进行数据通信、选择输出功率和频道，只需要 5 个 GPIO 和 1 个中断输入引脚，就很容易实现基于单片机的无线通信。nRF24L01 由于具有低价格、低成本、传输速率高、可靠性高、传输距离远等优点，在各行各业都有广泛的应用。nRF24L01 芯片的引脚功能如表 10-13 所示。

表 10-13　nRF24L01 芯片的引脚功能

引脚序号	名称	引脚功能	描　述
1	CE	数字输入	RX 或 TX 模式选择
2	CSN	数字输入	SPI 片选信号
3	SCK	数字输入	SPI 时钟
4	MOSI	数字输入	SPI 数据输入
5	MISO	数字输出	SPI 数据输出
6	IRQ	数字输出	可屏蔽中断脚
7	VDD	电源	电源(＋3V)
8	VSS	电源	接地(0V)
9	XC2	模拟输出	晶体振荡器 2 脚
10	XC1	模拟输入	晶体振荡器 1 脚
11	VDD_PA	电源输出	RF＋1.8V
12	ANT1	天线	天线接口 1
13	ANT2	天线	天线接口 2
14	VSS	电源	接地(0V)
15	VDD	电源	电源(＋3V)
16	IREF	模拟输入	参考电流
17	VSS	电源	接地(0V)
18	VDD	电源	电源(＋3V)
19	DVDD	电源输出	去耦电路电源正极端
20	VSS	电源	接地(0V)

通过配置寄存器可将 nRF24L01 配置为接收、发射、待机、掉电 4 种工作模式,如表 10-14 所示。其中,PWR_UP 和 PRM_RX 为 nRF24L01 内部 CONFIG 寄存器的两个位。通过操作 CE、PWR_UP、PRIM_RX、TXFIFO 这 4 项,可以随意控制 nRF24L01 的状态转换。

表 10-14　nRF24L01 工作模式

模式	PWR_UP	PRM_RX	CE	TXFIFO(寄存器状态)
接收	1	1	1	—
发射	1	0	1→0	数据在 TXFIFO 中
待机 2	1	0	1	TXFIFO 为空
待机 1	1	—	0	无数据传输
掉电	0	—	—	—

若 PWR_UP 由 0 变 1,则模块从掉电模式切换为待机模式,但需要至少 1.5ms 的转换过程;PWR_UP 由 1 变 0,则模块不论当前正处于什么工作状态,立即转入掉电模式;PRM_RX 控制模块在工作时是发送或接收。程序可以通过写寄存器命令来修改这两个位的值,从而控制模块的工作状态。

TXFIFO 是 nRF24L01 内部的发送缓冲区,程序通过 SPI 接口向模块写入发送数据的过程很快,但模块将数据完全发送出去却比较慢,为了缓解速度不对等的问题,模块内部设置了一个最大容纳 96 字节的数据缓冲区,共分 3 组,即 TXFIFO。当需要发送较多数据时,先一次性将数据写满这 3 组缓冲区,操作 CE 引脚启动发送,数据以组为基本单元发送出去,发完一组再取下一组,直到将缓冲区的数据全部发送。

写程序控制状态转换时要注意:nRF24L01 上电之后,程序至少要延时 $100\mu s$,等它稳定进入掉电模式之后,才能开始进行寄存器配置;PWR_UP、PRIM_RX 在同一个寄存器里,所以可以一次性配置;PWR_UP 位写入 1 之后,程序必须至少延时 1.5ms,模块才能稳定地进入待机模式 1,之后程序才能触发数据发送或数据接收;CE 引脚脉冲式触发的时候,要保证高电平至少持续 $10\mu s$。

待机模式 1 主要用于降低电流损耗,在该模式下晶体振荡器仍然是工作的;待机模式 2 则是在 FIFO 寄存器为空且 CE=1 时进入此模式;待机模式下,所有配置字仍然保留。在掉电模式下的电流损耗最小,同时 nRF24L01 也不工作,但其所有配置寄存器的值仍然保留。发射模式下模式控制线 CE 若为 1,当前发送成功后,发送堆栈中有数据,开始下一次发送,若无数据则进入待机模式 2;当 CE 为 0,当前发送完成后,进入待机模式 1。

nRF24L01 发射数据过程如下:首先将该芯片配置为发射模式,接着把接收节点地址和有效数据按照时序由 SPI 口写入芯片缓存区,数据必须在 CSN 为低时连续写入,而地址在发射时写入一次即可,然后 CE 置为高电平并保持至少 $10\mu s$,延迟 $130\mu s$ 后发射数据;若自动应答开启,那么芯片在发射数据后立即进入接收模式,接收应答信号,并且自动应答接收地址应该与接收节点地址一致。如果收到应答,则认为此次通信成功,同时数据从 TXFIFO 中清除;若未收到应答且自动重发已开启,则自动重新发射该数据,若重发次数达到上限,TXFIFO 中数据保留,以便再次重发。

接收数据过程如下:首先将该芯片配置为接收模式,接着延迟 $130\mu s$ 进入接收状态,等待数据的到来。当接收方检测到有效的地址和 CRC 时,就将数据包存储在 RXFIFO 中,同时如果开放中断时 IRQ 变低,产生中断,通知 MCU 去取数据。若此时自动应答开启,接收方则同时进入发射状态,回传应答信号。最后在接收成功时,若 CE 变低,则该芯片进入空闲模式 1。

10.8.2　无线通信模块的设计

利用 nRF24L01 芯片实现两片 AT89S51 单片机模块之间的无线通信,其中每个单片机上各连接一片 nRF24L01 芯片、一个 LED 数码管和一个按键,当按下其中一个单片机连接的按键时,另一个单片机连接的数码管可显示按下的次数,并在 0~9 循环。由功能可见,两片单片机的外围电路完全相同,实现此功能的单片机外围电路如图 10-27 所示。其中 nRF24L01 的引脚 1~6 与单片机的 I/O 口相连,实现无线收发功能;共阴极数码管接单片机的 P0 口,用于显示按键次数;独立式按键 KEY 接单片机 P3.3 口,用于读取按键状态。

1. 头文件

为了实现无线通信功能,首先要用软件对 nRF24L01 芯片进行固件编程。nRF24L01

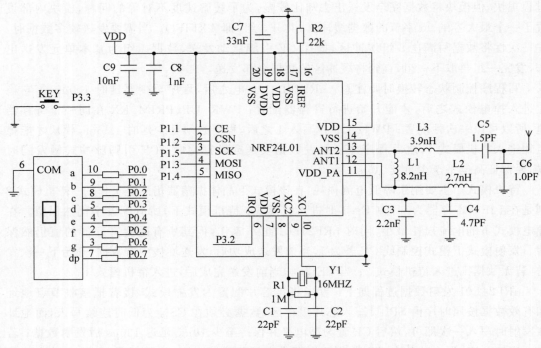

图 10-27　无线通信模块电路

芯片通过 SPI 接口与单片机通信,SPI 口为同步串行通信接口,最大传输速率为 10Mbps,传输时先传送低位字节,再传送高位字节。但针对单个字节而言,要先送高位字节再送低位字节。与 SPI 相关的指令共有 8 个,使用时,这些控制指令由 nRF24L01 的 MOSI 输入。相应的状态和数据信息从 MISO 输出给 MCU。nRF24L0l 所有的配置字都由配置寄存器定义,这些配置寄存器可通过 SPI 口访问,nRF24L01 的配置寄存器共有 25 个。基于对 nRF24L01 芯片软件编程时要操作和访问的寄存器和指令较多,一般要在源程序之前先建立一个头文件,实现对 nRF24L01 的端口引脚定义、常量宏定义、寄存器指令宏定义、寄存器地址宏定义和相关驱动函数的声明。头文件如下。

```
#ifndef _NRF24L01_H_
#define _NRF24L01_H_
sbit CE = P1^1;                    //端口定义
sbit CSN = P1^2;
sbit SCK = P1^5;
sbit MOSI = P1^3;
sbit MISO = P1^4;
sbit IRQ = P3^2;
//常量定义
#define TX_ADR_WIDTH   5      //5 字节发送地址宽度
```

```c
# define RX_ADR_WIDTH  5                    //5 字节接收地址宽度
# define TX_PLOAD_WIDTH  10                 //20 字节有效数据写
# define RX_PLOAD_WIDTH  10                 //20 字节有效数据读
//寄存器指令宏定义
# define READ_REG  0x00                     //读寄存器指令
# define WRITE_REG  0x20                    //写寄存器指令
# define RD_RX_PLOAD  0x61                  //读取接收数据指令
# define WR_TX_PLOAD  0xA0                  //写待发数据指令
# define FLUSH_TX  0xE1                     //冲洗发送 FIFO 指令
# define FLUSH_RX  0xE2                     //冲洗接收 FIFO 指令
# define REUSE_TX_PL  0xE3                  //定义重复装载数据指令
# define NOP  0xFF                          //保留
//配置寄存器地址定义
# define CONFIG        0x00                 //设置 2401 工作模式
# define EN_AA         0x01                 //设置接收通道及自动应答
# define EN_RXADDR     0x02                 //使能接收通道地址
# define SETUP_AW      0x03                 //设置地址宽度
# define SETUP_RETR    0x04                 //设置自动重发数据时间和次数
# define RF_CH         0x05                 //工作频率设置
# define RF_SETUP      0x06                 //发射速率、功耗功能设置
# define STATUS        0x07                 //状态寄存器,用来判定工作状态
# define OBSERVE_TX    0x08                 //发送监测功能
# define CD            0x09                 //地址检测
# define RX_ADDR_P0    0x0A                 //设置接收通道 0～5 地址
# define RX_ADDR_P1    0x0B
# define RX_ADDR_P2    0x0C
# define RX_ADDR_P3    0x0D
# define RX_ADDR_P4    0x0E
# define RX_ADDR_P5    0x0F
# define TX_ADDR       0x10                 //设置发送地址,先写低字节
# define RX_PW_P0      0x11                 //设置接收通道 0～5 有效数据长度
# define RX_PW_P1      0x12
# define RX_PW_P2      0x13
# define RX_PW_P3      0x14
# define RX_PW_P4      0x15
# define RX_PW_P5      0x16
# define FIFO_STATUS 0x17                   //FIFO 状态寄存器设置
# define STA_MARK_RX 0x40
# define STA_MARK_TX 0x20
# define STA_MARK_MX 0x10
// nRF24L01 操作函数声明
unsigned char SPI_RW(unsigned char byte);
unsigned char SPI_Read(unsigned char reg);
```

```
unsigned char SPI_RW_Reg(unsigned char reg,unsigned char value);
unsigned char SPI_Read_Buf(unsigned char reg, unsigned char * pBuf,unsigned char bytes);
unsigned char SPI_Write_Buf(unsigned char reg, unsigned char * pBuf, unsigned char bytes);
void init_NRF24L01(void);
void SetRX_Mode(void);
unsigned char nRF24L01_RxPacket(unsigned char * rx_buf);
void nRF24L01_TxPacket(unsigned char * tx_buf);
void clearTXFIFO(void);
void SPI_CLR_Reg(unsigned char R_T);
void ifnnrf_CLERN_ALL(void);
#endif
```

2. nRF24L01 驱动程序

对 nRF24L01 的固件编程的基本思路是置 CSN 为低,使能芯片,配置芯片各个参数,配置参数在掉电状态中完成。如果是发送模式,填充发送 FIFO。配置完成以后,通过 CE 与 CONFIG 中的 PWR_UP 与 PRIM_RX 参数确定 nRF24L01 要切换到的状态。nRF24L01 采用增强型通信方式,其发送模式和接收模式的初始化过程如表 10-15 所示。

表 10-15 nRF24L01 初始化过程

序号	发送模式初始化过程	接收模式初始化过程
1	写发送节点的地址 TX_ADDR	—
2	写接收节点的地址 RX_ADDR_P0	写接收节点的地址 RX_ADDR_P0
3	使能 AUTO ACK EN_AA	使能 AUTO ACK EN_AA
4	使能 PIPE 0 EN_RXADDR	使能 PIPE 0 EN_RXADDR
5	配置自动重发次数 SETUP_RETR	—
6	选择通信频率 RF_CH	选择通信频率 RF_CH
7	配置发射参数 RF_SETUP	配置接收参数 RF_SETUP
8	选择通道 0 有效数据宽度 Rx_Pw_P0	选择通道 0 有效数据宽度 Rx_Pw_P0
9	配置基本参数以及切换工作模式 CONFIG	配置基本参数以及切换工作模式 CONFIG

nRF24L01 固件驱动程序包括头文件中声明的所有 nRF24L01 操作函数,它们可以实现对 nRF24L01 的 SPI 接口通信时序模拟,通过 SPI 接口实现对 nRF24L01 器件的读和写操作,以及相关寄存器操作函数声明和编写,固件驱动源程序如下。

```
#include < reg51.H>
#include"nRF24L01.h"
void delayus(unsigned char t)      //延时
{while( -- t);}
void delayms(unsigned char t)      //延时 tms
{
    while(t -- )
```

```
    {
        delayus(245);
        delayus(245);
    }
}
unsigned char code TX_ADDRESS[TX_ADR_WIDTH] = {0x34,0x43,0x10,0x10,0x01};
//本地地址
unsigned char code RX_ADDRESS[RX_ADR_WIDTH] = {0x34,0x43,0x10,0x10,0x01};
//接收地址
unsigned char bdata sta;                    //状态标志
sbit RX_DR = sta^6;
sbit TX_DS = sta^5;
sbit MAX_RT = sta^4;
unsigned char SPI_RW(unsigned char byte)    //SPI 写时序
{
    unsigned char bit_ctr;
    for(bit_ctr = 0;bit_ctr < 8;bit_ctr++)  // 循环 8 次
    {
        if(byte&0x80)                       // byte 最高位输出到 MOSI
         MOSI = 1;
        else MOSI = 0;
        byte = (byte << 1);                 // 低一位移位到最高位
        SCK = 1;                            // 拉高 SCK,从 MOSI 读入 1 位数据,同时从 MISO 输出 1 位数据
        if(MISO)                            // 读 MISO 到 byte 最低位
        byte| = 0x01;
        else byte| = 0x00;
        SCK = 0;
    }
    return(byte);                           //返回读到的数据
}
unsigned char SPI_Read(unsigned char reg)   //SPI 读寄存器操作
{
    unsigned char reg_val;
    CSN = 0;                                //CSN 置低,开始传输数据
    SPI_RW(reg);                            //选择要读的寄存器
    reg_val = SPI_RW(0);                    // 从该寄存器读数据
    CSN = 1;                                //CSN 拉高,结束数据传输
    return(reg_val);                        // 返回寄存器数据
}
unsigned char SPI_RW_Reg(unsigned char reg , unsigned char value)
// 向寄存器 REG 写一个字节,同时返回状态字节
{
```

```
    unsigned char status;
    CSN = 0;                        // CSN 置低,建立 SPI 数据通信
    status = SPI_RW(reg);           // 选择要写的寄存器
    SPI_RW(value);                  // 写数据到该寄存器
    CSN = 1;                        // CSN 拉高,结束数据传输
    return(status);                 // 返回状态寄存器
}
//参数依次为寄存器名称、待读出数据地址、读出数据个数
unsigned char SPI_Read_Buf(unsigned char reg, unsigned char * pBuf, unsigned char bytes)
//接收到数据时通过 SPI 读入 Rx_buf
{
    unsigned char status,ctr;
    CSN = 0;                        //置低,开始传输数据
    status = SPI_RW(reg);           //选择要读的寄存器,同时返回状态字
    for(ctr = 0;ctr < bytes;ctr++)
        pBuf[ctr] = SPI_RW(0);      // 逐个字节从 nRF24L01 读出
    CSN = 1;                        // CSN 拉高,结束数据传输
    return(status);                 //返回状态寄存器
}
//写数据,参数依次为:寄存器名称,待写入数据地址,写入数据个数
unsigned char SPI_Write_Buf(unsigned char reg, unsigned char * pBuf, unsigned char bytes)
{
    unsigned char status, byte_ctr;
    CSN = 0;                        //置低,开始传输数据
    status = SPI_RW(reg);           //选择要写的寄存器,同时返回状态字
    for(byte_ctr = 0; byte_ctr < bytes; byte_ctr++)
        SPI_RW( * pBuf++);          //逐个字节写入 nRF24L01
    CSN = 1;                        //CSN 拉高,结束数据传输
    return(status);                 //返回状态寄存器
}
void init_NRF24L01(void)            //初始化
{
    delayus(200);
    CE = 0;                         //进入待机模式
    CSN = 1;                        //处于禁止选中状态
    SCK = 0;                        //初始化时钟
    SPI_Write_Buf(WRITE_REG + TX_ADDR,TX_ADDRESS,TX_ADR_WIDTH);
//写入发送地址寄存器 5 字节地址
    SPI_Write_Buf(WRITE_REG + RX_ADDR_P0, RX_ADDRESS,RX_ADR_WIDTH);
//写入接收地址,接收通道 0 和发送地址相同
    SPI_RW_Reg(WRITE_REG + EN_AA,0x01);      //使能接收通道 0 自动应答
    SPI_RW_Reg(WRITE_REG + EN_RXADDR,0x01);  //使能接收通道 0
    SPI_RW_Reg(WRITE_REG + RF_CH, 0x40);     //选择射频通道 2.4GHz,收发必须一致
```

```
    SPI_RW_Reg(WRITE_REG + RF_SETUP,0x07);
//数据传输率 1Mbps,发射功率 0dBm,低噪声放大器增益
    SPI_RW_Reg(WRITE_REG + RX_PW_P0,RX_PLOAD_WIDTH);                    //设置接收数据长度
    IRQ = 1;
}
void SetRX_Mode(void)                            //数据接收配置
{
    CE = 0;
    SPI_RW_Reg(WRITE_REG + CONFIG,0x0f);         //IRQ 收发完成中断响应,16 位 CRC,主接收
    CE = 1;
    delayus(130);
}
unsigned char nRF24L01_RxPacket(unsigned char * rx_buf)         //接收数据存入 Rx_buf 缓冲区
{
    unsigned char revale = 0;
    sta = SPI_Read(STATUS);                      //读取状态寄存器来判断数据接收状况
    if(RX_DR)                                    // 判断是否接收到数据
    {
        CE = 0;                                  //SPI 使能
        SPI_Read_Buf(RD_RX_PLOAD,rx_buf,RX_PLOAD_WIDTH);            //读出到数组 rx_buf
        revale = 1;                              //读取完成标志
    }
    SPI_RW_Reg(WRITE_REG + STATUS,sta);
//接收到数据后 RX_DR,TX_DS,MAX_PT 都置高为 1,通过写 1 来清除中断标志
    return(revale);
}
void nRF24L01_TxPacket(unsigned char * tx_buf) //发送 tx_buf 数据
{
    unsigned int uiNum;
    CE = 0;                                      //待机模式
    SPI_Write_Buf(WRITE_REG + TX_ADDR,TX_ADDRESS,TX_ADR_WIDTH);
    SPI_Write_Buf(WRITE_REG + RX_ADDR_P0,TX_ADDRESS,TX_ADR_WIDTH);
//装载接收端地址,接收通道 0 地址和发送地址相同
    SPI_Write_Buf(WR_TX_PLOAD, tx_buf, TX_PLOAD_WIDTH);            //写数据至发送 FIFO
    SPI_RW_Reg(WRITE_REG + EN_AA,0x01);          //使能接收通道 0 自动应答
    SPI_RW_Reg(WRITE_REG + EN_RXADDR,0x01);      //使能接收通道 0
    SPI_RW_Reg(WRITE_REG + SETUP_RETR,0x0a);     //自动重发设置
    SPI_RW_Reg(WRITE_REG + RF_CH,0x40);          //选择射频通道
    SPI_RW_Reg(WRITE_REG + RF_SETUP,0x07);
//数据传输率 1Mbps,发射功率 0dBm,低噪声放大器增益
    SPI_RW_Reg(WRITE_REG + CONFIG,0x0e);
// IRQ 收发完成中断响应,16 位 CRC,主发送
```

```
            CE = 1;                                    //置高 CE,激发数据发送
        delayms(1);
        CE = 0;                                        //超时要判断重发次数是否满,满要清空发送 FIFO
        uiNum = 0;
        while(IRQ == 1)
        {
            if(uiNum > 20000)
                {
                    uiNum = 0;
                    ifnnrf_CLERN_ALL();
                    return;
                }
            else{uiNum++; delayus(10);}
        }
        if(SPI_Read(STATUS) & STA_MARK_TX)
        {
            SPI_RW_Reg(WRITE_REG + STATUS,0xFF);//清除所有中断标志
            clearTXFIFO();
            return;
        }
        else
        {
            SPI_RW_Reg(WRITE_REG + STATUS,0xFF);
            clearTXFIFO();
        }
        return;
}
void clearTXFIFO(void)                              //清除发送 FIFO 寄存器
{
    CSN = 0;
    SPI_RW(FLUSH_TX);
    delayus(10);
    CSN = 1;
}
void SPI_CLR_Reg(unsigned char R_T)
{
    CSN = 0;
    if(R_T == 1)SPI_RW(FLUSH_TX);
    else SPI_RW(FLUSH_RX);
    CSN = 1;
}
void ifnnrf_CLERN_ALL(void)
```

```
{
    SPI_CLR_Reg(0);
    SPI_CLR_Reg(1);
    SPI_RW_Reg(WRITE_REG + STATUS, 0xFF);
    IRQ = 1;
}
```

3. 主程序

【例10-9】 实现通过按键发出信号,再由无线收发芯片 **nRF24L01** 传递信号,控制另一个单片机的数码管显示按键按下次数。

为了实现上述功能,主程序要进行 nRF24L01 无线数据收发的控制、按键的识别、数码管的驱动等。这部分源程序如下。

```
# include < reg51.h >
# include "nRF24L01.h"
unsigned char code DIG_CODE[10] = {0x3F, 0x06, 0x5B, 0x4F, 0x66, 0x6D, 0x7D, 0x07, 0x7F, 0x6F};
                                                    //数码管显示代码
unsigned char SendFlag;                             //发送标志
unsigned char TxBuffer[10];                         //发送数据数组
unsigned char RxBuffer[10];                         //接收数据数组
void main(void)
{
    unsigned int i;
    unsigned char KeyCounter = 0;                   //键值
    init_NRF24L01();                                //初始化
    while(1)
    {
        SetRX_Mode();                               //接收配置
        nRF24L01_RxPacket(nRF24L01.RxBuffer);       //接收数据存入数组
        if((nRF24L01.RxBuffer[0] == 0x7E)&&(nRF24L01.RxBuffer[5] == 0x81))
        {
            P0 = nRF24L01.RxBuffer[2];              //第一和第六字节正确,数码管显示接收数据
            for(i = 0; i < sizeof(nRF24L01.RxBuffer); i++)nRF24L01.RxBuffer[i] == 0;
                                                                            //数组清0
        }
        if((nRF24L01.RxBuffer[6]!= 0)||(nRF24L01.RxBuffer[7]!= 0))   //超范围丢包
        {for(i = 0; i < sizeof(nRF24L01.RxBuffer); i++)nRF24L01.RxBuffer[i] = 0;}
        if(nRF24L01.SendFlag == 1)                  //发送数据
        {
            nRF24L01_TxPacket(nRF24L01.TxBuffer);
            for(i = 0; i < sizeof(nRF24L01.TxBuffer); i++)nRF24L01.TxBuffer[i] = 0;
            nRF24L01.SendFlag = 0;                  //发送完成标志清0
        }
        if(P3^3 == 0)                               //判断 KEY 键是否按下
```

```
        {
            for(i = 0;i < 1000;i++);                //延时去抖
            if(P3^3 == 0)
            {
                KeyCounter++;                        //键值加一
                if(KeyCounter == 10)KeyCounter = 0;  //键值在 0～9 循环
                nRF24L01.TxBuffer[0] = 0x7E;         //数据装入发送数组
                nRF24L01.TxBuffer[1] = 0x01;
                nRF24L01.TxBuffer[2] = DIG_CODE[KeyCounter];
                nRF24L01.TxBuffer[3] = 0;
                nRF24L01.TxBuffer[4] = 0;
                nRF24L01.TxBuffer[5] = 0x81;
                nRF24L01.SendFlag = 1;               //发送标志置 1
            }
            while(P3^3 == 0);                        //等待按键释放
        }
    }
}
```

　　程序首先进行初始化,接收无线发射的数组并存入接收数组 RxBuffer[10]中,如果判断固定格式接收数组中的数据正确,将键值的显示代码送 P0 口数码管显示。显示完成后清空接收数组,此时如果有多余的接收数据直接清空。程序再判断按键是否按下,确认按下时,键值加一,并将键值和其他数据按固定格式存入发送数组 TxBuffer[10]中,并置 1 发送标志位。当发送标志位置 1 时,启动数据发送,发送完成后,将发送数组和发送标志位清 0。主程序在判断按键、无线接收、无线发送 3 个状态之间不停地循环执行。

习题

　　(1) 简述 IIC 总线的工作原理。

　　(2) 编程:用 AT24C02 暂存温度传感器的检测值,使得一旦学习板断电并恢复后,能把断电前保存的值通过串行口传给上位机显示。

　　(3) 编程:用动态数码管和 DS1302 实现电子时钟,显示小时、分钟、秒。

　　(4) 简述温度传感器 DS18B20 工作原理。

　　(5) 简述红外检测器的工作原理。

　　(6) 编程:按下红外线遥控器上的数字按键 1,控制 DS18B20 采集温度值并通过串口传到上位机。

　　(7) 编程:用点阵显示一个大小随时间变化的圆。

　　(8) 编程:两个单片机系统通过蓝牙通信,实现其中一个按下矩阵式键盘按键,另一个 LCD 显示按下的键值。

（9）编程：用单片机 STC89C51 内部 EEPROM 每隔 1min 存储一次温度传感器 DS18B20 的检测值，在上位机通过串口请求数据时，向上位机发送数据，同时清空 EEPROM 中的数据。

本章小结

本章列举了一些单片机系统设计常用芯片的工作原理和软件驱动方法，包括片内和片外 EEPROM、时钟芯片、温度传感器、红外检测、点阵显示器、蓝牙模块、无线通信芯片。本章提供的软件实例丰富，如 EEPROM 保证断电数据不丢失、时钟芯片实现计时显示、传感器检测温度并显示、单片机与红外接收器的接口、点阵动态显示字符串、手机蓝牙控制、无线通信控制显示状态等。这些程序比较典型，也比较常用，可供读者在设计相关系统时参考。

综 合 篇

    本篇列举了几个在生活中用单片机实现控制的实例，如电子琴、温度控制器、电子秤等。这些应用在生活中随处可见，读者对它们的功能也比较了解，但如何用单片机来实现就是本篇主要解决的问题。本篇每个实例都有详细的原理分析、硬件设计、软件源程序、程序分析等，之所以选择这些贴近生活的实例，就是为了让读者在学习单片机综合系统设计的过程中，不是将注意力集中到某些复杂、抽象的原理上，而是集中到单片机的软件、硬件设计方法的实现上，并且能够带着兴趣去学习单片机的知识，达到事半功倍的效果。

    本篇综合了前述各章知识的内容，读者可以将源程序在 Keil 软件环境下调试，深入理解编程思路，学习综合运用单片机知识进行系统设计的方法。

第 11 章 综合应用设计

通过前面几章的学习,对单片机的硬件和软件有了一定掌握,学会了一些常用器件的驱动方法。本章综合运用前面所学的知识,进行一些功能相对完善的单片机系统的设计。这些系统功能相对独立,取材于生产生活实际,掌握这些系统的设计方法,可以为读者积累单片机系统设计的经验。读者可以把本章的系统进一步改进,应用到一些功能相近的系统设计中。

11.1 电子琴的设计

11.1.1 电子琴的工作原理

电子琴有许多按键,当按下不同的键时能发出不同的音调。组成一首乐曲的音调一般有低音的 dao、ruai、mi、fa、sou、la、xi(可分别记为 1~7),还有中音和高音的,一共有 21 种不同的音调,所以电子琴的按键需要 21 个。如果用蜂鸣器作为发音设备,给蜂鸣器不同的频率信号,蜂鸣器就会发出不同音调。蜂鸣器发出的音调与驱动频率信号对应关系如表 11-1 所示。

表 11-1　音调与驱动频率信号对应关系

音调	低音 1	低音 2	低音 3	低音 4	低音 5	低音 6	低音 7
频率/Hz	262	294	330	349	392	440	494
音调	中音 1	中音 2	中音 3	中音 4	中音 5	中音 6	中音 7
频率/Hz	523	587	659	698	784	880	988
音调	高音 1	高音 2	高音 3	高音 4	高音 5	高音 6	高音 7
频率/Hz	1046	1175	1318	1397	1568	1760	1967

音频控制就是要让蜂鸣器发出某音调的声音,只要在某个按键按下时,给蜂鸣器输送该键对应的音调频率的电平信号就可以。由于单片机 I/O 口的输出只有高电平 1 和低电平 0 两种状态,因此,向蜂鸣器输送的电平信号就是该音频的方波。例如,中音 1 的频率为

523Hz的音调,它的周期为1/523s,即1.91ms。因此,只要向蜂鸣器输送周期为1.91ms的脉冲方波电平信号就能发出523Hz的音调,该方波的半周期为1.91/2=0.955ms。为此,需要利用定时器的中断,让输送给蜂鸣器的电平信号每0.955ms取反一次即可。如果已知晶振频率为11.0592MHz,它的一个机器周期为$12\times(1/11.0592)\mu s=1.085\mu s$,因此需要的机器周期总数为

$$\frac{955\mu s}{1.085\mu s}=880$$

即定时器的计数值应为880。根据上述分析,发出频率为f的音频时,定时器计数值C计算公式为

$$C=\frac{(10^6/2f)\mu s}{1.085\mu s}=\frac{460\,830}{f}$$

如表11-1所示,音频最小值时为262Hz,此时对应的定时器计数值C为1759。如果让定时器T0工作于方式1,最大计数值为65 536,可以满足各音频定时常数设置的需要。16位定时器T0的初值设置如下:

```
TH0 = (65536 - C)/256;
TL0 = (65536 - C) % 256;
```

本设计中的电子琴的电路如图11-1所示。图中单片机的复位电路和晶振电路没有画出。其中,K1~K7定义为低音1~7键,接到单片机的P1口;K8~K14定义为中音1~7键,接到单片机的P2口;K15~K21定义为高音1~7键,接到单片机的P3口。单片机的P1~P3口内部都有上拉电阻,所以此处不用接上拉电阻。音频信号从单片机的P3.7口输出,通过三极管VT1驱动扬声器发声。

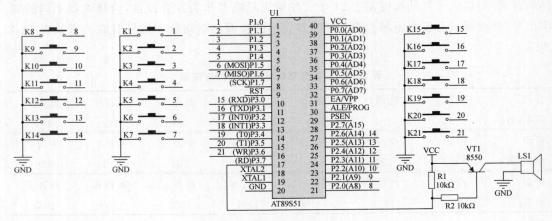

图 11-1　电子琴的电路

11.1.2 软件设计

电子琴软件程序如下：

```c
# include < reg51.h>
unsigned int code yjpl[] = {262,294,330,349,392,440,494,523,587,659,698,784,
880,988,1046,1175,1318,1397,1568,1760,1967};      //音频表
bit r = 0;                                          //播放标志初始化为 0
sbit YP = P3^7;                                     //定义扬声器端口
unsigned char sh,sl;
void delay()                                        //延时 20ms 子程序
{
unsigned int i,j;
for(i = 20;i > 0;i--)
 for(j = 110;j > 0;j--);
}

void tr0()interrupt 1                               //T0 中断处理子程序
{
 if(r == 1)                                         //播放标志为 1 时才能播放
 {
  TH0 = sh;
  TL0 = sl;
  YP = ~YP;
 }
}
void main()
{
 unsigned int f;
 TMOD = 0x01;                                       //T0 初始化为方式 1 定时
 ET0 = 1;                                           //开中断
 EA = 1;
 TR0 = 1;                                           //启动 T0
 while(1)
 {
  if(P1!= 0xff)                                     //P1 口有键按下
  {
  delay();                                          //延时消抖
  if(P1!= 0xff)
    {
    switch(P1)                                      //判断键值,并把音频值赋给 f
      {
      case 0xfe:f = yjpl[0];break;
      case 0xfd:f = yjpl[1];break;
      case 0xfb:f = yjpl[2];break;
      case 0xf7:f = yjpl[3];break;
      case 0xef:f = yjpl[4];break;
      case 0xdf:f = yjpl[5];break;
      case 0xbf:f = yjpl[6];break;
      default:f = 0;break;                          //两个及以上键同时按下时
```

```
            }
            if(f!= 0)                              //只有一个键按下时
            {
            sh = (65536 - (460830/f))/256;         //计算音频对应的定时器初值
            sl = (65536 - (460830/f)) % 256;
            TH0 = sh; TL0 = sl;
            r = 1;                                  //播放标志置1
            }
        while(P1!= 0xff)delay();                    //等待键释放
        delay();
        r = 0;                                      //播放标志清0,停止播放
        YP = 1;                                     //扬声器停止发声
    }
}
if(P2!= 0xff)                                       //P2 口有键按下时
{
 delay();
 if(P2!= 0xff)
    {
        switch(P2)
          {
            case 0xfe:f = yjpl[7];break;
            case 0xfd:f = yjpl[8];break;
            case 0xfb:f = yjpl[9];break;
            case 0xf7:f = yjpl[10];break;
            case 0xef:f = yjpl[11];break;
            case 0xdf:f = yjpl[12];break;
            case 0xbf:f = yjpl[13];break;
            default:f = 0;break;
          }
          if(f!= 0)
          {
            sh = (65536 - (460830/f))/256;
            sl = (65536 - (460830/f)) % 256;
            TH0 = sh; TL0 = sl;
            r = 1;
          }
        while(P2!= 0xff)delay();
        delay();
        r = 0;
        YP = 1;
    }
}
if(P3!= 0xff)                                       //P3 口有键按下时
  {
    delay();
    if(P3!= 0xff)
      {
    switch(P3)
```

```
      {
        case 0xfe:f = yjpl[14];break;
        case 0xfd:f = yjpl[15];break;
        case 0xfb:f = yjpl[16];break;
        case 0xf7:f = yjpl[17];break;
        case 0xef:f = yjpl[18];break;
        case 0xdf:f = yjpl[19];break;
        case 0xbf:f = yjpl[20];break;
        default:f = 0;break;
      }
      if(f!= 0)
      {
        sh = (65536 - (460830/f))/256;
        sl = (65536 - (460830/f)) % 256;
        TH0 = sh;TL0 = sl;
        r = 1;
      }
      while(P3!= 0xff)delay();
      delay();
      r = 0;
      YP = 1;
    }
  }
 }
}
```

本例程序先把不同按键的音频值,按顺序存在一个数组 yjpl[]里,并且设置了一个播放标志 r。r 只有在确定有键按下,并确认键值、重置了 T0 初值后才能置 1;只有 r 被置 1 后,才能在 T0 中断子程序里,控制扬声器按设定的音频发声。当没有键按下时,由于 T0 中断一直是开放的,程序会不断地执行 T0 中断,但由于此时 r 为零,扬声器不会发声。

主程序先进行初始化、开中断,然后循环地检测 P1、P2、P3 口有无键按下,如果有,就延时消抖后再确认;如果确认了按下的键值,就把此键对应的音频值赋给变量 f;此时如果有两个或两个以上键被按下,就令 f=0,不启动音频,等待按键释放;如果只有一个键按下,计算此音频下对应的定时初值,并给定时器 T0 赋值,置位播放标志位 r,开始播放音频;此时在等待按键释放的过程中,程序会不断地响应 T0 中断,将扬声器端口状态取反,发出方波,直到键被释放,播放标志清 0,扬声器控制信号置高电平,停止播放音频。

11.2 温控器设计

温度控制在家用电器上比较常见,如冰箱的温度控制、空调的温度控制等。这里设计的温控器用 LCD1602 显示实际温度和设定温度,用温度传感器 DS18B20 检测被控温度,可以用按键输入设定温度值,并能输出开关量信号控制执行器(如冰箱的制冷设备)的动作。控制器采用 AT89S51 作为控制核心,它负责读取 DS18B20 的温度值,并送 LCD 显示;它同

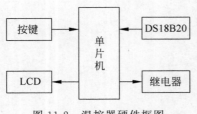

图 11-2   温控器硬件框图

时产生时钟供 LCD 显示；还负责按键输入及输出开关量的控制。本设计的硬件框图如图 11-2 所示。其中单片机的开关量输出信号控制继电器的通断，通过继电器再去驱动大型的执行器。这样做的好处是不仅可以提高单片机的端口驱动能力，也可以现实控制回路和电气回路之间的隔离。所以一般在用单片机控制一些大型电气设备的场合，都需要用继电器之类的器件驱动。

温控器硬件电路图如图 11-3 所示。图中单片机的复位电路和晶振电路没有画出。单片机要根据 DS18B20 采集的温度值，与设定的温度值进行对比控制，当需要启动执行器时，就向 P2.0 口输出低电平，三极管 VT1 导通，使高电平加到继电器 K1 的线圈上，K1 常开触点闭合，控制执行器动作，最终使温度不超过设定值。单片机同时以中断方式计时，并送 LCD 显示，使得温控器不仅能够实现温度的控制，又是一个精度较高的电子钟。其中，四个按键的功能定义如下：K3 为功能键，它按下一次，再按下 K1、K2，可以设置分钟的显示值；K3 按下第二次，再按下 K1、K2，可以设置小时的显示值；K3 按下第三次，再按下 K1、K2，可以设置温度设定的显示值；K3 按下第四次，恢复到正常显示状态。K1 为加 1 设置键，K2 为减 1 设置键。在显示设置状态下，即 K3 按下 1～3 次的过程中，都可以按下 K4 进入或退出温度控制。

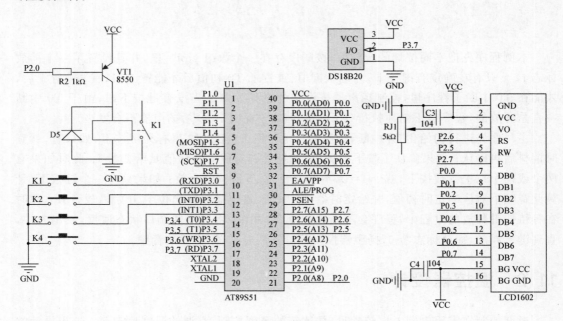

图 11-3   温控器硬件电路图

温控器软件程序如下：

```c
#include<reg51.h>
#include<intrins.h>
#define uchar unsigned char
#define uint unsigned int
sbit LCD1602_E = P2^7;                //LCD控制端口
sbit LCD1602_RW = P2^5;
sbit LCD1602_RS = P2^6;
sbit K1 = P3^1;                       //按键端口
sbit K2 = P3^0;
sbit K3 = P3^2;
sbit K4 = P3^3;
sbit DS = P3^7;                       //温度传感器端口
sbit JK = P2^0;                       //继电器控制端口
uchar TIME[4] = {0,0,0,0};            //存储显示数据的数组,顺序为秒、分钟、小时、温度设定
uchar datas[] = {0,0,0};              //存储检测温度值,顺序十位、个位、小数位
uchar s1,s2,s3,s4,a,i;
void delay(uint x)                    //延时子程序
{
 uint i,j;
 for(i=0;i<x;i++)
 for(j=0;j<110;j++);
}
void delay10ms()                      //延时子程序
{
    unsigned char a,b,c;
    for(c=1;c>0;c--)
        for(b=38;b>0;b--)
            for(a=130;a>0;a--);
}
void lcdwcom(uchar com)               //LCD写命令子程序
{
    LCD1602_E = 0;
    LCD1602_RS = 0;
    LCD1602_RW = 0;
    P0 = com;
    delay(1);
    LCD1602_E = 1;
    delay(5);
    LCD1602_E = 0;
}
void lcdwdata(uchar dat)              //LCD写数据子程序
{
    LCD1602_E = 0;
    LCD1602_RS = 1;
    LCD1602_RW = 0;
    P0 = dat;
```

```
        delay(1);
        LCD1602_E = 1;
        delay(5);
        LCD1602_E = 0;
    }
    void lcdinit()                          //LCD 初始化子程序
    {
        lcdwcom(0x38);
        lcdwcom(0x0c);
        lcdwcom(0x06);
        lcdwcom(0x01);
        lcdwcom(0x80);
    }
    uchar ds18b20init()                     //温度传感器初始化子程序
    {
        uint i;
        DS = 0;
        i = 70;
        while(i-- );
        DS = 1;
        i = 0;
        while(DS)
        {
            i++;
            if(i > 5000)
                    return 0;
        }
        return 1;
    }
    void ds18b20wbyte(uchar dat)            //写温度传感器一个字节子程序
    {
        uint i,j;
        for(j = 0;j < 8;j++)
        {
            DS = 0;
            i++;
            DS = dat&0x01;
            i = 6;
            while(i-- );
            DS = 1;
            dat >> = 1;
        }
    }
    uchar ds18b20rbyte()                    //读温度传感器一个字节子程序
    {
        uchar byte,bi;
        uint i,j;
        for(j = 8;j > 0;j-- )
```

```
    {
        DS = 0;
        i++;
        DS = 1;
        i++;
        i++;
        bi = DS;
        byte = (byte >> 1) | (bi << 7);
        i = 4;
        while(i--);
    }
    return byte;
}
int ds18b20rtemp()                      //从温度传感器读出双字节温度值
{
    int temp = 0;
    unsigned char tmh, tml;
    ds18b20init();
    delay(1);
    ds18b20wbyte(0xcc);
    ds18b20wbyte(0x44);
    delay(100);
    ds18b20init();
    delay(1);
    ds18b20wbyte(0xcc);
    ds18b20wbyte(0xbe);
    tml = ds18b20rbyte();
    tmh = ds18b20rbyte();
    temp = tmh;
    temp <<= 8;
    temp| = tml;
    return temp;
}
void tdisplay(int temp)                 //温度显示子程序
{
    float tp;
    if(temp < 0)                        //负温度
      {
          lcdwcom(0x80 + 0x40);
          lcdwdata('-');
          temp = temp - 1;
          temp = ~temp;
          tp = temp;
          temp = tp * 0.0625 * 10 + 0.5;
      }
      else                              //正温度
      {
          lcdwcom(0x80 + 0x40);
          lcdwdata('+');
```

```
                tp = temp;
                temp = tp * 0.0625 * 10 + 0.5;
            }
        datas[0] = temp / 100;                      //温度的十位
        datas[1] = temp % 100 / 10;                 //温度的个位
        datas[2] = temp % 10;                       //温度的小数位
        lcdwcom(0xc1);                              //设置显示坐标
        lcdwdata('0' + datas[0]);                   //显示温度
        lcdwdata('0' + datas[1]);
        lcdwdata('.');                              //显示小数点
        lcdwdata('0' + datas[2]);
        lcdwdata('C');                              //最后显示后缀 C,表示温度
}
void display()                                      //显示子程序
{
        lcdwcom(0x80);
        lcdwdata('0' + TIME[2]/16);                 //显示小时
        lcdwdata('0' + (TIME[2] % 16));
        lcdwdata('_');
        lcdwdata('0' + TIME[1]/16);                 //显示分钟
        lcdwdata('0' + (TIME[1] % 16));
        lcdwdata('_');
        lcdwdata('0' + TIME[0]/16);                 //显示秒
        lcdwdata('0' + (TIME[0] % 16));
        lcdwcom(0xc7);
        lcdwdata('S');
        lcdwdata('E');
        lcdwdata('T');
        lcdwdata(':');
        lcdwdata('0' + TIME[3]/16);                 //显示温度设定值
        lcdwdata('0' + (TIME[3]&0x0f));
}
void Int0() interrupt 0                             //K3 按键中断处理子程序
{
        uchar i;
        delay10ms();                                //消抖
        if(K3 == 0)                                 //确认按下
        {
            s1++;                                   //s1 为 K3 按下次数计数器,在 0～3 变化
            switch(s1)                              //K3 按下不同的次数,让光标在不同位置闪烁
            {
                case 1:a = 0x05;break;
                case 2:a = 0x02;break;
                case 3:a = 0x4a;break;
                default:s1 = 0;lcdwcom(0x0c);break;   //返回正常显示状态
            }
        }
        while((i < 50)&&(K3 == 0))                  //等待 K3 释放或延时退出等待
```

```c
    {
        delay10ms();
        i++;
    }
    i = 0;
}
void timer0()interrupt 1                    //T0 溢出中断处理子程序
{
 i++;
 if(i == 20)                                //当 T0 溢出 20 次,刚好 1s
 {
  i = 0;
  TIME[0]++;                                //秒显示值加 1
  if((TIME[0]&0x0f)> 9)                     //加 1 后低四位大于 9,加 6,十进制调整
    {
        TIME[0] = TIME[0] + 6;
    }
 }
 if(TIME[0] == 0x60){TIME[0] = 0;TIME[1]++;}  //秒值为 60 时,清 0 并向分值进 1
 if(TIME[1] == 0x60){TIME[1] = 0;TIME[2]++;}  //分值为 60 时,清 0 并向小时值进 1
 if(TIME[2] == 0x24)TIME[2] = 0;            //小时值为 24 时,清 0
 TH0 = (65536 - 50000)/256;                 //重置定时初值
 TL0 = (65536 - 50000) % 256;
}
void main()
{
    unsigned char i;
    int temp;
    IT0 = 1;                                //开外部中断 0、T0 中断
    EA = 1;
    EX0 = 1;
    ET0 = 1;
    TMOD = 0x01;                            //设置 T0 为方式 1 定时
    TH0 = (65536 - 50000)/256;             //设置 T0 初值
    TL0 = (65536 - 50000) % 256;
    TR0 = 1;                                //启动 T0
    i = 0;
    lcdinit();                              //LCD 初始化
    lcdwcom(0x8E);                          //显示温控状态关
    lcdwdata('O');
    lcdwdata('F');
    while(1)
    {
        display();                          //显示时间、温度、设定值
        temp = ds18b20rtemp();
        tdisplay(temp);
        if(s1!= 0)                          //当 K3 按下,进入显示设置状态
        {
            lcdwcom(0x80 + a);              //光标在要修改的显示值位置上闪烁
```

```
lcdwcom(0x0f);
if(K1 == 0)                                   //K1 按下被修改的显示值加 1
{
    delay10ms();                              //消抖
    if(K1 == 0)
    {
        TIME[s1]++;
        if((TIME[s1]&0x0f)> 9)                //加 1 后低四位大于 9 时十进制调整
            {
                TIME[s1] = TIME[s1] + 6;
            }
        if((TIME[s1]>= 0x60)&&(s1 == 1))      //分钟显示不小于 60 就清 0
        {
            TIME[s1] = 0;
        }
        if((TIME[s1]>= 0x24)&&(s1 == 2))      //小时显示不小于 24 就清 0
        {
            TIME[s1] = 0;
        }
        if((TIME[s1]>= 0xa0)&&(s1 = 3))TIME[s1] = 0;
    }                                         //温度设定值不小于 0xa0 就清 0
    while((i < 50)&&(K1 == 0))                 //等待 K1 释放或延时退出等待
    {
        delay10ms();
        i++;
    }
    i = 0;
}
if(K2 == 0)                                   //K2 按下被修改的显示值减 1
{
    delay10ms();                              //消抖
    if(K2 == 0)
    {
        if((TIME[s1] == 0)&&(s1 == 1))TIME[s1] = 0x60;    //分钟值为 0 置为 60
        if((TIME[s1] == 0)&&(s1 == 2))TIME[s1] = 0x24;    //小时为 0 置为 24
        if((TIME[s1] == 0)&&(s1 == 3))TIME[s1] = 0xa0;    //设定值为 0 置为 0xa0
        TIME[s1] -- ;
        if((TIME[s1]&0x0f)>= 0x0a)TIME[s1] = TIME[s1] - 6;
    }                                         //减 1 以后低位大于 9,十进制调整
    while((i < 50)&&(K2 == 0))                //等待 K2 释放或延时退出等待
    {
        delay10ms();
        i++;
    }
    i = 0;
}
if(K4 == 0)                                   //K4 按下时,开启或关闭温度控制功能
{
    delay10ms();                              //消抖
```

```
            if(K4 == 0)
            {
                s2 = ~s2;                //s2 为 K4 按下标志位
                if(s2!= 0)               //K4 按下一次,开启温控功能
                {
                lcdwcom(0x8E);           //显示 ON,表示温控开启
                lcdwdata('O');
                lcdwdata('N');
                }
                else                     //K4 按下第二次,温控关闭
                {
                lcdwcom(0x8E);
                lcdwdata('O');
                lcdwdata('F');
                JK = 1;                  //继电器断电
                }
            }
            while((i < 50)&&(K4 == 0))   //等待 K4 释放或延时退出等待
            {
                delay10ms();
                i++;
            }
            i = 0;
        }

        if(s2!= 0)                       //温度控制
          {
                if(datas[0]> TIME[3]/16)s3 = 1;      //当十位上温度检测值高于设定值时
                if((datas[0] = TIME[3]/16)&&(datas[1]> = TIME[3] % 16))s4 = 2;
        //当十位上温度检测值和设定值相等,并且个位检测值不小于设定值时
                if((s3 == 1)||(s4 == 2)){JK = 0;s3 = 0;s4 = 0;}
        //检测值不小于设定值时继电器通电工作
                else {JK = 1;s3 = 0;s4 = 0;}         //检测值小于设定时继电器断电
          }
    }
}
```

本例程序温度显示可正可负,整数部分保留两位,小数部分保留一位。在显示温度子程序里,用指令"temp=tp * 0.0625 * 10+0.5;"来计算温度值,其中乘 10 是保留一位小数的需要,再加 0.5 可使显示结果四舍五入。计算得到的温度值十位、个位、小数位分别保存在 datas[0]、datas[1]、datas[2] 中,方便显示时按顺序存取。

数组 TIME[] 中依次存放着秒、分钟、小时、温度设定值,显示时先设定参数在 LCD 上显示的坐标位置,再依次从数组 TIME[] 中取数送显示。因为时间和设定值在 TIME[] 中都是以 BCD 码的格式存储的,所以在取这些参数的高位、低位送显示时,要分别除以 16,再取余。

K3 接单片机的 P3.2 口,可以以外部中断的方式进行按键处理。程序里用变量 S1 对 K3 按下的次数计数,按下一次,光标停到秒和分之间的横线上,表示开始分钟显示值的设置;按下两次,光标停到时和分之间的横线上,表示开始小时显示值的设置;按下三次,光标停到设定值前面的冒号位置,表示开始温度设定值的设置;按下四次,退出上述设置状态,开始正常显示。

定时器 T0 设置为 50ms 中断一次,当中断 20 次,刚好是 1s,将秒显示值加 1。此时要注意:加 1 后可能使显示值低位大于 9,所以一定要进行十进制调整。退出时要记得给 T0 重赋初值,保证每次中断间隔 50ms。

主程序除了在一开始要进行初始化,就是要循环执行显示和按键处理。当处于显示设置状态时(K3 按下 1~3 次),按键 K1、K2、K4 才能起作用,设置加 1、减 1、温控的开关,注意修改显示值后一定要进行十进制调整。当进入温控开启状态时,显示器上显示 ON,程序会循环比较温度检测值和温度设定值,一旦检测值大于等于设定值,继电器即通电,控制相连接的执行器动作,进行制冷。

学习板硬件资源即可基本满足本例的要求,其中继电器的状态可用 P2.0 口指示灯的状态代替,程序已在学习板上调试通过,大家可以将程序下载到学习板上试验。本例的调试应用过程如下:

① 上电后液晶界面显示如图 11-4 所示。上面一行的"××_××_××"代表计时的"时_分_秒",最右侧的 OF 代表温控功能关闭。下面的一行"±××.×C"代表温度传感器测得的温度值;"SET:××"代表设定的温度。

×	×	_	×	×	_	×	×							O	F
±	×	×	.	×	C		S	E	T	:	×	×			

图 11-4　上电后液晶界面显示

② 按下 K3 键后,液晶界面显示如图 11-5 所示,进入调整分的状态。其中有灰底的部分表示光标在此闪烁,说明可对分钟进行调整,再按下 K1、K2 即可增减调整。

×	×	_	×	×	▮	×	×							O	F
±	×	×	.	×	C		S	E	T	:	×	×			

图 11-5　第一次按下 K3 的状态

③ 再按下 K3 键后,液晶界面显示如图 11-6 所示,进入调整小时的状态。其中灰色的表示光标在此闪烁,说明可对小时进行调整,再按下 K1、K2 即可增减调整。

×	×	▮	×	×	_	×	×							O	F
±	×	×	.	×	C		S	E	T	:	×	×			

图 11-6　第二次按下 K3 的状态

④ 再按下 K3 键后,液晶界面显示如图 11-7 所示,进入调整温度设定值的状态。其中灰色的表示光标在此闪烁,说明可对温度设定进行调整,再按下 K1、K2 即可增减调整。

×	×	_	×	×	_	×	×					O	F
±	×	×	.	×	C		S	E	T	:	×	×	

图 11-7　第三次按下 K3 的状态

⑤ 在上述第②～④步之后,按下 K4 键,液晶界面右上角显示 ON,代表温控功能打开;如果不想打开,可再按一下 K4 关闭温控,右上角显示 OF。在温控功能打开时,如果传感器检测的温度不小于设定值时,继电器通电,控制执行器工作降温;如果检测值小于设定值,继电器断电,执行器停止工作。如果此时不想控制温度,按下 K3 进入设置状态后,可按下 K4 关闭温控。

⑥ 当 K3 键按下第四次后,液晶界面又回到图 11-4 的显示界面,此时进入正常显示状态。反复按下 K3 键,显示状态将会在 1～4 循环切换。

将本例程序下载到学习板后的显示效果如图 11-8 所示。

图 11-8　温控器显示效果

11.3　一氧化碳浓度报警器设计

本设计的报警器能够自动检测空气中一氧化碳的浓度,通过液晶显示器实时显示一氧化碳浓度和报警设定值。可以通过按键或红外遥控调节报警阈值,在浓度超过设定阈值时,自动报警。

设计核心采用 51 单片机作为控制芯片,检测传感器采用 MQ-7 型一氧化碳传感器,MQ-7 传感器能够输出和一氧化碳浓度成正比的直流电压,再进一步通过 ADC0832 转换器进行模数转换,得到的数字信号可供单片机进行浓度显示。LCD1602 作为报警器液晶显示器。用于报警值设置的红外接收头采用 HX1838 一体化红外接收头,单片机接收它发出的红外信号是数字量,即红外线发射器不同按键的键值,区分不同的键值后再进行不同设置。本设计报警器的硬件框图如图 11-9 所示。

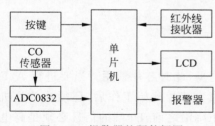

图 11-9　报警器的硬件框图

11.3.1　硬件选型

1．一氧化碳传感器

MQ-7 一氧化碳传感器的电导率随空气中一氧化碳的浓度增大而增大,通过电路转化,即可将电导率的变化转化为与该气体浓度相对应的输出信号,所以它对一氧化碳气体具有

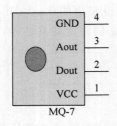

图 11-10 MQ-7 引脚

良好的灵敏度。

该传感器采用＋5V 直流电源供电,引脚如图 11-10 所示。输出引脚有数字和模拟两个引脚,可以通过其背部的电位器对报警临界值进行调节,数字信号输出引脚 Dout 只能输出两种状态,当一氧化碳浓度高于阈值时,数字输出引脚电平为高电平;当低于临界值时,输出引脚电平为低电平。MQ-7 传感器的模拟输出 Aout 引脚可以输出模拟电压,并且该引脚输出的直流电压大小与采集到的一氧化碳浓度成正比,只要在此引脚上配置相应的 A/D 转换模块,单片机就可以得到比较精确的一氧化碳浓度检测信号。因为本设计需要精确检测一氧化碳的浓度,所以单片机要采集 MQ-7 传感器 Aout 引脚输出信号。

2. A/D 转换器 ADC0832

ADC0832 芯片是由美国国家半导体公司生产的一种 8 位分辨率、双通道 A/D 转换芯片,具有体积小、兼容性强、性价比高等优点,应用非常广泛。ADC0832 是 8 引脚双列直插式双通道 A/D 转换器,引脚如图 11-11 所示。它能分别为两路模拟信号实现模/数转换,可以在单端输入方式和差分输入方式下工作。

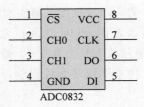

图 11-11 ADC0832 引脚

ADC0832 引脚功能如下。

- $\overline{CS}$(1 脚):片选端,低电平时选中芯片;
- CH0(2 脚):模拟输入通道 0;
- CH1(3 脚):模拟输入通道 1;
- GND(4 脚):芯片接地端;
- DI(5 脚):数据信号输入,选择通道控制;
- DO(6 脚):数据信号输出,转换数据输出;
- CLK(7 脚):芯片时钟输入;
- VCC(8 脚):电源输入端。

ADC0832 的工作时序如图 11-12 所示。

当 ADC0832 未工作时,必须将片选端 $\overline{CS}$ 置于高电平,此时芯片禁用。当要进行 A/D 转换时,应将片选端 $\overline{CS}$ 置于低电平,并保持到转换结束。芯片开始工作后,还须让单片机向芯片的 CLK 端输入时钟脉冲,在第一个时钟脉冲的下降沿之前,DI 端的信号必须是高电平,表示起始信号。在第 2、第 3 个脉冲的下降沿之前,DI 端则应输入两位数据用于选择通道功能:

- 当 DI 依次输入 1、0 时,只对 CH0 通道进行单通道转换;
- 当 DI 依次输入 1、1 时,只对 CH1 通道进行单通道转换;
- 当 DI 依次输入 0、0 时,将 CH0 作为正输入端 IN＋,CH1 作为负输入端 IN－;
- 当 DI 依次输入 0、1 时,将 CH0 作为负输入端 IN－,CH1 作为正输入端 IN＋。

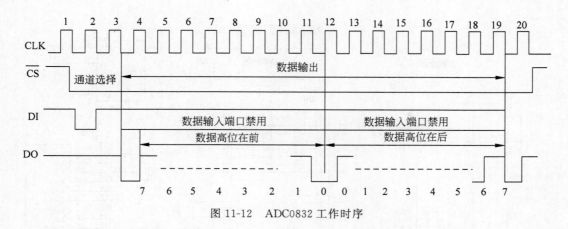

图 11-12 ADC0832 工作时序

在第 3 个脉冲下降沿后,DI 端的输入电平就失去了作用,此后数据输出端 DO 开始输出转换后的数据。在第 4 个脉冲的下降沿输出转换后数据的最高位,直到第 11 个脉冲下降沿输出数据的最低位。至此,一个字节的数据输出完成。然后,从此位开始输出下一个相反字节的数据,即从第 12 个脉冲的下降沿输出数据的最低位,直到第 19 个脉冲时数据输出完成,也标志着一次 A/D 转换完成。后一相反字节的 8 个数据位是作为校验位使用的,一般只读出第一个字节的前 8 个数据位即能满足要求。对于后 8 位数据,可以让片选端 $\overline{CS}$ 置于高电平而将其丢弃。

正常情况下,ADC0832 与单片机的接口应为 4 条数据线,分别是 $\overline{CS}$、CLK、DO、DI。但由于 DO 和 DI 两个端口在通信时并未同时使用,而是先由 DI 端口输入两位数据(0 或 1)来选择通道控制,再由 DO 端输出数据。因此,在硬件资源紧张时,可以将 DO、DI 并联在一根数据线上使用。

作为单通道模拟信号输入时,ADC0832 的输入电压 V_i 范围为 $0\sim5V$。当输入电压 $V_i=0$ 时,转换后的值 VAL $=0x00$;而当 $V_i=5$ 时,转换后的值 VAL $=0Xff$,即十进制数 255。转换后的输出值(数字量 D)为:

$$D = \frac{255}{5} \times 1X = 51X$$

式中,D 为转换后的数字量;X 为输入的模拟电压。

11.3.2 报警器电路设计

本设计报警器电路如图 11-13 所示。

图 11-13 中,传感器 MQ-7 采集环境中的一氧化碳气体浓度信号,转换成电压信号由 AOUT 引脚输出;此信号接至 ADC0832 的通道 0 输入端 CH0,经该芯片转换成一个字节的数字量由 DO 引脚输出至单片机。液晶显示器 LCD1602 在单片机的驱动下,显示一氧化碳气体浓度检测值和设定值。仪表报警设定方式有两种:一种是按键设定,每按一次 S1 或 S2 可分别使报警值增加 0.1% 或减少 0.1%;另一种是红外遥控设定,按下遥控发射器上 5

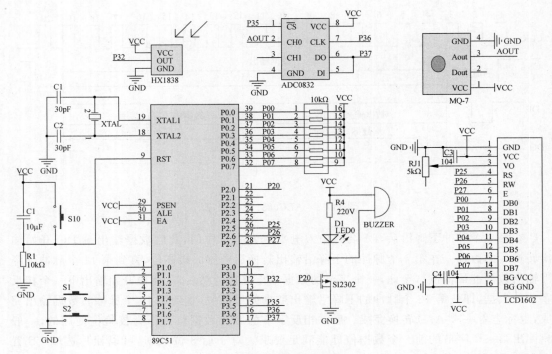

图 11-13　报警器电路图

个不同的键,分别可使报警值增加 0.1％或减少 0.1％、增加 1％或减少 1％,或设定值清 0。当一氧化碳浓度检测值不小于设定值时,P2.0 输出高电平,场效应管导通,使蜂鸣器和发光二极管通电,进行声光报警。

11.3.3　报警器软件设计

一氧化碳报警器程序如下:

```
#include<reg51.h>
#include<intrins.h>
#define uchar unsigned char
#define uint unsigned int
sbit RS = P2^5;                  //LCD 控制端口
sbit RW = P2^6;
sbit EN = P2^7;
sbit BEEP = P2^0;                //蜂鸣器控制端口
sbit Key_1 = P1^0;               //按键端口
sbit Key_2 = P1^1;

sbit IRIN = P3^2;                //红外线接收端口
sbit CS1 = P3^5;                 //AD0832 端口
```

```
sbit CLK = P3^6;
sbit DIO = P3^7;
unsigned char IRCOM[4];             //用于存储红外线接收数据的数组
uchar data disdata[4];              //用于存储 CO 设定值的数组
uchar co = 10;                      //存储 CO 设定值的变量,初始值为 1%
uchar Display_Buffer[4];            //存储 CO 检测值的数组
void delay(unsigned int x)          //延时 xms
 {
    unsigned int i,j;
    for(i = 0;i < x;i++)
    for(j = 0;j < 110;j++);
 }
void delay_R(unsigned char x)       //延时 x * 0.14ms
{
   unsigned char i;
   while(x--)
     {
        for (i = 0; i < 13; i++);
     }
}
void lcdwcom(uchar com)             //LCD 写命令子程序
{
    EN = 0;
    RS = 0;
    RW = 0;
    P0 = com;
    delay(1);
    EN = 1;
    delay(5);
    EN = 0;
}
void lcdwdata(uchar dat)            //LCD 写数据子程序
{
    EN = 0;
    RS = 1;
    RW = 0;
    P0 = dat;
    delay(1);
    EN = 1;
    delay(5);
    EN = 0;
}
void lcdinit()                      //LCD 初始化子程序
{
    lcdwcom(0x38);
    lcdwcom(0x0c);
    lcdwcom(0x06);
    lcdwcom(0x01);
    lcdwcom(0x80);
```

```
}
void initdisplay()                          //显示初始化
{
 lcdinit();
 lcdwcom(0x80);                             //LCD 第一行显示"CO:"
 lcdwdata('C');
 lcdwdata('O');
 lcdwdata(':');
 lcdwcom(0xc0);                             //LCD 第二行显示"SET:"
 lcdwdata('S');
 lcdwdata('E');
 lcdwdata('T');
 lcdwdata(':');
}
void codisp()                               //CO 设定值的显示
    {
        disdata[0] = co/1000 + 0x30;        //设定值的百位
        disdata[1] = co % 1000/100 + 0x30;  //十位
        disdata[2] = co % 100/10 + 0x30;    //个位
        disdata[3] = co % 10 + 0x30;        //小数位
        if(disdata[0] == 0x30)              //当百位是 0 不显示
        {
            disdata[0] = 0x20;              //用空格字符代替 0
            if(disdata[1] == 0x30)          //百位和十位都是 0
            {disdata[1] = 0x20;}            //用空格字符代替十位的 0
        }
        lcdwcom(0xc4);                      //设置光标位置
        lcdwdata(disdata[0]);               //显示百位
        lcdwcom(0xc5);
        lcdwdata(disdata[1]);               //显示十位
        lcdwcom(0xc6);
        lcdwdata(disdata[2]);               //显示个位
        lcdwcom(0xc7);
        lcdwdata('.');                      //显示小数点
        lcdwcom(0xc8);
        lcdwdata(disdata[3]);               //显示小数
        lcdwcom(0xc9);
        lcdwdata('%');                      //显示百分号
    }
unsigned char A_D()                         //A/D 转换子程序
{
   unsigned char i,dat1,dat2;
   dat1 = 0;
   dat2 = 0;
   CS1 = 1;
   CLK = 0;
   CS1 = 0;                                 //片选有效

   DIO = 1;                                 //规定的高电平起始信号
```

```
    CLK = 1;_nop_(); _nop_();              //时钟下跳沿,延时使跳变稳定
    CLK = 0;_nop_(); _nop_();
    DIO = 1;                               //和下一个数据位一起选择通道 0
    CLK = 1;_nop_(); _nop_();              //时钟下跳沿 DIO 数据有效
    CLK = 0;_nop_(); _nop_();
    DIO = 0;                               //和上一个数据位一起选择 A/D 转换的通道
    CLK = 1; _nop_(); _nop_();             //时钟下跳沿 DIO 数据有效,延时使跳变稳定
    CLK = 0; _nop_(); _nop_();
    DIO = 1;                               //通道选择后 DI 口置高电平
    CLK = 1;
    for(i = 0;i < 8;i++)                   //A/D 转换器输出八位数据,高位在前
      {
        CLK = 1;_nop_(); _nop_();          //数据输出在时钟下跳沿有效
        CLK = 0;_nop_(); _nop_();
        dat1 << = 1;                       //每接收一位,数据向高位移动一位
        dat1| = (uchar)DIO;                //接收的数据位存储在 dat1 的最低位
      }
    for(i = 0;i < 8;i++)                   //第二次输出八位数据,低位在前
      {
        dat2 = dat2|((uchar)(DIO)<< i);    //接收的数据从高到低存储在 dat2 中
        CLK = 1;_nop_(); _nop_();
        CLK = 0;_nop_(); _nop_();
      }
    CS1 = 1;                               //接收后片选设为无效
    return(dat1 == dat2)?dat2:0;
//两次接收的数据进行检验,正确返回接收的数据,否则返回 0
  }
void main()
  {
    int d,i;
    initdisplay();                         //显示初始化
    BEEP = 0;                              //关蜂鸣器
    EA = 1;                                //开外部中断 0
    EX0 = 1;
    codisp();                              //显示 CO 设定值
    while(1)
      {
        d = A_D() * 300.0/255 - 20;        //计算 CO 浓度,公式由传感器的标定结果得到
        if(d < 0) d = 0;                   //计算结果为负时清 0
        Display_Buffer[0] = d/1000 + '0';  //CO 检测值的百位
        Display_Buffer[1] = d % 1000/100 + '0'; //十位
        Display_Buffer[2] = d % 100/10 + '0';   //个位
        Display_Buffer[3] = d % 10 + '0';  //小数位
        if(Display_Buffer[0] == 0x30)      //检测值的百位、十位为 0 时不显示
        {
            Display_Buffer[0] = 0x20;      //用空格字符代替
            if(Display_Buffer[1] == 0x30)
            {Display_Buffer[1] = 0x20;}
        }
```

```
            lcdwcom(0x83);                              //显示 CO 检测值
            lcdwdata(Display_Buffer[0]);
            lcdwdata(Display_Buffer[1]);
            lcdwdata(Display_Buffer[2]);
            lcdwdata('.');
            lcdwdata(Display_Buffer[3]);
            lcdwdata('%');
            if(Key_1 == 0)
                {
                    delay(10);                          //消抖
                    if(Key_1 == 0)                      //确认 S1 按下
                    {
                     co += 1;                           //浓度设定值增加 0.1%
                     if(co > 100)
                     co = 100;                          //增加后上限为 10%
                     codisp();                          //显示设定值
                    }
                    while((i < 50)&&(Key_1 == 0))       //等待 S1 释放或延时退出等待
                    {
                        delay(10);
                        i++;
                    }
                    i = 0;
                }
            if(Key_2 == 0)
                {
                    delay(10);                          //消抖
                    if(Key_2 == 0)                      //确认 S2 按下
                    {
                     co -= 1;                           //浓度设定值减少 0.1%
                     if(co <= 0)
                          co = 0;                       //减少的下限为 0
                     codisp();                          //显示设定值
                    }
                    while((i < 50)&&(Key_2 == 0))       //等待 S2 释放或延时退出等待
                    {
                        delay(10);
                        i++;
                    }
                    i = 0;
                }
            if(d >= co)BEEP = 1;                        //检测值不小于设定值时,蜂鸣器鸣响
            else      BEEP = 0;                         //否则蜂鸣器不响
            delay(100);
        }
}
void IR_IN() interrupt 0                                //红外接收的中断处理
 {
    uchar j,k,N = 0;
    EX0 = 0;                                            //关中断
    delay_R(15);                                        //延时 15 * 0.14ms
```

```
        if (IRIN == 1)                    //延时确认没有接收到红外线信号就退出
         {
            EX0 = 1;
            return;
         }
        while (!IRIN)                      //确认接收到红外线信号等待低电平过去
          {delay_R(1);}
        for (j = 0;j < 4;j++)              //接收 4 个字节
         {
          for (k = 0;k < 8;k++)            //每字节 8 个位
           {
            while (IRIN)                   //等待信号变为低电平
              {delay_R(1);}
            while (!IRIN)                  //等待信号变为高电平
              {delay_R(1);}
            while (IRIN)                   //计算高电平时长,据此判断接收的位是 1 或 0
              {
              delay_R(1);
              N++;
              if(N >= 30)                  //高电平过长,出错退出
                {
                    EX0 = 1;
                    return;
                }
              }
            IRCOM[j] = IRCOM[j] >> 1;       //接收一次,数据向低位移动一次
            if (N >= 8) {IRCOM[j] = IRCOM[j] | 0x80;}    //接收的位是 1,最高位填 1
            N = 0;
           }
         }
        if (IRCOM[2]!= ~ IRCOM[3])          //接收的第三、第四个字节反码不相等,出错退出
         {
            EX0 = 1;
            return;
         }
        if(IRCOM[2] == 0x0c) { co += 1; }   //按下的键值为 0x0c 时,设定值加 0.1%
        if(IRCOM[2] == 0x08) { co -= 1; }   //按下的键值为 0x08 时,设定值减 0.1%
        if(IRCOM[2] == 0x18) { co += 10; }  //按下的键值为 0x18 时,设定值加 1%
        if(IRCOM[2] == 0x1c) { co -= 10; }  //按下的键值为 0x1c 时,设定值减 1%
        if(IRCOM[2] == 0x5e) { co = 0; }    //按下的键值为 0x5e 时,设定值清 0
        codisp();                           //显示设定值
        EX0 = 1;
}
```

本例程序主要对一氧化碳浓度进行采集,采集过程如下:先调用 A/D 转换子程序 A_D(),将传感器输出的电压信号转换为一个字节的数字量 dat2;再由 dat2 计算对应的一氧化碳浓度 d。因为 MQ-7 型气敏器件对于不同种类、不同浓度的气体有不同的电阻值,因此,在使用此类型气敏器件时,灵敏度的调整很重要,一般要在 CO 浓度为 200ppm 时校正传感器。另外,环境温湿度也会影响测量结果。所以该传感器在使用之前,要在实际环境中标

定,程序中由数字量到浓度值的计算公式就是实验得到的结果。

A/D 转换子程序 A_D()中,首先使 ADC0832 片选有效,单片机再在连续的 3 个 CLK 下降沿向 ADC0832 输入 110,作用是启动 A/D 转换并选择通道 0;然后单片机接收第 1 个字节的 A/D 转换结果,并按从高位到低位的顺序存入字节型变量 dat1;之后再接收第 2 个字节的 A/D 转换结果,按从高到低的顺序存入字节型变量 dat2;最后用条件运算符 "(dat1==dat2)? dat2:0;" 比较两次接收的结果,如果相等,证明 A/D 转换结果正确,返回 dat2 作为转换结果,如果不等,证明转换出错返回 0。条件运算符的具体用法可参考第 1.7.4 节的内容。

主程序负责初始化,循环计算一氧化碳的浓度检测值并送显示;循环判断按键的状态,在 S1 或 S2 按下时,对显示设定值增加或减少 0.1%;并对检测值和设定值循环比较,在检测值不小于设定值时,开蜂鸣器进行声光报警。

红外线接收器的输出接单片机的 P3.2 口,即外部中断 0 的输入口,所以可以以中断方式读取红外线接收数据。进入红外线接收中断子程序后,首先是关中断,延时判断中断信号是否存在,不存在就是误中断,此时退出中断处理;若中断信号存在,则等待接收信号变为高电平;接收信号变为高电平后,开始接收 4 个字节数据;每位数据接收时,先等待高电平过去,再等待低电平过去,再计算后面的高电平长度。根据第 10.4 节的知识,红外线接收信号的每一位都是以此高电平的长短来区分传输信号是 0 或 1。如果此高电平过长,说明传输出错,此时退出红外线接收;如果没有出错,并且高电平的长度代表逻辑 1 时,置位接收位,循环上述过程直到 4 个字节接收完毕。其中接收的第 3、第 4 个字节分别是接收数据字节的原码和反码,如果原码和反码取反后的结果不相等,证明接收出错,此时退出接收过程;如果没有出错,再根据接收到的键值设置设定值增量或减量。这里第 4 个字节反码的作用就是用于检验红外线接收过程是否出错。

11.4　比赛计分器的设计

11.4.1　计分器的硬件设计

设计要求:设计一个篮球比赛计分器,能够显示比赛时间(分和秒倒计时)、甲队和乙队的得分。对于两队的得分可以进行加 1 分、加 2 分、加 3 分、减 1 分、比分清 0、比分切换操作;比赛时间采用十分钟倒计时,在暂停倒计时时,可以进行加时或减时操作,还可以用按键控制计时开始、暂停计时和比赛时间复位等操作。在倒计时结束时,控制蜂鸣器鸣响,提示比赛结束。

计分器有时间显示共 4 位、甲队得分显示及乙队得分显示各两位,因此共要用到 8 个显示器;实现计分功能需要按键较多,所以这里采用了 4×4 的矩阵键盘;另外,还需要一个蜂鸣器。学习板硬件资源即可满足计分器设计要求。本设计硬件电路如图 11-14 所示。

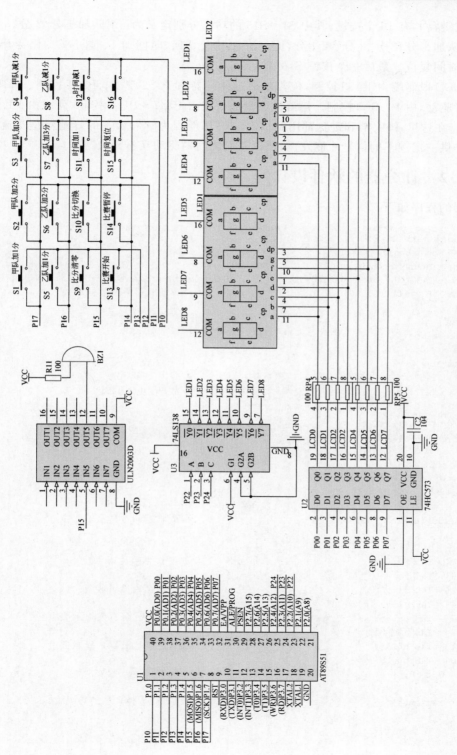

图 11-14 计分器硬件电路

矩阵式键盘共有 16 个按键,其中 S1~S15 的功能分别定义为:甲队加 1 分、2 分、3 分、减 1 分,乙队加 1 分、2 分、3 分、减 1 分,比分清 0、比分切换、时间加 1、时间减 1、比赛开始、比赛暂停、时间复位。最后一个按键 S16 无定义。

八位 LED 段码端由 P0 口控制,位码端通过译码器由 P2.2、P2.3、P2.4 控制。蜂鸣器经达林顿管驱动,由 P1.5 口控制。矩阵式键盘的行线由 P1.7~P1.4 控制,列线由 P1.3~P1.0 控制。在这里,蜂鸣器和键盘都用到了 P1.5 口,但因为学习板上的蜂鸣器是交流的,必须给它提供一定频率的信号才能发声,所以它们之间的驱动互不影响。

11.4.2 计分器的软件设计

计分器的程序如下:

```c
#include <reg51.h>
#define uchar unsigned char
#define uint unsigned int
uchar code TAB[10] = {0x3f,0x06,0x5b,0x4f,0x66,0x6d,0x7d,0x07,0x7f,0x6f}; //0~9 显示代码
uchar TAB1[8] = {0,0,0,0,0,0,0,0};                    //存放八位显示数据的数组
uchar a,b,c,e,t1;
uint t = 0;
uchar fen,miao;
uchar flag = 0;
uchar temp;
sbit ls = P1^5;                                       //蜂鸣器端口定义
sbit LSA = P2^2;                                      //数码管位码端定义
sbit LSB = P2^3;
sbit LSC = P2^4;
void delay(uint x)                                    //延时 xms
{
 uint i,j;
 for(i = 0;i < x;i++)
    for(j = 0;j < 110;j++);
}
void display(uchar a,uchar b)                         //数码管动态显示子程序
{
 uchar i,j;
 TAB1[7] = TAB[fen/10];                               //将分钟存入显示数组
 TAB1[6] = TAB[fen % 10];
 TAB1[5] = TAB[miao/10];                              //将秒存入显示数组
 TAB1[4] = TAB[miao % 10];
 TAB1[3] = TAB[a/10];                                 //将甲队比分存入显示数组
 TAB1[2] = TAB[a % 10];
 TAB1[1] = TAB[b/10];                                 //将乙队比分存入显示数组
 TAB1[0] = TAB[b % 10];
 for(i = 0;i < 8;i++)                                 //循环显示八位数据
    {
        switch(i)                                     //位选,选择点亮的数码管
        {
            case(0):
```

```
                   LSA = 0; LSB = 0; LSC = 0; break;        //显示第 0 位
              case(1):
                   LSA = 1; LSB = 0; LSC = 0; break;        //显示第 1 位
              case(2):
                   LSA = 0; LSB = 1; LSC = 0; break;        //显示第 2 位
              case(3):
                   LSA = 1; LSB = 1; LSC = 0; break;        //显示第 3 位
              case(4):
                   LSA = 0; LSB = 0; LSC = 1; break;        //显示第 4 位
              case(5):
                   LSA = 1; LSB = 0; LSC = 1; break;        //显示第 5 位
              case(6):
                   LSA = 0; LSB = 1; LSC = 1; break;        //显示第 6 位
              case(7):
                   LSA = 1; LSB = 1; LSC = 1; break;        //显示第 7 位
          }
          P0 = TAB1[i];                                     //发送段码
          j = 50;                                           //延时
          while(j -- );
          P0 = 0x00;                                        //消隐
      }
}

void timer0() interrupt 1                                   //T0 中断处理子程序,用于倒计时
{
    uchar i;
    t++;                                                    //变量 t 记录中断次数
 if(t == 20)                                                //中断 20 次,1s 时间到
 {
    t = 0;
    miao -- ;                                               //秒显示值减 1
    if(miao == -1)                                          //秒减 1 为负值时,分减 1,秒循环显示
    {
     fen -- ;
     miao = 59;
    }
    if(fen == -1)                                           //分减 1 为负值时,时间清 0
    {
     fen = 0;
     miao = 0;
     for(i = 0; i < 30; i++)                                //蜂鸣器鸣响
       {
        ls = 0;
        delay(10);
        ls = 1;
        delay(10);
       }
    }
 }
 TH0 = (65536 - 50000)/256;                                 //重置定时初值
 TL0 = (65536 - 50000) % 256;
}
```

```
void keys()                          //按键处理子程序
{
  uchar t1;
  P1 = 0x0f;                         //行线置低,列线置高
  if((P1&0x0f)!= 0x0f)               //有键按下
  {
    delay(10);
    if((P1&0x0f)!= 0x0f)             //消抖后确认有键按下
    {
      P1 = 0x7f;                     //第1行置低
t1 = P1&0x0f;
      if(t1!= 0x0f)                  //第1行有键按下
      {
       switch(t1)
        {
          case 0x07:                 //S1 按下,甲队比分加 1
          a++;
          if(a >= 100)              //比分超过 100 时,置为 99
          a = 99;
          break;
          case 0x0b:                 //S2 按下,甲队比分加 2
          a = a + 2;
          if(a >= 100)              //比分超过 100 时,置为 99
          a = 99;
          break;
          case 0x0d:                 //S3 按下,甲队比分加 3
          a = a + 3;
          if(a >= 100)              //比分超过 100 时,置为 99
          a = 99;
          break;
          case 0x0e:                 //S4 按下,甲队比分减 1
          a -- ;
          if(a <= -1)               //比分为负时,置为 0
          a = 0;
          break;
        }
      while((P1&0x0f)!= 0x0f);       //等待按键释放
      delay(20);
     }
    P1 = 0xbf;                       //第2行置为低电平
    t1 = P1&0x0f;
    if(t1!= 0x0f)                    //第2行有键按下
    {
     switch(t1)
      {
        case 0x07:                   //S5 按下,乙队比分加 1
        b++;
        if(b >= 100)                //比分超过上限,置为 99
        b = 99;
        break;
        case 0x0b:                   //S6 按下,乙队比分加 2
```

```
        b = b + 2;
        if(b > = 100)                              //比分超过上限,置为99
        b = 99;
        break;
        case 0x0d:                                 //S7 按下,乙队比分加 3
        b = b + 3;
        if(b > = 100)
        b = 99;
        break;
        case 0x0e:                                 //S8 按下,乙队比分减 1
        b -- ;
        if(b < = - 1)                              //比分为负时置为 0
        b = 0;
        break;
    }
    while((P1&0x0f)! = 0x0f);                       //等待按键释放
    delay(20);
}
P1 = 0xdf;                                          //第 3 行置低电平
t1 = P1&0x0f;
if(t1! = 0x0f)                                      //第 3 行有键按下
{
  switch(t1)
    {
        case 0x07:                                 //S9 按下,比分清 0
        a = 0;
        b = 0;
        break;
        case 0x0b:                                 //S10 按下,两队比分交换
        e = a;
        a = b;
        b = e;
        break;
        case 0x0d:                                 //S11 按下,分钟显示值加 1
        if(flag! = 1)                              //此按键的功能只有在倒计时停止时有效
        {
            fen++ ;
            if(fen == 100)                         //分钟加 1 达到 100 时,置为 0
            fen = 0;
        }
        break;
        case 0x0e:                                 //S12 按下,分钟显示值减 1
        if(flag! = 1)                              //此按键的功能只有在倒计时停止时有效
        {
            fen -- ;
            if(fen == - 1)                         //分钟减 1 为负时,置为 99
            fen = 99;
        }
        break;
    }
    while((P1&0x0f)! = 0x0f);                       //等待按键释放
```

```
        delay(20);
      }
    P1 = 0xef;                      //第 4 行置为低电平
    delay(5);
    t1 = P1&0x0f;
    if(t1!= 0x0f)                   //第 4 行有键按下
    {
      switch(t1)
      {
        case 0x07:                  //S13 按下,开始比赛计时
        TR0 = 1;                    //启动 T0 定时
        flag = 1;                   //置开始计时标志
        break;
        case 0x0b:                  //S14 按下,开始暂停计时
        TR0 = 0;                    //关 T0 定时
        flag = 0;                   //清 0 开始计时标志
        break;
        case 0x0d:                  //S15 按下,时间显示清 0 复位
        fen = 0;
        miao = 0;
        break;
      }
      while((P1&0x0f)!= 0x0f);      //等待按键释放
      delay(20);
    }
  }
 }
}

void main()                        //主程序
{
 TMOD = 0x01;                      //设置 T0 为方式 1
 TH0 = (65536 − 50000)/256;        //设置 T0 初值
 TL0 = (65536 − 50000) % 256;
 ET0 = 1;                          //开 T0 溢出中断
 EA = 1;
 TR0 = 0;                          //关 T0,即初始化时倒计时显示暂停
 P0 = 0;
 fen = 10;                         //置计时初值为 10 分钟整
 miao = 0;
 while(1)                          //循环查询按键状态和更新显示
  {
keys();
    display(a,b);
  }
}
```

本例程序主要由主程序、延时子程序、数码管动态显示子程序、T0 溢出中断处理子程序和按键处理子程序组成。

主程序开始进行定时器 T0 的初始化、开中断、设置显示初值,主要工作为循环读取按

键状态和更新显示。

定时器 T0 的中断处理子程序每隔 50ms 中断一次，进入中断后，记录中断次数；如果是 20 次，证明定时时间到了 1s，就对秒显示值减 1；如果秒显示值减 1 后为负值，就对分显示值减 1，秒值置为 59，即最大值；如果分显示值为负值，说明设定的比赛倒计时时间已到，此时对分和秒的显示值清 0，并控制蜂鸣器鸣响；最后在退出中断子程序之前，重置定时器初值，使下次定时溢出时间仍保持 50ms。

按键处理子程序负责判断是否有键按下以及是哪个键按下，在确定了按下的键时，根据此按键的定义，执行按键操作。

① 首先判断是否有键按下：将矩阵式键盘的行线置为低电平输出，列线置为高电平输入；读列线的状态，如果消抖两次读的列线状态都有低电平时，确认有键按下。

② 然后确定是哪个键按下：先将矩阵键盘的第一行置为低电平，读列线的状态，有低电平时，证明有键按下，再判断哪根列线是低电平，此时找到行线和列线都为低电平的按键就是被按下的键，再根据此键的定义执行键的功能。这里要注意的是：在每行的按键处理完成后，都要加入等待按键释放的指令，保证一次按键只处理一次。

动态数码管显示子程序负责 8 位数码管的动态显示控制，实现数码管从高位到低位分别显示分钟的十位、分钟的个位、秒的十位、秒的个位、甲队比分的十位、甲队比分的个位、乙队比分的十位、乙队比分的个位。

① 首先程序将上述显示值按显示顺序存入数组 TAB1[ ]中，以方便在后面的显示程序中调用。

② 然后程序顺序取第 0～7 位数码管的位码和段码，送 P2 和 P0 口，并延时调整扫描时间间隔。这个子程序每调用一次，8 位数码管就轮流点亮一次，如果调用的时间足够短，由于人眼的视觉暂留原理和数码管的余辉，我们就会看到 8 位数码管是同时亮的。

但是，因为数码管是通过动态扫描的方法实现同时点亮的，所以一旦扫描暂停，或扫描间隔过长，就会影响显示效果，如出现显示变暗或频闪等现象。如果程序中需要进行动态数码管的显示时，就应该以动态显示为主，主程序应循环执行动态扫描，而其他功能应该尽量放在中断子程序中完成。这样做的好处是：中断只是偶尔打断动态扫描的过程，对动态显示效果影响不大。本程序中，主要进行按键的处理和动态扫描显示，因为按键的处理过程需要时间较短，放在主程序中执行时，对动态显示的影响不大，只会影响到显示的亮度，所以本例把按键处理和动态扫描显示都放在主程序中循环执行。

本例程序下载到学习板上，显示效果如图 11-15 所示。其中第 1～4 位数码显示倒计时的分和秒，第 5～8 位显示两队比分，在如图 11-15 所示的时刻，离比赛结束还有 09 分 04 秒，两队比分是 3∶3。

图 11-15　计分器显示效果

11.5　十字路口交通灯模拟控制

11.5.1　设计任务分析

本设计要实现十字路口交通灯的模拟控制,用数码管倒计时显示通行时间,对于主干道通行执行 60s 倒计时,对于非主干道通行执行 30s 倒计时,每次在绿灯放行的最后 5s,先控制绿灯灭、黄灯闪,5s 后切换成红灯;在红灯切换成绿灯时,没有黄灯闪烁的过程,直接切换成绿灯。当出现放行车道无车时,而禁行车道有车时,传感器会发出控制信号,控制放行暂停,切换到另一车道通行 8s,再继续切换到原车道放行。当检测到有急行车通过时,各向车道通行都禁止,均亮红灯,并倒计时 20s,让急行车通过,再恢复原来的灯状态和倒计时显示。

在正常倒计时显示时,无传感器控制信号切换和急行车通过,东西向为绿灯、东西向为红灯、南北向为绿灯、南北向为红灯,再加上急行车通过的状态、传感器控制信号切换的状态,共有 6 种状态。交通灯的状态如表 11-2 所示。

表 11-2　交通灯的状态

	南北向为红灯	南北向为绿灯	东西向为红灯	东西向为绿灯	黄灯
状态 1	亮	灭	灭	亮	灭
状态 2	亮	灭	灭	灭	闪
状态 3	灭	亮	亮	灭	灭
状态 4	灭	灭	亮	灭	闪
状态 5 急行车	亮	灭	亮	灭	灭
状态 6 切换	亮/灭	灭/亮	灭/亮	亮/灭	灭

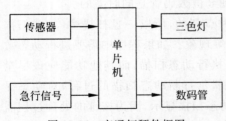

图 11-16　交通灯硬件框图

本设计的任务就是要在上述 6 个状态之间循环切换,合理控制交通灯的显示状态。

本设计硬件框图如图 11-16 所示。

其中,数码管需要两位显示,可以用学习板上的最低两位数码管分别显示倒计时的十位和个位;红黄绿三色灯可以用学习板上的发光二极管代替。因为学习板上数码管的位选端接 P2 口的 P2.2、P2.3、P2.4,发光二极管也接 P2 口,所以三色灯可以定义到除数码管位选端之外的端口,具体定义如下:南北红灯时接 P2.0 口、南北绿灯时接 P2.1 口、东西红灯时接 P2.5 口、东西绿灯时接 P2.6 口、黄灯为 P2.7 口。当路面情况为一路有车、另一路无车,并且有车方向为红灯,无车方向为绿灯,此时检测车流量的传感器会发出控制信号,控制有车方向为绿灯,并通行 8s,这个传感器的输出信号可以用学习板上外部中断引脚的按键代替。当有急行车通过路口时,急行车上的无线装置可以发出信号,系统检测到这个信号时,就控制两个方向的灯都为红灯,让急行车通过,这个无线信号也可以用学习板上的中断按键模拟。用于本系统调试的学习板硬件实验电路如图 11-17 所示。

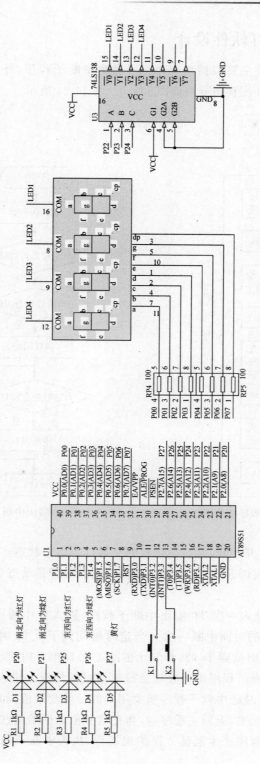

图 11-17 交通灯硬件实验电路

11.5.2 交通灯软件设计

本设计的交通灯软件主要包括主程序、T0溢出中断子程序、外部中断0和1子程序。主程序及中断子程序软件流程图分别如图11-18~图11-21所示。

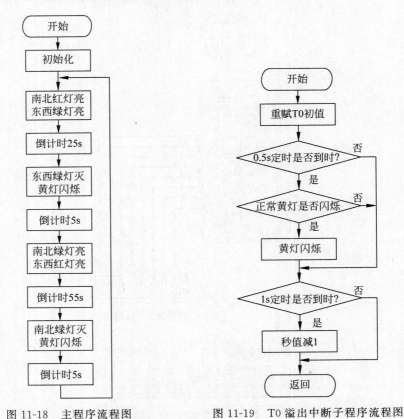

图 11-18 主程序流程图   图 11-19 T0溢出中断子程序流程图

主程序负责初始化、开中断,然后循环控制交通灯的正常状态:东西通行25s,黄灯闪烁5s;南北通行55s,黄灯闪烁5s,如此循环。因为两位数码管是动态显示的,所以倒计时的定时控制由T0中断实现。

程序每隔50ms会进入一次T0溢出中断子程序,进入该中断后,首先给T0重新赋初值,使T0保证每隔固定的时间中断一次。当定时时间到了0.5s时,控制黄灯端口的电平取反,即黄灯闪;当定时时间到1s时,秒显示值减1,控制倒计时显示定时更新。

在外部中断0的处理子程序里要处理急行车通过的情况。进入该子程序时,首先要保护现场,所谓保护现场就是将中断子程序里要用到的一些变量值,如倒计时值、灯的状态,暂时存到一个变量里保存起来,返回主程序前,再把这些值返回给这些变量,即恢复现场,防止由于中断的执行而使主程序产生混乱。保护现场后,执行中断子程序的具体功能:使两个方向的红灯都亮;在开始倒计时显示前,设置 T0 为高级中断,目的是定时时间到时,T0 溢出中断能及时打断外部中断 0,进行倒计时;当倒计时结束后,再使 T0 恢复为低级中断,防止 T0 中断干扰外部中断 0。

图 11-20 外部中断 0 处理子程序流程图   图 11-21 外部中断 1 处理子程序流程图

外部中断 1 用于处理传感器发出检测信号,需要切换信号灯的状态。进入中断后首先要保护现场,退出中断处理前要恢复现场,设置它们的目的和外部中断 0 中的功能是相同的,都是为了保护主程序中用到的一些变量值,防止由于子程序的运行使主程序产生混乱。该中断子程序具体功能为:根据需要切换红绿灯,使原来红灯有车的方向放行,原来绿灯无车的方向禁行;切换信号的时间为 8s,在 8s 倒计时显示之前,同样使 T0 溢出中断为高级,此时当定时时间到时,通过定时器的作用实现准确定时,倒计时显示;倒计时完成时,再恢复 T0 溢出中断为低级中断。

本设计的软件程序如下:

```
# include < reg51.h>
# define uchar unsigned char
# define uint unsigned int
uchar c = 0,i,j,m,r0,r1,s2 = 0;
char num = 30;
uchar tab[] = {0x3f,0x06,0x5b,0x4f,0x66,0x6d,0x7d,0x07,0x7f,0x6f};    //0~9 显示代码
bit s1 = 0,s = 0;
sbit LSA = P2^2;                                                     //数码管的位码端
sbit LSB = P2^3;
sbit LSC = P2^4;
```

```
sbit P32 = P3^2;                    //急行车信号输入
sbit P33 = P3^3;                    //指示灯切换信号输入
sbit P20 = P2^0;                    //南北向为红灯
sbit P21 = P2^1;                    //南北向为绿灯
sbit P25 = P2^5;                    //东西向为红灯
sbit P26 = P2^6;                    //东西向为绿灯
sbit P27 = P2^7;                    //黄灯
void delay(uint x)                  //延时 xms 子程序
{
 uint i,j;
 for(i = x;i > 0;i-- )
    for(j = 110;j > 0;j-- );
}

void timer0()interrupt 1            //定时中断子程序
{
 TH0 = (65536 - 50000)/256;         //重赋 T0 初值
 TL0 = (65536 - 50000) % 256;
 c++;                               //记录中断次数
 if(c == 10)                        //定时 0.5s
  {
 if((s1 == 1)&&(s2 == 0))           //处于黄灯闪烁和非传感器控制信号灯切换的状态
    {
      P27 = ~P27;                   //黄灯闪烁
    }
 }
 if(c == 20)                        //定时 1s
  {
    c = 0;                          //清 0 中断计数器
    num-- ;                         //显示秒值减 1
  }
}

void display( int n)                //数码管显示子程序
{
 LSA = 0;                           //选择个位点亮
 LSB = 0;
 LSC = 0;
 P0 = tab[n % 10];                  //送个位段码
 delay(1);
 P0 = 0;                            //消隐
 LSA = 1;                           //选择十位点亮
 P0 = tab[n/10];                    //送十位段码
 delay(1);
 P0 = 0;
}

void light()                        //交通灯的状态控制子程序
{
while(1)
```

```
{
    num = 30;                      //倒计时初值 30s
    P20 = 0;                       //南北红灯和东西绿灯亮
    P26 = 0;
    while(num > 5)                 //30s 到 5s 倒计时
    {
        display(num);
    }
    P27 = 0;                       //黄灯亮并有东西绿灯灭
    P26 = 1;
    s1 = 1;                        //置黄灯闪烁标志
    while(num > = 0)               //倒计时 5s 到 0s
    {
        display(num);
    }
    s1 = 0;                        //清黄灯闪烁标志
    P27 = 1;                       //黄灯和南北红灯灭
    P20 = 1;
    P21 = 0;                       //南北绿灯和东西红灯亮
    P25 = 0;
    num = 60;                      //置倒计时变量
    while(num > 5)                 //倒计时显示 60s 到 5s
    {
        display(num);
    }
    P27 = 0;                       //南北绿灯灭,黄灯亮
    P21 = 1;
    s1 = 1;                        //置黄灯闪烁标志
    while(num > = 0)               //倒计时 5s 到 0s
    {
        display(num);
    }
    s1 = 0;
    P27 = 1;
    P25 = 1;
  }
}
void lrr() interrupt 0            //急行车信号中断处理子程序
{
 r0 = P2;                         //保护现场,将子程序要用到的一些变量值保存起来
 r1 = num;
 P20 = 0;                         //两个方向红灯亮
 P25 = 0;
 P21 = 1;
 P26 = 1;
 num = 20;
 PT0 = 1;                         //置 T0 为高级中断,用于定时
 while(num)                       //倒计时显示 20s
  {
   display(num);
  }
```

```c
    PT0 = 0;                          //置 T0 为低级中断
    P2 = r0;                          //恢复现场
    num = r1;
}
void int1()interrupt 2                //处理传感器控制的信号切换
{
s2 = 1;                               //置信号切换标志
r0 = P2;                              //保护现场
r1 = num;
if((P25 == 0)&&(P21 == 0))            //原状态为东西红灯和南北绿灯亮
  {
    P21 = 1;                          //控制东西绿灯和南北红灯亮
    P25 = 1;
    P20 = 0;
    P26 = 0;
  }
else if((P20 == 0)&&(P26 == 0)) //原状态为东西绿灯和南北红灯亮
{
  P20 = 1;                            //控制东西红灯和南北绿灯亮
  P26 = 1;
  P21 = 0;
  P25 = 0;
}
num = 8;
PT0 = 1;                              //置 T0 为高级中断,在外部中断中定时用
while(num)                            //倒计时 8s 显示
{
    display(num);
}
PT0 = 0;                              //恢复 T0 为低级中断
P2 = r0;                              //恢复现场
num = r1;
s2 = 0;                               //清信号切换标志
}

void main()                           //主程序
{
TMOD = 0x01;                          //T0 初始化
TH0 = (65536 - 50000)/256;
TL0 = (65536 - 50000) % 256;
EA = 1;                               //开中断
ET0 = 1;
EX0 = 1;
EX1 = 1;
TR0 = 1;                              //启动 T0
IT0 = 0;
P32 = 1;
P0 = 0;
P2 = 0xff;
light();                             //循环控制灯和数码管的状态
}
```

11.6 酒精浓度检测仪的设计

本设计的酒精浓度检测仪可以通过传感器检测酒精浓度,输出信号再经过 A/D 转换器转换,输入单片机。一方面单片机对检测值进行处理,将它转换成具有一定精度的酒精浓度信号,用于显示和报警,同时声光报警信号也会随着酒精浓度的升高而提高频率,起到警示作用;另一方面,检测仪能同时显示检测值和报警值,报警值可以在设置状态下进行修改,当检测值大于报警值时进行声光报警。本设计可采用电池供电,主要芯片均采用低功耗器件,可以用于检查司机酒驾等,在无电源供给的户外环境下使用。

11.6.1 硬件设计

本设计的酒精浓度检测仪硬件电路如图 11-22 所示。

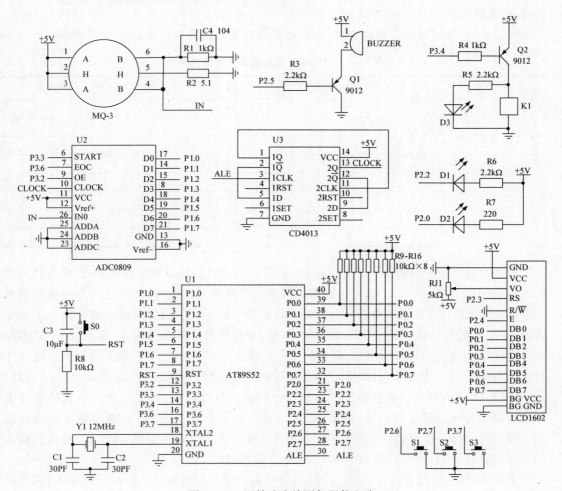

图 11-22 酒精浓度检测仪硬件电路

本设计采用的单片机是 AT89S52,它是一种低功耗、高性能 CMOS 8 位微控制器,具有 8KB 在系统可编程 Flash 存储器,与 80C51 产品指令和引脚完全兼容,即它的程序写入非常方便,在产品升级换代时,也可以很方便地用其他 80C51 系列单片机替代。读者如果已经掌握了 51 系列单片机的用法,就可以轻松驾驭这款单片机。

这里酒精浓度传感器采用的是 MQ-3,它属于表面电阻控制型传感器,其内部金属氧化物半导体材料在一定温度下的电阻率随着环境酒精气体浓度增加而降低,将此电阻的变化量转变为电压的变化量,即可反映酒精浓度的大小。如图 11-22 所示,传感器的 H 端是加热端,使用此传感器之前需要预热约 20s,测量数据才能稳定。传感器的两极 A 端接高电平,B 端作为模拟输出,接 A/D 转换器。

为了保证检测精度,酒精传感器采用 0~5V 的模拟信号,这个信号传给单片机进行数据分析和处理时必须要经过 A/D 转换,这里选用的 A/D 转换器是 ADC0809,它是一个八位逐次逼近型 A/D 转换器,可以分时对八路模拟输入信号进行转换,但这里只需要转换一路传感器的输出信号,所以就不需要进行输入通道的切换。图 11-22 中引脚 ADDA、ADDB、ADDC 为输入通道选择引脚,它们的状态与输入通道的关系如表 11-3 所示。

表 11-3　ADC0809 模拟量输入通道的选择

ADDC	ADDB	ADDA	选择输入的通道
0	0	0	0
0	0	1	1
0	1	0	2
0	1	1	3
1	0	0	4
1	0	1	5
1	1	0	6
1	1	1	7

由表可见,引脚 ADDA、ADDB、ADDC 的状态以 3 位二进制数组合的形式,来选择八路输入通道中的其中一个,ADC0809 在某一时刻只能转换一路信号,所以这 3 个引脚控制八路模拟量输入通道中的某一路信号分时输入转换器进行转换。因为本设计只进行一路 A/D 转换,传感器的输出接到了 ADC0809 的 IN0 端,即模拟量 0 输入通道,引脚 ADDA、ADDB、ADDC 固定接地,即只允许 0 输入通道的信号转换。ADC0809 的 START 引脚为启动 A/D 转换控制引脚,单片机向此引脚发出信号可以控制 A/D 转换的开始(这里由 P3.3 引脚控制);EOC 引脚为转换结束信号发出引脚,在启动 A/D 转换后,可以以查询方式检查此引脚状态判断转换过程是否结束,这里由 P3.6 接收此引脚状态;OE 引脚为输出允许控制端,当转换结束时,此引脚置为高电平,才能将转换后的 8 位数字量从 D7~D0 输出。输出的数字量直接接单片机的 P1 口,供单片机进一步处理。

ADC0809 内部没有时钟,它在工作时,要求有一个外部时钟从 CLOCK 端输入,同时时钟频率不高于 640kHz。为了满足芯片的工作要求,通常将单片机时钟信号分频输出,作为 ADC0809 的时钟输入信号。这里将单片机提供的地址锁存允许信号 ALE,经双 D 触发器四分频以后获得时钟信号。因为本设计的单片机晶振频率为 12MHz,ALE 引脚的输出频率是单片机时钟频率的 1/6,即 2MHz,再经过四分频以后频率降为 500kHz,满足了 ADC0809 对时钟频率不高于 640kHz 的要求。这里双 D 触发器采用的是低功耗的 CD4013,把它接成了四分频的形式。由 CD4013 构成的四分频电路输入为单片机的 ALE 信号,输出接 ADC0809 的时钟输入端。

ADC0809 是 8 位数字量输出的,转换分辨力有限。如果需要提高分辨力和检测精度,还可以选用位数更高的 A/D 转换器。

在蜂鸣器电路中,如果 P2.5 输出为低电平,三极管导通,则蜂鸣器通电鸣响;否则三极管截止,蜂鸣器断电不鸣响。继电器电路也采用类似控制方式,当 P3.4 输出低电平时,三极管导通,继电器得电,常开触点闭合,风扇等负载则上电工作;否则三极管截止,继电器断电,负载不工作。

11.6.2 软件设计

针对上述硬件电路,本设计的酒精浓度检测仪程序如下。

```
# include < reg52.h >
# define uint unsigned int
# define uchar unsigned char
# define Data_ADC0809 P1

sbit LED_R = P2^2;          //红色指示灯
sbit LED_G = P2^0;          //绿色指示灯
sbit FENG = P2^5;           //蜂鸣器
sbit san = P3^4;            //继电器,风扇
sbit ST = P3^3;             //ADC0809 控制信号
sbit EOC = P3^6;
sbit OE = P3^2;
sbit Key1 = P2^6;           //设置按键
sbit Key2 = P2^7;           //加按键
sbit Key3 = P3^7;           //减按键
sbit LCDRS = P2^3;          //LCD 控制脚
sbit LCDEN = P2^4;

bit flag;                   //正常和报警状态切换标志位
bit start = 0;              //定时时间到标志
uchar set;                  //设置和正常显示状态切换标志
uint temp = 0;              //酒精浓度计算变量
float temp1 = 0;
uint temp2;
```

```c
uint WARNING = 250;                          //报警值

uchar code Init1[] = "ALCOHOL:0000.0ppm";    //初始化 LCD 第 1 行显示酒精检测值
uchar code Init2[] = "WARNING:0000.0ppm";    //初始化 LCD 第 2 行显示报警值

void LCDdelay(uint z)                        //LCD 延时子程序
{
  uint x, y;
  for(x = z; x > 0; x -- )
  for(y = 10; y > 0; y -- );
}

void write_com(uchar com)                    //LCD 写命令
{
  LCDRS = 0;                                 //RS 端置低电平
  P0 = com;                                  //读 P0 口命令
  LCDdelay(5);                               //延时
  LCDEN = 1;                                 //EN 端置高电平
  LCDdelay(5);                               //延时
  LCDEN = 0;                                 //EN 端置低电平
}

void write_data(uchar date)                  //LCD 写数据
{
  LCDRS = 1;
  P0 = date;
  LCDdelay(5);
  LCDEN = 1;
  LCDdelay(5);
  LCDEN = 0;
}

void Init1602()                              //1602 初始化
{
  uchar i = 0;
  write_com(0x38);                           //开显示
  write_com(0x0c);                           //无光标,无光标闪烁
  write_com(0x06);                           //写之后指针加 1
  write_com(0x01);                           //清屏
  write_com(0x80);                           //设置指针起点

  for(i = 0; i < 17; i++)
  {
    write_data(Init1[i]);                    //显示第 1 行检测值
  }
  write_com(0x80 + 0x40);                    //设置显示位置在第 2 行开头
```

```
    for(i = 0;i < 17;i++)
    {
        write_data(Init2[i]);                       //显示第2行报警值
    }
}

void Display_1602(uint NOW_NUM,uint SET_NUM)
//LCD显示程序,参数为检测值和报警值,每五位含一位小数
{

    write_com(0x80 + 8);                            //设置光标位置在检测值的第1位上
    write_data('0' + NOW_NUM/10000 % 10);           //写入检测值千位
    write_data('0' + NOW_NUM/1000 % 10);            //写入检测值百位
    write_data('0' + NOW_NUM/100 % 10);             //写入检测值十位
    write_data('0' + NOW_NUM/10 % 10);              //写入检测值个位
    write_data('.');
    write_data('0' + NOW_NUM % 10);                 //写入检测值小数位
    write_data('p');                                //写入酒精浓度单位
    write_data('p');
    write_data('m');

    write_com(0x80 + 0x40 + 8);                     //设置光标在报警值的第1位上
    write_data('0' + SET_NUM/10000 % 10);           //写入报警值千位
    write_data('0' + SET_NUM/1000 % 10);            //写入报警值百位
    write_data('0' + SET_NUM/100 % 10);             //写入报警值十位
    write_data('0' + SET_NUM/10 % 10);              //写入报警值个位
    write_data('.');
    write_data('0' + SET_NUM % 10);                 //写入小数位
    write_data('p');                                //写入单位
    write_data('p');
    write_data('m');
}

uchar ADC0809()                                     //读出ADC0809转换结果
{
    uchar temp_ = 0x00;                             //变量初值清0
    OE = 0;                                         //输出高阻态
    ST = 0;                                         //开始转换
    ST = 1;
    ST = 0;
    while(EOC == 0);                                //等待转换结束
    OE = 1;                                         //允许输出转换结果
    temp_ = Data_ADC0809;                           //转换结果存入变量
    OE = 0;
    return temp_;
}
```

```
void Key()                                          //按键处理
{
    if(Key1 == 0)                                   //设置键按下,进入设置状态
    {
        while(Key1 == 0);                           //等待按键释放
        FENG = 0;                                   //蜂鸣器响
        set++;                                      //设置变量加1
        flag = 0;                                   //绿灯闪
        TR0 = 0;                                    //关定时器 T0
        san = 1;                                    //关继电器
        write_com(0x0f);                            //开显示,无光标,无光标闪烁
        write_com(0x80 + 0x40 + 10);                //设置显示位置在报警值上
        FENG = 1;                                   //关蜂鸣器
    }
    if(set >= 2)                                    //再按设置键,退出设置状态
    {
        set = 0;                                    //正常显示状态
        write_com(0x38);                            //开显示
        write_com(0x0c);                            //开显示,无光标闪烁
        FENG = 1;                                   //关蜂鸣器
        flag = 1;                                   //红灯闪
        TR0 = 1;                                    //开定时器 T0
    }
    if(Key2 == 0&&set!= 0)                          //设置状态下,按加1键
    {
        while(Key2 == 0);                           //等待按键释放
        FENG = 0;                                   //开蜂鸣器
        WARNING++;                                  //报警值加1
        if(WARNING * 10 > = 10000)                  //报警值不小于1000ppm
        WARNING = 0;                                //报警值清零
        write_com(0x80 + 0x40 + 10);                //设置光标在报警值位置上
        write_data('0' + WARNING * 10/10000 % 10);  //显示报警值
        write_data('0' + WARNING * 10/1000 % 10);
        write_data('0' + WARNING * 10/100 % 10);
        write_data('0' + WARNING * 10/10 % 10);
        write_data('.');
        write_data('0' + WARNING * 10 % 10);
        write_data('p');
        write_data('p');
        write_data('m');
        write_com(0x80 + 0x40 + 14);
        FENG = 1;                                   //关蜂鸣器
    }
    if(Key3 == 0&&set!= 0)                          //设置状态下,按减1键
    {
        while(Key3 == 0);                           //等待按键释放
```

```
            FENG = 0;                                      //开蜂鸣器
            WARNING -- ;                                   //报警值减1
            if(WARNING * 10 < = 0)                         //报警值不大于0
            WARNING = 1000;                                //设置报警值为1000ppm
            write_com(0x80 + 0x40 + 10);                   //设置光标在报警值位置上
            write_data('0' + WARNING * 10/10000 % 10);     //显示报警值
            write_data('0' + WARNING * 10/1000 % 10);
            write_data('0' + WARNING * 10/100 % 10);
            write_data('0' + WARNING * 10/10 % 10);
            write_data('.');
            write_data('0' + WARNING * 10 % 10);
            write_data('p');
            write_data('p');
            write_data('m');
            write_com(0x80 + 0x40 + 14);
            FENG = 1;                                      //关蜂鸣器
        }
}


void init()                                                //初始化
{
        TMOD = 0x01;                                       //定时器0方式1
        TL0 = 0x48;
        TH0 = 0xf4;                                        //设置定时初值,定时时间3ms
        EA = 1;                                            //开总中断
        ET0 = 1;                                           //允许定时器0中断
        TR0 = 1;                                           //开定时器0
}


void main()                                                //主函数
{

        Init1602();                                        //1602初始化
        init();                                            //初始化函数
        while(1)                                           //主循环
        {
            if(set == 0)                                   //没按设置键,正常显示状态
            {
                if(start == 1)                             //定时时间到计算酒精浓度
                {
                    temp = ADC0809();                      //分段线性化计算检测结果
                    temp1 = temp;
                    if(temp1 < = 82){temp1 = 187.5 * temp1/51 * 10;}
                    else if((temp1 > 82)&&(temp1 < = 158)){temp1 = (temp1/51 - 0.1) * 200 * 10;}
                    else
                    {temp1 = (temp1/51 - 0.25) * 210.5 * 10;}
```

```
                temp2 = temp1 + 0.5;
                temp = temp2;
                start = 0;
            }

            Display_1602(temp,WARNING * 10);    //显示酒精浓度和报警值
        }
        if(temp < WARNING * 10&&set == 0)        //正常显示状态下,检测值小于报警值
        {
            flag = 0;                            //设置无报警状态
        }
        else if(temp >= WARNING * 10&&set == 0) //正常显示状态下,检测值不小于报警值
        {
            flag = 1;                            //设置报警状态
        }
        Key();                                   //调按键子程序
    }
}

void time1_int(void) interrupt 1                 //定时器 0 中断子程序,控制灯闪烁和报警
{
    uchar count;
    TL0 = 0x48;
    TH0 = 0xf4;                                  //设置定时器初值,定时时间 3ms
    count++;                                     //溢出次数加 1
    if(count == ((10000 - temp)/10/2))
//当溢出次数为(1000PPM - 检测值)/2,灯点亮,且检测值越大闪烁越快
    {
        if(flag == 0)                            //无报警
        {
            LED_G = 0;                           //绿灯亮
            LED_R = 1;                           //红灯灭
            FENG = 1;                            //关蜂鸣器
            san = 1;                             //关继电器
        }
        if(flag == 1)                            //报警状态
        {
            LED_G = 1;                           //绿灯灭
            LED_R = 0;                           //红灯亮
            FENG = 0;                            //开蜂鸣器
            san = 0;                             //开继电器
        }
    }

    else if(count == (10000 - temp)/10)          //当溢出次数为(1000ppm - 检测值),关声光报警
    {
```

```
                count = 0;              //溢出次数清 0
                if(flag == 0)           //无报警
                {
                    LED_G = 1;          //绿灯灭
                    LED_R = 1;          //红灯灭
                    FENG = 1;           //关蜂鸣器
                    san = 1;
                }
                if(flag == 1)           //报警状态
                {
                    LED_G = 1;          //绿灯灭,红灯灭,关蜂鸣器,关继电器
                    LED_R = 1;
                    FENG = 1;
                    san = 0;
                }
                start = 1;              //定时时间到标志位置 1
            }
        }
```

本设计的程序主要由主程序、初始化子程序、LCD 显示子程序、AD 转换子程序、按键处理子程序、定时器中断处理子程序等组成。

主程序开始先进行初始化,判断当前是否为报警值设置状态,若到了定时显示时间,调取 8 位 A/D 转换的数字量,开始进行数据处理。

数据处理主要针对传感器的输出特性进行分段线性化处理。首先要通过实验得到传感器输入和输出之间的关系曲线,即特性曲线。酒精传感器输入为酒精浓度(单位为 ppm),输出为电压值(单位为 V),所以特性曲线即为传感器全量程范围内的电压和酒精浓度之间的关系曲线,它一般是非线性的。使用传感器时,我们只知道它在某一时刻的输出电压值,而不知道它所对应的酒精浓度,要想准确显示当前的酒精浓度,必须把当前电压值正确转换成酒精浓度值,再送显示。如果不进行正确的数据处理,只根据某两点的电压值推算酒精浓度值,相当于用一条直线来代替传感器的特性曲线,往往误差较大,会造成检测值不准确。

这里采用的分段线性化是传感器数据处理中常用的方法,即将传感器的特性曲线在全量程范围内分为三段,在标准酒精浓度下检测三段的端点值分别为(0ppm,0V)、(300ppm,1.6V)、(600ppm,3.1V)、(1000ppm,5V),再根据两点确定一条直线,作出三段的直线方程,分别为:

$$y = 0.0053x, \quad 0 < x \leqslant 300\text{ppm}$$
$$y = 0.005x + 0.1, \quad 300\text{ppm} < x \leqslant 600\text{ppm}$$
$$y = 0.00475x + 0.25, \quad 600\text{ppm} < x \leqslant 1000\text{ppm}$$

即用上述三条直线代替传感器的特性曲线,就是分段线性化的思想,目的是减小传感器检测过程中的误差。经过上述分段线性化处理后,如果检测精度还不能满足要求,可以将传感器的特性曲线分成更多的段,直到精度达到要求为止。因为每个传感器的特性都是唯一的,所

以上述分段时 4 个端点的检测值不具有通用性,编程之前一定要对传感器进行准确的定标实验,得到准确的数据后再编写程序。

另外,上述 3 个直线方程实际上还要通过进一步变形之后才能采用。因为单片机在运行过程中,先得到的是传感器的输出值——0～255 的数字量,然后再把它经过数据处理后转化成酒精浓度值,也就是要把上述方程转化成由 Y 来表示 X 的方程,并且 Y 的值也要由范围在 0～255 的数字量来表示。因为 A/D 转换的过程是线性化的,如果想将电压值 Y 转换成数字量 D,可以很容易地由下式计算得到:

$$\frac{Y}{5V} = \frac{D}{255}$$

通过上述计算,可以得到 4 个端点电压值对应的数字量分别为 0、82、158、255,编程时如果 A/D 转换结果的数字量落到上述某一段上,就采用某段的直线方程来计算酒精浓度值。

在数据处理过程中,程序中用到了 3 个变量——temp、temp1、temp2,其中第一个变量定义为整型的,为了保存 A/D 转换结果;第三个变量定义为整型,为了保存数据处理结果;第二个变量定义为浮点型,为了参与运算,得到一个相对准确的运算结果。指令 temp2＝temp1＋0.5;是为了对运算结果进行四舍五入。

接下来分析 A/D 转换器 ADC0809 的工作过程。因为本设计只进行一路 A/D 转换,硬件模拟输入通道固定选择通道 0,不需要软件控制进行模拟输入通道选择及地址锁存,所以 ADC0809 的 ALE 端未进行控制。ADC0809 的 OE 端为输出允许信号,它只在 A/D 转换完成时输出为高电平,允许程序读取 D0～D7 口的转换结果;其他情况下输出低电平,使输出数据线呈高阻状态。START 端为转换启动信号,当它为上跳沿时,所有内部寄存器清 0,为下跳沿时,开始进行 A/D 转换,转换期间 START 应保持低电平。EOC 端为转换结束信号,当它为低电平时,表明正在进行 A/D 转换;当它为高电平时,表明转换结束。根据上述工作过程,A/D 转换子程序首先使 OE 置为低电平,使输出数据线呈高阻状态;再让 START 端出现一个正脉冲,控制 A/D 转换开始;同时查询 EOC 端口的状态,直到它变为高电平,表明转换结束;再置 OE 端为高电平,允许读取转换结果;最后读取并保存 P1 口的转换结果,并置 OE 为低电平,转换过程结束。

按键处理子程序的功能为 3 个部分。首先,当设置键按下,记录设置键按下次数,关定时器,并将显示光标放在报警值上;如果再次检测到设置键按下,则表示退出设置状态,设置次数清 0,开定时器,开始正常的检测过程。其次,当设置状态下加一键按下,报警值加一,如果加一的结果大于检测值上限,报警值则清 0,并将当前设置的报警值显示出来。最后,当设置状态下减一键按下,报警值减一,如果减的结果小于或等于 0 时,报警值则设为上限,同时显示报警值。

定时器 0 的中断处理子程序功能为:设置定时 3ms 中断一次,进入子程序,首先记录中断次数,当中断次数等于检测上限值减去检测值再除以 2 时,控制红灯或绿灯点亮,在报警状态控制蜂鸣器和继电器开始工作;当中断次数等于检测上限值减去检测值时,控制灯灭并且蜂鸣器和继电器停止工作。之所以让检测值参与报警状态的控制,是为了使得灯闪烁的频率和蜂鸣器鸣响的频率都随酒精浓度检测值的升高而升高。

由于 1ppm 即为 1mg/L,通常所说的饮酒状态定量为检测酒精浓度为 20mg/100mL～80mg/100mL(即 200～800ppm);当检测酒精浓度在 80mg/100mL 以上(即 800ppm 以上)时为醉酒状态。本设计酒精检测浓度采用的单位为 ppm,经过上述换算,检测仪可以很方便地用于驾驶员酒驾检测等场合。

11.7 电子秤的设计

11.7.1 硬件设计

本设计的电子秤以 STC89C52 单片机为核心,外挂电阻应变式压力传感器,再通过电子秤专用模数转换芯片 HX711 将称重值转化为数字量输出给单片机,单片机将此数字量处理后,转换为称重值,通过 LCD 显示输出。电子秤的键盘采用 4×4 矩阵式键盘外加 4 个独立按键,用于设置单价、去皮、校准、总价累加等操作。电子秤同时具有蓝牙通信功能,可以通过蓝牙接收安卓手机的操作命令,这些命令同键盘上输入的命令相同;它也可以通过蓝牙向手机发送信息,如称重值、单价、消费金额、总金额、超重信息。也就是说,电子秤工作时具有键盘和手机蓝牙输入两种控制方式,称重结果也有 LCD 显示和手机显示两种输出方式。另外,电子秤外挂了时钟芯片 DS1302,可以在称重间隙显示时间,代替时钟使用。

综上所述,本设计的电子秤硬件主要由单片机、传感器及接口电路、LCD 显示接口电路、键盘接口电路、蓝牙接口电路、时钟电路组成。电子秤的硬件电路图如图 11-23 所示。

称重传感器接口电路工作原理如下。如图 11-23 所示,电阻桥式应变力传感器接在端子排 J1 上,其中端子 1、2 是芯片 HX711 给传感器电桥提供的电源。HX711 有两个差分输入通道 A 和 B,可以接收桥式传感器的差分输出信号,单片机可通过向 PD_SCK 引脚输入不同的脉冲数,来选择 DOUT 引脚输出 A 或 B 通道的数据,同时选择放大倍数。HX711 的输入通道和增益选择如表 11-4 所示。

表 11-4 HX711 输入通道和增益选择表

PD_SCK 脉冲数	输入通道	增益
25	A	128
26	B	32
27	A	64

因为本设计所用的桥式应变力传感器输出信号较小,所以采用 A 通道输入,增益为 128;即桥式传感器的输出接端子排 J1 的 3、4,因 B 通道不用,J1 的 5、6 端子可以直接接地。单片机与 HX711 接口通信、通道和增益选择过程如下:当 DOUT 为高电平时,表示 HX711 输出数据未准备好;当 DOUT 电平从高变低后,单片机在 PD_SCK 端输入 25～27

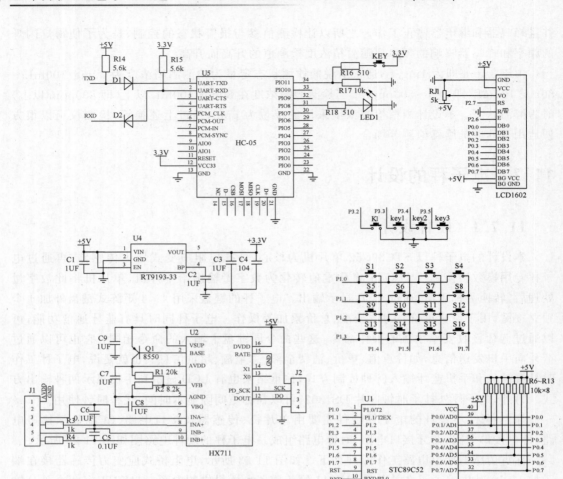

图 11-23　电子秤硬件电路图

个时钟脉冲,其中前 24 个时钟脉冲负责将数据从高到低依次取出,第 25～第 27 个时钟负责选择下一次的输入通道号和增益值。其中 HX711 给电桥供电的稳压电源 V_{AVDD} 值取决于外部电阻 R_1、R_2 和参考电压 V_{VBG},满足如下关系式:

$$V_{\text{AVDD}} = \frac{V_{\text{VBG}}(R_1 + R_2)}{R_6}$$

其中,V_{VBG} 的典型值为 1.25V,因此:

$$V_{\text{AVDD}} = \frac{1.25 \times (20 + 8.2)}{8.2} = 4.3\text{V}$$

可以满足传感器工作的需求。

另外，XI 接地，HX711 关闭外部时钟输入 XO，而使用片内振荡器。这时数据输出速率可能为 10Hz 或 80Hz，具体输出速率再看 RATE 引脚，这里 RATE 接地，此时输出速率设置为 10Hz。

11.7.2　软件设计

本设计电子秤软件程序如下。

```
# include < reg52.h>                                    //电子秤
# include < intrins.h>
# include < string.h>
# include "1302.h"                                      //时钟读写子程序
# include "eeprom52.h"                                  //程序存储器读写子程序
# include "Uart52_code.h"                               //蓝牙子程序
# define uchar unsigned char
# define uint unsigned int
# define LCD1602_PORT P0                                //LCD1602 IO 设置
# define h1 0x80                                        //LCD 第一行的初始化位置
# define h2 0x80 + 0x40                                 //LCD 第二行初始化位置
char miao, shi, fen, ri, yue, nian, xingqi, keynum;     //时间有关的变量,键值
uchar Send_mode = 0, Receive_Add = 0, Receive_dat[50], count_danjia;
//蓝牙发送内容标志,接收第几个数据,接收的数组,调用第几个单价
bit Read_OK, Send_flag, ly;                             //成功接收、发送和接收标志,0.25s 时间到标志
bit flag_key = 1, FlagTest = 0;                         //矩阵式键盘标志,定时 1s 到标志
unsigned long Weight_Maopi_0 = 0, Weight_Maopi = 0; //传感器输出零点值
long Weight_Shiwu = 0;                                  //传感器输出检测质量值
uchar keycode, temp;                                    //键值,可以是键盘输入或蓝牙数据;BCD 码
uchar DotPos, a_a = 0;                                  //调整单价位置标志,EEPROM 初始化标志
uint GapValue, GapValue1;                               //传感器输出转换值
uint price, qupi = 0;                                   //单价,单位分;称重之前去皮值
uint danjia[8] = {11, 22, 33, 44, 100, 200, 300, 400}; //常用单价
uint money, total_money;                                //总价和累计总价,单位为分


sbit LCD1602_RS = P2^7;                                 //LCD 控制引脚
sbit LCD1602_EN = P2^6;
sbit HX711_DOUT = P3^6;                                 //模数转换器控制引脚
sbit HX711_SCK = P3^7;
sbit ROW1 = P1^0;                                       //矩阵式键盘行列线
sbit ROW2 = P1^1;
sbit ROW3 = P1^2;
sbit ROW4 = P1^3;
```

```
sbit COL1 = P1^4;
sbit COL2 = P1^5;
sbit COL3 = P1^6;
sbit COL4 = P1^7;
sbit key1 = P3^3;                    //设置键,确定修改的时间值
sbit key2 = P3^4;                    //时间加1
sbit key3 = P3^5;                    //时间减1
sbit K1  = P3^2;                     //累计总价键
sbit DSIO = P2^1;                    //时钟芯片控制引脚
sbit RST = P2^2;
sbit SCLK = P2^0;
//--- DS1302 秒分时日月周年 最低位读写位置;------- //
uchar code READ_RTC_ADDR[7] = {0x81, 0x83, 0x85, 0x87, 0x89, 0x8b, 0x8d};
uchar code WRITE_RTC_ADDR[7] = {0x80, 0x82, 0x84, 0x86, 0x88, 0x8a, 0x8c};
//--- DS1302 时钟初始化 2013 年 1 月 1 日星期二 12 点 00 分 00 秒. --- //
//--- 存储顺序是秒分钟小时日月周年,存储格式是用 BCD 码 --- //
uchar TIME[7] = {0, 0, 0x12, 0x01, 0x01, 0x02, 0x13};
void delay(uint n)                   //n毫秒延时函数
{
    uint i,j;
    for(i = 0;i < n;i++)
        for(j = 0;j < 110;j++);
}
void LCD1602_write_com(uchar com)    //LCD 写指令
{
    LCD1602_RS = 0;
    delay(1);
    LCD1602_EN = 1;
    LCD1602_PORT = com;
    delay(1);
    LCD1602_EN = 0;
}
void LCD1602_write_data(uchar dat)   //LCD 写数据
{
    LCD1602_RS = 1;
    delay(1);
    LCD1602_PORT = dat;
    LCD1602_EN = 1;
    delay(1);
    LCD1602_EN = 0;
}
void LCD1602_write_word(uchar * s)   //LCD 连续写字符串
{
    while( * s > 0)
    {LCD1602_write_data( * s);s++; }
}
```

```c
void Init_LCD1602()                              //初始化
{
    LCD1602_EN = 0;                              //设置为写状态
    LCD1602_write_com(0x38);                     //显示模式设定
    LCD1602_write_com(0x0c);                     //开关显示、光标有无设置、光标闪烁设置
    LCD1602_write_com(0x06);                     //写一个字符后指针加 1
    LCD1602_write_com(0x01);                     //清屏指令
}
void print(uchar a3, uchar * str)                //写字符串函数
{
    LCD1602_write_com(a3|0x80);                  //设置显示位置
    while( * str!= '\0')
    {LCD1602_write_data( * str++);}
    * str = 0;
}
uchar turnBCD(uchar bcd)                         //BCD 码转换为十进制数
{
    uchar shijin;
    shijin = bcd >> 4;
    return(shijin = shijin * 10 + (bcd& = 0x0f)); //返回十进制数
}
void writetime(uchar add, uchar dat)             //时分秒显示,第二行显示两位数据
{
    uchar gw, sw;
    gw = dat % 10;                               //取得个位数
    sw = dat/10;                                 //取得十位数
    LCD1602_write_com(h2 + add);                 //第二行显示
    LCD1602_write_data(0x30 + sw);               //显示该数字
    LCD1602_write_data(0x30 + gw);
}
void writeday(uchar add, uchar dat)              //年月日显示,第一行显示两位数据
{
    uchar gw, sw;
    gw = dat % 10;                               //取得个位数字
    sw = dat/10;                                 //取得十位数字
    LCD1602_write_com(h1 + add);                 //在第一行显示
    LCD1602_write_data(0x30 + sw);
    LCD1602_write_data(0x30 + gw);               //显示
}
void keyscan()                                   //按键扫描函数,设置时间修改的位置
{
    if(key1 == 0)                                //设置键按下 1~8 次,设置修改位置
    {
        delay(10);                               //延时
        if(key1 == 0)
        {
```

```
                delay(20);
                while(!key1);                                   //等待键释放
                keynum++;
                if(keynum == 9)
                keynum = 1;                                     //当键值为9时返回1
                switch(keynum)
                {
                case 1:TR0 = 0;                                 //关闭定时器
                       LCD1602_write_com(h2 + 0x0b);            //秒的位置
                       LCD1602_write_com(0x0f);                 //设置为光标闪烁
                       break;
                case 2:LCD1602_write_com(h2 + 8);               //分的位置
                       break;                                   //不用再次设置为闪烁状态
                case 3:LCD1602_write_com(h2 + 5); break;        //时的位置
                case 4:LCD1602_write_com(h1 + 0x0f); break;     //星期的位置
                case 5:LCD1602_write_com(h1 + 0x0c); break;     //日的位置
                case 6:LCD1602_write_com(h1 + 0x09); break;     //月的位置
                case 7:LCD1602_write_com(h1 + 0x06); break;     //年的位置
                case 8:LCD1602_write_com(0x0c);                 //第8次,光标不闪烁
                       TR0 = 1;                                 //重新打开定时器
                       keynum = 0; break;                       //按键次数清0
                }
         }
    }
    if(keynum!= 0)                                              //当设置键按下时才能操作
    {
        if(key2 == 0)                                          //加键,并保存修改值
        {
            delay(5);
            if(key2 == 0)
            {
                delay(20);while(!key2);                         //等待键释放
                switch(keynum)
                {
                    case 1:miao++;                              //秒加1
                           if(miao > = 60)miao = 0;
                           writetime(0x0a,miao);               //显示秒
                           temp = (miao)/10 * 16 + (miao) % 10;   //转换为BCD码
                           ds1302w(0x8e,0x00);                 //允许写
                           ds1302w(0x80,temp);                 // 写入秒
                           ds1302w(0x8e,0x80);                 //打开保护
                           LCD1602_write_com(h2 + 0x0b);       //光标返回原位置
                           break;
                        case 2:fen++;
                           if(fen > = 60) fen = 0;
                           writetime(0x07,fen);                //显示分
```

```
            temp = (fen)/10 * 16 + (fen) % 10;        //转换为 BCD 码
            ds1302w(0x8e,0x00);                        //允许写
            ds1302w(0x82,temp);                        //写入分
            ds1302w(0x8e,0x80);                        //打开保护
            LCD1602_write_com(h2 + 0x08);              //返回原位置
            break;
    case 3:shi++;
            if(shi > = 24) shi = 0;
            writetime(0x04,shi);                       //显示小时
            temp = (shi)/10 * 16 + (shi) % 10;         //转换为 BCD 码
            ds1302w(0x8e,0x00);                        //允许写
            ds1302w(0x84,temp);                        //写入时
            ds1302w(0x8e,0x80);                        //打开保护
            LCD1602_write_com(h2 + 0x05);              //返回原位置
            break;
    case 4:xingqi++;                                   //星期
            if(xingqi > = 8) xingqi = 1;
            LCD1602_write_com(0x8f);                   //设置显示位置
            LCD1602_write_data(xingqi + 0x30);         //显示星期
            temp = xingqi;                             //转换为 BCD 码
            ds1302w(0x8e,0x00);                        //允许写入
            ds1302w(0x8a,temp);                        //写入星期
            ds1302w(0x8e,0x80);                        //打开保护
            LCD1602_write_com(0x8f);                   //返回原位置
            break;
    case 5:ri++;                                       //日
            if(ri > = 32) ri = 1;
            writeday(0x0b,ri);                         //第一行显示日期
            temp = (ri)/10 * 16 + (ri) % 10;           //转换为 BCD 码
            ds1302w(0x8e,0x00);                        //允许写
            ds1302w(0x86,temp);                        //写入日
            ds1302w(0x8e,0x80);                        //打开写保护
            LCD1602_write_com(h1 + 0x0c);              //返回原位置
            break;
    case 6:yue++;
            if(yue > = 13) yue = 1;
            writeday(0x08,yue);                        //显示月
            temp = (yue)/10 * 16 + (yue) % 10;         //转换为 BCD 码
            ds1302w(0x8e,0x00);                        //允许写
            ds1302w(0x88,temp);                        //写入月
            ds1302w(0x8e,0x80);                        //打开写保护
            LCD1602_write_com(h1 + 0x09);              //返回原位置
            break;
    case 7:nian++;
            if(nian > = 100) nian = 0;
            writeday(0x05,nian);                       //显示年
```

```
                    temp = (nian)/10 * 16 + (nian) % 10;          //转换为BCD码
                    ds1302w(0x8e, 0x00);                          //允许写
                    ds1302w(0x8c, temp);                          //写入年
                    ds1302w(0x8e, 0x80);                          //打开保护
                    LCD1602_write_com(h1 + 0x06);                 //返回原位置
                    break;
            }
        }
    }
    if(key3 == 0)//减1,并保存修改值
    {
        delay(5);                                                 //消抖
        if(key3 == 0)
        {
            delay(20);while(!key3);                               //等待键释放
            switch(keynum)
            {
                case 1:miao -- ;
                        if(miao <= - 1) miao = 59;                //减到-1,修正到59
                        writetime(0x0a, miao);                    //显示秒
                        temp = (miao)/10 * 16 + (miao) % 10;      //转换为BCD码
                        ds1302w(0x8e, 0x00);                      //允许写
                        ds1302w(0x80, temp);                      //写入秒
                        ds1302w(0x8e, 0x80);                      //打开保护
                        LCD1602_write_com(h2 + 0x0b);             //返回原位置
                        break;
                case 2:fen -- ;
                        if(fen <= - 1) fen = 59;
                        writetime(0x07, fen);                     //显示分钟
                        temp = (fen)/10 * 16 + (fen) % 10;        //转换为BCD码
                        ds1302w(0x8e, 0x00);                      //允许写入
                        ds1302w(0x82, temp);                      //写入分钟
                        ds1302w(0x8e, 0x80);                      //打开保护
                        LCD1602_write_com(h2 + 8);                //返回原位置
                        break;
                case 3:shi -- ;
                        if(shi <= - 1) shi = 23;
                        writetime(0x04, shi);                     //显示小时
                        temp = (shi)/10 * 16 + (shi) % 10;        //转换为BCD码
                        ds1302w(0x8e, 0x00);                      //允许写入
                        ds1302w(0x84, temp);                      //写入时
                        ds1302w(0x8e, 0x80);                      //打开保护
                        LCD1602_write_com(h2 + 0x05);             //返回原位置
                        break;
                case 4:xingqi -- ;                                //星期
                        if(xingqi <= 0) xingqi = 7;
```

```
                              LCD1602_write_com(0x8f);
                  LCD1602_write_data(xingqi + 0x30);          //显示星期
                        temp = xingqi;                         //转换为 BCD 码
                        ds1302w(0x8e,0x00);                    //允许写入
                        ds1302w(0x8a,temp);                    //写入时
                        ds1302w(0x8e,0x80);                    //打开保护
                        LCD1602_write_com(0x8f);               //返回原位置
                        break;
                  case 5 : ri -- ;
                        if(ri < = 0) ri = 31;
                        writeday(0x0b,ri);                     //显示日期
                        temp = (ri)/10 * 16 + (ri) % 10;       //转换为 BCD 码
                        ds1302w(0x8e,0x00);                    //允许写入
                        ds1302w(0x86,temp);                    //写入日期
                        ds1302w(0x8e,0x80);                    //打开保护
                        LCD1602_write_com(h1 + 0x0c);          //返回原位置
                        break;
                  case 6 : yue -- ;
                        if(yue < = 0) yue = 12;
                        writeday(0x08,yue);                    //显示月
                        temp = (yue)/10 * 16 + (yue) % 10;     //转换为 BCD 码
                        ds1302w(0x8e,0x00);                    //允许写入
                        ds1302w(0x88,temp);                    //写入月
                        ds1302w(0x8e,0x80);                    //打开保护
                        LCD1602_write_com(h1 + 0x09);          //返回原位置
                        break;
                  case 7 : nian -- ;
                        if(nian < = - 1) nian = 99;
                        writeday(0x05,nian);                   //显示年
                        temp = (nian)/10 * 16 + (nian) % 10;   //转换为 BCD 码
                        ds1302w(0x8e,0x00);                    //允许写入
                        ds1302w(0x8c,temp);                    //写入年
                        ds1302w(0x8e,0x80);                    //打开保护
                        LCD1602_write_com(h1 + 0x06);          //返回原位置
                        break;
                  }
            }
        }
    }
}
void display()                                                //读时钟并显示
{
    miao = turnBCD(ds1302r(0x81));                            //读出秒,结果是十进制的
    fen = turnBCD(ds1302r(0x83));                             //读出分钟
    shi = turnBCD(ds1302r(0x85));                             //读出小时
    ri = turnBCD(ds1302r(0x87));                              //读出日
```

```
        yue = turnBCD(ds1302r(0x89));                    //读出月
        nian = turnBCD(ds1302r(0x8d));                   //读出年
        xingqi = ds1302r(0x8b);                          //读星期
        print(0x80,"  20");                              //1602 显示
        print(0x8d,"  ");print(0xcc,"      ");
        print(0xc0,"       ");print(0x80 + 7,"/");print(0x80 + 10,"/");
        writeday(0x0b,ri);writeday(0x08,yue);            //显示日,显示月
        writeday(0x05,nian);                             //显示年
        LCD1602_write_com(0x8f);
        LCD1602_write_data(xingqi + 0x30);               //显示星期
        print(0x40 + 6,":"); print(0x40 + 9,":");        //1602 第 2 行显示
        writetime(0x0a,miao); writetime(0x07,fen);       //显示秒,显示分钟
        writetime(0x04,shi);                             //显示小时
}
uchar Getkeyboard(void)                                  //矩阵式键盘处理
{
        uchar number = 0,i;
        ROW1 = ROW2 = ROW3 = ROW4 = 0;                   //行输入低电平,列输出有低电平时有键按下
        if (((COL1!= 1)||(COL2!= 1)||(COL3!= 1)||(COL4!= 1))&&flag_key == 1)
        {
            flag_key = 0;
            ROW1 = 0;ROW2 = ROW3 = ROW4 = 1;             //输入 0111
            for (i = 0;i < 20;i++);
            if (COL1 == 0) return 1;                     // 返回键值
            else if (COL2 == 0) return 2;
            else if (COL3 == 0) return 3;
            else if (COL4 == 0) return 10;
            ROW2 = 0; ROW1 = ROW3 = ROW4 = 1;            //输入 1011
            for (i = 0;i < 20;i++);
            if (COL1 == 0) return 4;
            else if (COL2 == 0) return 5;
            else if (COL3 == 0) return 6;
            else if (COL4 == 0) return 11;
            ROW3 = 0; ROW1 = ROW2 = ROW4 = 1;            //输入 1101
            for (i = 0;i < 20;i++);
            if (COL1 == 0) return 7;
            else if (COL2 == 0) return 8;
            else if (COL3 == 0) return 9;
            else if (COL4 == 0) return 12;
            ROW4 = 0; ROW1 = ROW2 = ROW3 = 1;            //输入 1110
            for (i = 0;i < 20;i++);
            if (COL1 == 0) return 14;
            else if (COL2 == 0) return 0;
            else if (COL3 == 0) return 15;
            else if (COL4 == 0) return 13;
            return 99;                                   //没有检测到列低电平
```

```
        }
        else if(COL1 == 1&&COL2 == 1&&COL3 == 1&&COL4 == 1)
        flag_key = 1;return 99;
}
unsigned long HX711_Read(void)            //读取 HX711 的 AD 转换结果,增益为 128
{
    unsigned long count; uchar i;
    HX711_DOUT = 1; _nop_();_nop_();
    HX711_SCK = 0; count = 0;
    while(HX711_DOUT);
    for(i = 0; i < 24; i++)
    {
        HX711_SCK = 1;                    //上升沿读数据
        count = count << 1;
        HX711_SCK = 0;
        if(HX711_DOUT)count++;
    }
    HX711_SCK = 1;
    count = count^0x800000;               //第 25 个脉冲下降沿来时,转换数据
    _nop_();_nop_();   HX711_SCK = 0;
    return(count);
}
void write_eeprom()//存储转换值到单片机内部 EEPROM,掉电可保存
{
    SectorErase(0x8000);                  //扇区擦除
    GapValue1 = GapValue&0x00ff;          //取转换值的低八位
    byte_write(0x8000, GapValue1);        //字节写入
    GapValue1 = (GapValue&0xff00)>> 8;    //取转换值的高八位
    byte_write(0x8001, GapValue1);
    byte_write(0x8002, a_a);
}
void read_eeprom()                        //把数据从单片机内部 EEPROM 中读出来
{
    GapValue = byte_read(0x8001);
    GapValue = (GapValue << 8)|byte_read(0x8000);
    a_a = byte_read(0x8002);
}
void init_eeprom()                        //开机自检 EEPROM 初始化
{
    read_eeprom();                        //先读十六位数据
    if(a_a != 1)                          //新的单片机初始化单片机内部 EEPROM
    {
        GapValue = 1000; a_a = 1;
        write_eeprom();                   //保存数据
    }
}
```

```c
void Display_Price()                        //显示单价,单位为元,两位整数,一位小数
{
            LCD1602_write_com(0x89);
            LCD1602_write_word("PR:");
            LCD1602_write_com(0x8c);
            LCD1602_write_data(price/100 + 0x30);
            LCD1602_write_data(price % 100/10 + 0x30);
            LCD1602_write_data('.');
            LCD1602_write_data(price % 10 + 0x30);
}
void Display_Weight()                       //显示质量,单位为 kg,一位整数,三位小数
{           LCD1602_write_com(0x80);
            LCD1602_write_word("WE");
            LCD1602_write_com(0x82);
            LCD1602_write_data(' ');
            LCD1602_write_data(Weight_Shiwu % 10000/1000 + 0x30);
            LCD1602_write_data('.');
            LCD1602_write_data(Weight_Shiwu % 1000/100 + 0x30);
            LCD1602_write_data(Weight_Shiwu % 100/10 + 0x30);
            LCD1602_write_data(Weight_Shiwu % 10 + 0x30);
            LCD1602_write_data(' ');
}
void dismoney(uint a, uchar b)          //金额显示
{
if (a > 9999)                           //超出显示量程
    {
        a = 0;
        LCD1602_write_com(0x80 + 0x40 + b);
        LCD1602_write_word(" --- . - ");
        return;
    }
    if (a >= 1000)
    {
        LCD1602_write_com(0x80 + 0x40 + b);
        LCD1602_write_data(a/1000 + 0x30);
        LCD1602_write_data(a % 1000/100 + 0x30);
        LCD1602_write_data(a % 100/10 + 0x30);
        LCD1602_write_data('.');
        LCD1602_write_data(a % 10 + 0x30);
    }
    else if (a >= 100)
    {
        LCD1602_write_com(0x80 + 0x40 + b);
        LCD1602_write_data(0x20);        //空格
        LCD1602_write_data(a % 1000/100 + 0x30);
        LCD1602_write_data(a % 100/10 + 0x30);
```

```
            LCD1602_write_data('.');
            LCD1602_write_data(a % 10 + 0x30);
        }
        else if(a >= 10)
        {
            LCD1602_write_com(0x80 + 0x40 + b);
            LCD1602_write_data(0x20);
            LCD1602_write_data(0x20);
            LCD1602_write_data(a % 100/10 + 0x30);
            LCD1602_write_data('.');
            LCD1602_write_data(a % 10 + 0x30);
        }
        else
        {
            LCD1602_write_com(0x80 + 0x40 + b);
            LCD1602_write_data(0x20);
            LCD1602_write_data(0x20);
            LCD1602_write_data(0 + 0x30);
            LCD1602_write_data('.');
            LCD1602_write_data(a % 10 + 0x30);
        }
    }
void Display_Money()                    //显示价格,单位为元,三位整数,一位小数
{
    LCD1602_write_com(0x80 + 0x40);      //指针设置
    LCD1602_write_word("S:");            //价格指示
    LCD1602_write_com(0xc9);
    LCD1602_write_word("T:");            //累计总价指示
    LCD1602_write_com(0xc7);
    LCD1602_write_word(" ");
    void dismoney(money, 2);             //显示金额
    void dismoney(total_money, 11);      //显示总金额
}
void Timer0_Init()                      //定时器 0、1 和串口初始化
{
    ET0 = 1;                            //允许定时器 0 中断
    TMOD = 0x21;
    TL0 = 0xb0; TH0 = 0x3c;             //定时器赋予初值
    TR0 = 1;                           //启动定时器 0
    TH1 = 0xfd; TL1 = 0xfd;            //初值决定串口的波特率
    SCON = 0x50;                        //8 位异步通信,一对一,波特率为 9600bps
    EA = 1; ES = 1;                     //串口中断允许 +
    TR1 = 1;
}
void Timer0_ISR (void) interrupt 1      //定时器 0 每 0.05s 中断
{
```

```
        uchar Counter, yyy;
        TL0 = 0xb0; TH0 = 0x3c;                    //定时器赋予初值,计数 50000
        Counter ++; yyy ++;
        if (Counter >= 20)//1s
        { FlagTest = 1; Counter = 0; }
        if (yyy >= 5)//0.25s
        { ly = 1; yyy = 0; }                       //定时时间到蓝牙发送,清中断次数
    }
    void KeyPress(uchar keycode)                   //按键处理程序,参数是键值
    {
        switch (keycode)
        {
            case 0:
            case 1:
            case 2:
            case 3:
            case 4:
            case 5:
            case 6:
            case 7:
            case 8:
            case 9:                                //单价调整,单位为分,只调整个位和小数位
                if (DotPos == 0)                   //数值 0 代表调整个位
                {
                    if (price < 100)
                    {price = price * 10 + keycode * 10; }//乘 10,因含一位小数
                }
                else if (DotPos == 1)              //小数点后第一位
                {price = price + keycode; DotPos = 2; }
                Display_Price(); break;            //显示单价
            case 10:
                if(qupi == 0)qupi = Weight_Shiwu;  //修改去皮值
                else
                qupi = 0; Display_Price(); DotPos = 0;
                break;
            case 11:                               //输入单价清 0
                price = 0; DotPos = 0; Display_Price();
                break;
            case 12:                               //调整转换值,每按一次加 1
                if(GapValue < 10000) GapValue++; break;
            case 13:                               //调整转换值,每按一次减 1
                if(GapValue > 1)GapValue -- ; break;
            case 14: count_danjia++;               //常用价格调整
                if(count_danjia > 7) count_danjia = 0; //数组元素序号 0~7
                price = danjia[count_danjia];      //调用数组中的价格
                Display_Price(); break;
```

```
                case 15:                                //调整小数点后一位
                    DotPos = 1;   break;
        }
}
void Get_Maopi()                                        //读取A/D转换结果,测秤的0点偏移值
{
mm:   Weight_Maopi_0 = HX711_Read();
      Weight_Maopi = HX711_Read();                      //读24位A/D转换结果
      if(Weight_Maopi/GapValue!= Weight_Maopi_0/GapValue)
      goto mm;
      delay(500);                                       //连续两次读值相同则退出
}
void UART_4() interrupt 4                               //中断方式接收串口蓝牙数据
{
        Receive_dat[Receive_Add] = SBUF;
        Receive_Add = (Receive_Add + 1) % 50;          //指向下一地址,地址为0~49
        Receive_dat[Receive_Add] = 0;                  //接收的数据最后加上0
        if((Receive_dat[(Receive_Add + 50 - 1) % 50] == '\n')&&(Receive_dat
[(Receive_Add + 50 - 2) % 50] == '\r'))                 //接收的最后一位是换行,倒数第二位是回车
        {Receive_Add = 0; Read_OK = 1; Read_dat(); }   //接收成功,接收数据
}
void Get_Weight()                                       //称重,计算净重并显示
{
    Weight_Shiwu = HX711_Read();
    Weight_Shiwu = Weight_Shiwu - Weight_Maopi;        //总重减0点值,单位为g
    if((int)((float)Weight_Shiwu * 10/GapValue)> qupi)  //总重大于皮重时
    Weight_Shiwu = (int)((float)Weight_Shiwu * 10/GapValue) - qupi;   //减皮重
    else
    Weight_Shiwu = 0;
    if(Weight_Shiwu > 5000)                             //超重报警
    {
        Send_mode = 2;                                 //蓝牙发送标志
        LCD1602_write_com(0x82);
        LCD1602_write_word(" -- . --- ");
    }
    else
    {
        if(Weight_Shiwu > 10)                           //实际质量大于1g
        {
        Display_Weight();                               //显示质量,单位为kg
        money = Weight_Shiwu * price/1000;              //显示金额
         Display_Money();Display_Price();
        }
        else
        {money = 0; Weight_Shiwu = 0; }                //质量不大于1g,清0金额和质量
    }
```

```
    }
    void main()                                    //主函数
    {
        init_eeprom();                             //初始化 EEPROM
        Init_LCD1602();                            //初始化 LCD1602
        EA = 0;
        price = 0; DotPos = 0;                     //单价调整个位,单价清 0
        Timer0_Init();                             //T0、T1、串口初始化
        EA = 1;
        LCD1602_write_com(0x80);                   //指针设置在第一行
        LCD1602_write_word(" Welcome To Use ");
        LCD1602_write_com(0x80 + 0x40);            //指针设置在第二行
        LCD1602_write_word("Electronic Scale");    //显示电子秤
        delay(2000);
        Get_Maopi();                               //读取 A/D 转换结果,测秤的 0 点偏移值
        LCD1602_write_com(0x80);                   //指针设置在第一行
        LCD1602_write_word("WE:0.000 PR:00.0");    //质量、单价
        LCD1602_write_com(0x80 + 0x40);            //指针设置
        LCD1602_write_word("S: 0.0 T: 0.0");       //一次价格、累计总价
        Display_Price();                           //显示单价
        while(1)
        {
            if (FlagTest == 1&&keynum == 0)        //定时 1s 时间到,设置键没有按下
            {
                Get_Weight();                      //计算净重并显示价格
                FlagTest = 0;                      //清定时标志
            }
        if(ly == 1)                                //定时时间 0.25s
            {send_dat();ly = 0;}                   //蓝牙发送数据,清定时标志
        if(Weight_Shiwu < 10)                      //称重值小于 1g 时
            {
                keyscan();                         //按键扫描,修改并保存时间显示值
                if(keynum == 0)                    //当设置键没有按下
                display();                         //显示时间
                if(key2 == 0)                      //加键按下
                {
                delay(10);
                if(key2 == 0)
                 {
                    if(qupi == 0) qupi = Weight_Shiwu;  //修改去皮值
                    else    qupi = 0;
                     while(key2 == 0);             //等待加键释放
                 }
                }
            }
        else                                       //称重状态
```

```
        {
            keycode = Getkeyboard();                //读矩阵式键盘的键值
            if(K1 == 0)                             //总价累加键按下
            {
             delay(10);
             if(K1 == 0)
             { total_money += money;while(K1 == 0);} //总价累加
            }
            if(key1 == 0)                           //总价清 0
            {
             delay(10);
             if(key1 == 0)
             {
              total_money = 0; Display_Money();      //显示总价
              while(key1 == 0);
             }
            }
        }
        if (keycode < 16)                           //有效键值 0~15
        {
            KeyPress(keycode);                      //调键盘处理程序
            delay(100); write_eeprom();             //保存质量转换值
        }
        }
    }
```

程序说明如下：本例电子秤所用传感器输出的是 24 位数字量,不能直接用于称重值显示,所以要将此数字量乘以一个转换值,将它转换成称重值输出。这个转换值可以在电子秤的使用中修改,以实现在小范围内调整秤的精度,因此转换值十分重要。这里程序用单片机片内的 EEPROM 来保存此转换值,防止数据丢失,所以在主程序初始化中首先对 EEPROM 进行初始化。因篇幅有限,EEPROM 一些子程序没有给出,读者可以参考前面的章节。电子秤中 LCD 是主要的输出显示设备,主程序也对它进行了初始化。

本程序用到了两种类型的中断：串口中断,用于接收蓝牙手机发送的信号；定时器 0 的中断,用于每隔 1s 进行一次称重和显示,每隔 0.25s 通过蓝牙向手机发送一次数据。因此,主程序中还要进行定时器和串口的初始化,其中定时器 1 的初始值决定了串口的波特率。本程序蓝牙部分子程序未列出,读者可以参考前面章节的内容。

当电子秤刚上电或复位时,显示初始状态"欢迎使用"的字样,并显示重量、单价、当前价格、总价,初始状态上述值均为 0。读取秤的零点偏移值,用于校准秤的读数。

当开始称重时,每隔 1s 进行一次称重并显示,并定时向手机发送称重数据。如果此时电子秤称重值小于 1g,并且设置键 KEY1 按下,开始时间设置。根据 KEY1 按下的次数确定修改时间的哪一位；同时如果加一键 KEY2 按下,选中的时间值加 1；同时如果减一键

KEY3 按下,选中的时间值减 1;最后将修改的时间保存在时钟芯片里并显示。本程序 DS1302 时钟芯片的部分子程序未列出,读者可以参考前面章节的内容。当称重值小于 1g 的状态下,设置键 KEY1 未按下只有 KEY2 键按下时,修改去皮值:如果原来去皮值不为 0 则清 0,如果原来去皮值为 0,则将当前称重值作为去皮值。可见,键 KEY2 具有两项功能——可以作为时间加一键,又可作为修改去皮键。

在正常称重状态下,读取矩阵式键盘的键值,若键值在 0～15,为有效值,执行按键处理;当 K1 键按下时,将当前称重价格累加到总价上;当 KEY1 键按下,执行总价清 0 并显示。KEY1 也具有两项功能——可以作为时间修改时的设置键,又可作为称重时的累加总价清 0 键。

矩阵式键盘按键处理过程如下:当键值为 0～9 时,调整单价的个位或小数位,将调整位的值加上此键值;当键值为 10 时,修改去皮值;当键值为 11 时,单价清 0;当键值为 12 或 13 时,调整传感器的输出转换值加 1 或减 1;当键值为 14 时,选择下一个常用单价作为当前单价;当键值为 15 时,选择单价的调整位置在小数位上。当按键处理完成后,将当前的传感器转换值存入 EEPROM 中。

这里要注意的是,DS1302 存储的时钟信息是 BCD 码格式,必须转换成十进制数才能读出显示,同样在存入前也要转换成 BCD 码。为了保证称重的准确,称重值一方面要减去上电时的称重零点值,另一方面要减皮重值,皮重值随时可以按去皮键修改。

本章小结

本章通过设计实例综合了前述各章节内容,实现了如电子琴、温控器、报警器、计分器、交通灯、酒精检测仪、电子秤单片机系统的设计。对每种小系统的功能都给出了详细的分析,其中包含了作者在设计中的大量实践积累;其中绝大部分源程序来自工程实践,读者可以在学习或设计开发相关系统过程中,作为借鉴,积累设计经验,提高单片机系统设计的效率和质量。

附　录

学习板说明

本书配套的单片机学习板基于 AT89S51 单片机,集成了 Flash 程序存储器,支持芯片在线编程,兼容标准 MCS-51 指令系统及 80C51 引脚结构。学习板上的单片机外围电路主要有:八位数码管显示驱动电路、液晶显示器 LCD1602 和 LCD12864 驱动电路、独立式和矩阵式键盘接口电路、串行通信接口电路、PWM 输出接口电路、红外接收接口电路、时钟芯片接口电路、EEPROM 接口电路、温度传感器接口电路、串并扩展指示灯接口电路等。如上所述,单片机外接了多个接口电路,但单片机的硬件资源是有限的,这些接口电路都采用复用方式,学习板实验每次只能进行一个,因此不会产生冲突。

学习板主要由以下几部分组成。

(1) 单片机的基本电路。单片机的基本电路是它的最小系统,其 P2 口直接连接到 LED 发光二极管,读者可以直接通过 P2 口来控制流水灯。

(2) 矩阵式键盘。学习板上的矩阵式键盘一共有 16 个按键,排成 4 行 4 列,连接到单片机的 P1 口,其中 4 根口线作为行线,另外 4 根口线作为列线。工作时,行线和列线分别置为输出和输入,并根据输入口的状态判断是否有键按下、哪一个键按下,再进行键值处理。

(3) 串并扩展接口。74HC595 是一片串行输入、并行输出的接口芯片,学习板上的并行输出口连接了 8 个 LED 发光二极管,当实验中需要驱动的发光二极管多于 8 个时,可以利用这部分电路。

(4) 蜂鸣器接口。蜂鸣器驱动电流较大,它的接口电路采用了 ULN2003D 的高电压、大电流的达林顿晶体管电路,该芯片属于可控大功率器件,也可用于扩展驱动其他器件,如电机或阀门。

(5) 温度传感器接口。学习板上采用 DS18B20 温度传感器,它属于单总线式传感器,只需要一根接口线,即可传输控制信号和数据,它在学习板上连接到 P3.7 接口,读者只需要依照传感器的工作原理,对这根接口线进行操作即可进行温度实验。

(6) A/D 转换电路。学习板上的 A/D 转换芯片为 XPT2046,转换分辨率为 12 位,它可接收学习板上的四路模拟量信号,分别为电位器分压信号、光敏电阻信号、热敏电阻信号和扩展外部模拟量输入。

(7) 串行接口。学习板的串口电路基于 USB 和串口转换芯片 CH340,它可实现单片机的串行接口信号到 USB 接口信号的相互转换。读者在进行串口实验时,要结合上位机的串口调试助手软件,在软件窗口输入数据并向单片机发送,也可以在此窗口观察到单片机发送到上位机的数据。

(8) 八位数码管驱动电路。单片机的引脚驱动能力有限,而点亮数码管需要比较大的驱动电流,所以学习板上采用74HC573锁存器进行数码管的驱动。八位数码管采用动态扫描方式点亮,为进一步节省单片机硬件接口,又采用了译码器74LS138控制数码管的位码端循环点亮,这样,八位数码管只需要11根单片机接口线就能控制。

(9) 红外接口。学习板上的红外接收器是集红外线接收和放大于一体的,它和单片机之间的连接只需要一根接口线,连接单片机的P3.2口,接收器的脉冲信号输出到单片机的外部中断输入口,单片机以中断方式对接收到的信号进行解码。

(10) PWM 输出电路。学习板上的单片机 P2.1 口编程输出 PWM 波,调解占空比,再经过 LM358 进行放大处理,可实现调节发光二极管亮度连续变化。

(11) 时钟芯片接口。学习板上采用的时钟芯片是 DS1302,内含有一个实时时钟/日历和 31 字节静态 RAM,该芯片外接晶振可以为芯片的工作提供稳定的时钟,它通过串行 SPI 接口和单片机之间进行双向通信。

读者可以在一边阅读本书,一边进行学习板实验的过程中,逐步掌握单片机硬件和软件设计方法,边学边练的方式可以让深奥的专业知识变得浅显易懂。学习过程中掌握的一些硬件和软件知识,也可以用于实际系统设计中,提高开发编程的效率。

参 考 文 献

[1] 张毅刚,彭喜元,彭宇.单片机原理及应用[M].北京:高等教育出版社,2010.

[2] 郭天祥.新概念 51 单片机 C 语言教程[M].2 版.北京:电子工业出版社,2018.

[3] 刘波文,刘向宇,黎胜容.51 单片机 C 语言应用开发三位一体实战精讲[M].北京:北京航空航天大学出版社,2011.

[4] 侯玉宝,陈忠平,邬书跃.51 单片机 C 语言程序设计经典实例[M].北京:电子工业出版社,2016.

[5] 王东峰,王会良,董冠强.单片机 C 语言应用 100 例[M].北京:电子工业出版社,2009.

[6] 张毅刚.51 单片机典型项目实战全能一本通 C 语言版[M].北京:人民邮电出版社,2018.

[7] 孙安青.MeS-51 单片机 C 语言编程 100 例[M].2 版.北京:中国电力出版社,2017.

[8] 宋雪松.手把手教你学 51 单片机 C 语言版[M].2 版.北京:清华大学出版社,2020.

图 书 资 源 支 持

感谢您一直以来对清华大学出版社图书的支持和爱护。为了配合本书的使用，本书提供配套的资源，有需求的读者请扫描下方的"书圈"微信公众号二维码，在图书专区下载，也可以拨打电话或发送电子邮件咨询。

如果您在使用本书的过程中遇到了什么问题，或者有相关图书出版计划，也请您发邮件告诉我们，以便我们更好地为您服务。

我们的联系方式：

地　　　址：北京市海淀区双清路学研大厦 A 座 714

邮　　　编：100084

电　　　话：010-83470236　010-83470237

资源下载：http://www.tup.com.cn

客服邮箱：tupjsj@vip.163.com

QQ：2301891038（请写明您的单位和姓名）

教学资源·教学样书·新书信息

人工智能科学与技术
人工智能|电子通信|自动控制

资料下载·样书申请

书圈

用微信扫一扫右边的二维码，即可关注清华大学出版社公众号。